ÉCONOMIE DES MACHINES

ET DES

MANUFACTURES

D'APRÈS L'OUVRAGE ANGLAIS DE CH. BABBAGE

MEMBRE DE LA SOCIÉTÉ ROYALE DE LONDRES

PAR

CH. LABOULAYE

SECRÉTAIRE DE LA SOCIÉTÉ D'ENCOURAGEMENT POUR L'INDUSTRIE NATIONALE

PARIS

LIBRAIRIE DU DICTIONNAIRE DES ARTS ET MANUFACTURES

60, RUE MADAME, 60

1880

ÉCONOMIE DES MACHINES

ET

DES MANUFACTURES

Paris. — Imp. E. Capiomont et V. Renault, rue des Poitevins, 6.

ÉCONOMIE DES MACHINES

ET DES

MANUFACTURES

D'APRÈS L'OUVRAGE ANGLAIS DE CH. BABBAGE

MEMBRE DE LA SOCIÉTÉ ROYALE DE LONDRES

PAR

CH. LABOULAYE

SECRÉTAIRE DE LA SOCIÉTÉ D'ENCOURAGEMENT POUR L'INDUSTRIE NATIONALE

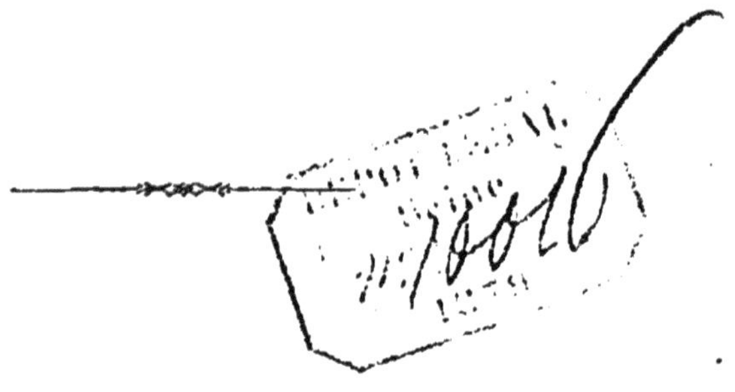

PARIS

LIBRAIRIE DU DICTIONNAIRE DES ARTS ET MANUFACTURES

60, RUE MADAME, 60

1880

PRÉFACE

En 1831 parut, en Angleterre, un ouvrage intitulé : *Traité sur l'économie des machines et des manufactures*, qui eut un grand et légitime succès.

Dû à Charles Babbage, mathématicien anglais fort estimé, qui inventait vers la même époque une machine à calculer qui attirait beaucoup l'attention publique, cet ouvrage présentait des considérations originales sur le développement industriel de l'Angleterre qui, par l'effet d'une admirable succession d'inventions, avait pris dans ce pays une forme entièrement nouvelle.

« Mon but, disait-il dans sa préface, n'a pas été « d'offrir une énumération complète de tous les « principes mécaniques qui dirigent les applica- « tions variées des machines aux arts et aux ma-

« nufactures, j'ai seulement essayé de présenter « au lecteur ceux de ces principes qui m'ont frappé « comme les plus importants à connaître, soit pour « comprendre l'action des machines, soit pour « habituer la mémoire à classer et à disposer les « faits qui se rattachent à leurs divers usages. « J'ai cherché encore moins à examiner toutes les « difficultés d'économie politique qui se lient à une « étude de ce genre. Mais dans cette variété « étendue de faits qui s'offraient à mes regards, « j'ai cru reconnaître plusieurs principes géné- « raux dont l'influence s'étendait sur presque « toutes nos manufactures, et, une fois fixé sur un « certain nombre de ces principes, le désir d'en « vérifier l'exactitude m'intéressa plus vivement « à la nouvelle étude que j'avais embrassée.

« Quelques-uns des principes que j'ai posés « m'ont paru entièrement neufs. »

On le voit, ce n'est pas sous l'empire d'un système préconçu que Babbage a écrit son livre; mais, en analysant les moyens d'action et l'organisation de l'industrie anglaise au moment où il écrivait, il a formulé, spontanément en quelque sorte et avec une clarté parfaite, les principes du système manufacturier qui joue un si grand rôle dans l'industrie moderne.

C'est ce qu'a bien saisi Édouard Biot qui a traduit le livre de Babbage en 1833 (excellente traduction que nous avons suivie), « comprenant, « dit-il dans son avertissement, combien offrait « d'intérêt l'exposition des effets généraux de « l'industrie manufacturière et spécialement des « avantages qui résultent de l'emploi illimité des « machines comme moyen de production. Cette « question, ajoutait-il, qui est aujourd'hui d'une « importance universelle, ne pouvait être nulle « part mieux étudiée qu'en Angleterre, au milieu « des exemples de toute nature que présente son « vaste système manufacturier. »

L'ouvrage de Babbage est aujourd'hui trop oublié en France, tandis qu'en Angleterre il est toujours fort apprécié, et avec raison ; car il traite pratiquement, expérimentalement et par suite sans pouvoir tomber dans l'utopie, de la plupart des graves questions qui agitent notre société industrielle, et qui relèvent, pour la plupart, du développement moderne de l'industrie.

Ayant beaucoup admiré dans ma jeunesse l'ouvrage de Babbage, qui est un de ceux qui ont excité le plus puissamment notre génération à se passionner pour l'industrie, il m'a paru que je ferais une œuvre utile en profitant d'une longue expérience du travail des ateliers pour compléter et remettre en lumière un ouvrage qui, en montrant clairement la voie à suivre pour arriver au succès, traite de questions de la plus grande importance, et que, cependant, aucun auteur n'étudie dans un livre, aucun professeur ne traite dans un cours; car l'enseignement paraît les ignorer, bien qu'elles préoccupent sans cesse les industriels.

Malgré mon désir d'auteur français de disposer dans un ordre logique les matières traitées, il importait beaucoup plus de conserver l'esprit de l'ouvrage anglais, de rester intéressant pour les gens du monde, lisible pour toute personne intelligente, et de ne pas sombrer sur l'écueil d'une exagération de détails techniques. Je me suis, par suite, gardé de trop modifier le caractère de l'ouvrage primitif, ce qui m'a fait conserver quelques parties qui pourront paraître anciennes, mais qui sont d'une lucidité parfaite pour établir des vérités d'un grand intérêt.

Le lecteur ne trouvera pas dans ce livre les détails techniques auxquels j'ai consacré un grand ouvrage et de longs travaux (*le Dictionnaire des Arts et Manufactures*), mais seulement l'esprit de l'industrie à notre époque, et l'indication des principaux résultats économiques de son fonctionnement, avec l'aide de toutes les ressources de la science moderne, de la puissance des capitaux considérables de nos sociétés, et de l'ardeur de l'esprit d'entreprise affermi par de nombreux et éclatants succès.

Nous espérons voir bien accueilli par une génération nouvelle un ouvrage, dû à un esprit distingué, qui s'est attaché à suivre l'excellente méthode d'établir des vérités économiques sur la réalité des faits, et qui pourra notamment aider à réfuter les erreurs, trop facilement propagées de nos jours, mais dont le bon sens des travailleurs tend à faire justice; ils peuvent parfaitement reconnaître la vérité quand elle leur est montrée pratiquement, par des personnes ayant vécu avec eux dans les ateliers, là où est leur véritable existence, où ils peuvent être sainement appréciés en raison de leur travail, qui exige souvent beaucoup d'intelligence et d'énergie.

S'il est toujours utile d'affirmer les principes sur lesquels repose la prospérité générale, c'est aujourd'hui surtout qu'il importe de montrer la voie du travail, qui seul conduit à la production des richesses, et de détourner du jeu et de la spéculation improductive notre génération qui, dans la plupart des pays, s'y livre avec une fougue dangereuse. Ce sont les grands résultats que peut engendrer le travail producteur, qui seuls peuvent aussi faire subordonner la politique aux affaires, et, en repoussant la misère, donner quelque stabilité à la société nouvelle qui s'efforce de se constituer.

CH. LABOULAYE.

ÉCONOMIE DES MACHINES

ET

DES MANUFACTURES

INTRODUCTION

Cet ouvrage est consacré à l'étude des motifs et des conséquences de l'application des moyens mécaniques, employés sur la plus grande échelle, pour suppléer à la force et à l'adresse des bras de l'homme.

Il se divise par suite naturellement en deux parties bien distinctes :

La première section est consacrée à l'Économie des Machines. Elle traite du mode d'action des outils et machines, et renferme un ensemble de considérations mécaniques propres à les faire apprécier. Il ne s'agissait pas ici d'écrire un traité de la science des machines, mais seulement d'aider chacun à classer les observations qu'il a pu faire en voyant chaque jour les appareils des chantiers de construction des bâtiments, les locomotives des chemins de fer, etc., en un mot, les machines au milieu desquelles nous vivons, et de formuler quelques principes généraux résumant les causes de leur grande utilité. Cette section se termine par un chapitre qui renferme une classification fort étendue des arts d'imitation.

La seconde section traite de l'Économie des Manufactures. Elle commence par un chapitre d'introduction sur la différence qui existe entre *faire et fabriquer*. Les chapitres suivants présentent une discussion approfondie de plusieurs questions d'économie politique qui se rattachent au système manufacturier. Nous traitons ensuite des conditions de succès dans l'emploi des machines et de sujets intimement liés avec l'organisation intérieure et l'existence des grands établissements industriels; puis nous étudions leurs rapports avec les intérêts généraux de la Société et rencontrons là, pour les traiter par le côté pratique, diverses questions fort controversées de nos jours. Enfin le dernier chapitre de cette section et de l'ouvrage est consacré à l'influence de la science sur le développement futur de l'industrie.

ÉCONOMIE
DES MACHINES
ET DES MANUFACTURES

CHAPITRE PREMIER

EFFETS DE L'ÉTABLISSEMENT DES MANUFACTURES.

1. Le spectacle le plus intéressant qu'offrent les nations industrielles, celui qui frappe le plus l'observateur, c'est cet ensemble de développement et de perfection manifesté dans l'invention des outils et des machines qui servent à produire une multitude d'objets utiles, si largement répandus dans toutes les classes de la société. On pourrait à peine imaginer combien de patientes méditations, d'essais répétés, d'heureux efforts de génie, ont dû s'accumuler pour créer les manufactures que nous voyons et les amener à leur degré de perfection actuel. Examinons les appartements que nous habitons, entrons dans ces magasins renfermant toute

espèce d'objets, soit d'utilité, soit de luxe, que l'homme puisse désirer ; et, dans l'histoire de chaque genre d'articles, nous trouverons une suite d'efforts qui ont successivement conduit sa fabrication à sa perfection définitive. Dans l'art de confectionner même le plus insignifiant de tous ces objets, nous remarquerons des procédés dignes d'exciter notre admiration par leur simplicité, ou de fixer notre attention par leurs résultats imprévus.

2. Cette accumulation de science et d'habileté, consacrée tout entière à faciliter la production des objets manufacturés, n'a pas été utile aux pays seuls où elle est concentrée; des contrées éloignées en ont aussi profité. L'habitant de l'Orient et l'homme demi sauvage des déserts de l'Afrique, paient également leur tribut à nos manufactures. Le coton de l'Inde, transporté par des vaisseaux anglais autour de la moitié du globe, vient se faire tisser par l'industrie anglaise, dans les fabriques du Lancashire ; il est ensuite réexpédié de Londres ; puis, revenu dans ses plaines natales, il est racheté par les maîtres de cette terre qui l'a produit, et racheté à un prix plus modique que celui qu'ils pourraient obtenir en le travaillant eux-mêmes avec leurs trop grossières machines.

3. Le tableau suivant, tiré de l'ouvrage intitulé *Essai sur la distribution de la Richesse*, par le Rév. R. Jones, donnera une idée de la proportion de la population qui dans diverses contrées est engagée dans le travail des manufactures.

Pour cent individus employés à la culture des terres, il existe :

	Cultivateurs.	Individus étrangers à la culture.
En Italie........ ..	100	31
En France........	100	50
En Angleterre.....	100	200

Cette supériorité numérique de ceux qui ne cultivent pas sur ceux qui cultivent augmente de jour en jour en Angleterre ; c'est un fait qui résulte à la fois du rapport de la commission nommée par la chambre des communes pour l'examen du travail des manufactures, et de l'enquête relative au recensement de la population anglaise. J'ai extrait de cette enquête le tableau suivant :

ACCROISSEMENT DE LA POPULATION PAR CHAQUE CENTAINE D'INDIVIDUS DANS LES GRANDES VILLES MANUFACTURIÈRES DE L'ANGLETERRE.

NOMS DE VILLES.	DE 1801 A 1811.	DE 1811 A 1821.	DE 1821 A 1831.	TOTAL DE 1801 A 1831.
Manchester..........	22	40	47	151
Glasgow..........	30	46	38	161
Liverpool [1].........	26	31	41	138
Nottingham.........	19	18	25	75
Birmingham.........	16	24	33	90

1. Quoique Liverpool ne soit pas par elle-même une ville manufacturière, elle a été placée dans cette liste, à cause de ses rapports immédiats avec Manchester, dont elle est le port.

Ainsi dans ces trois périodes de dix ans, dont chacune a vu s'accroître la population générale de l'Angleterre de 15/00 environ, ce qui fait à peu près 51/00 dans la période entière de trente ans, la population de ces grandes villes a augmenté en moyenne de 123/00.

Après un tel exemple, il n'est pas besoin d'en chercher d'autres; celui-là seul suffit pour montrer de quelle importance il peut être de faire bien connaître et bien comprendre les intérêts de ses manufactures à un peuple dont la prospérité est si intimement liée à ces mêmes intérêts.

4. Babbage se contente d'indiquer l'accroissement de population des villes manufacturières comme montrant bien clairement la grandeur de l'accroissement de la production par le travail des nombreuses machines que les ouvriers, répondant à cet accroissement de population, ont à desservir. La richesse de la nation anglaise est d'ailleurs suffisamment connue.

5. Lorsqu'en 1815, les communications furent rétablies entre la France et l'Angleterre, à la fin de longues guerres qui les avaient entièrement fait disparaître, ce fut avec un grand étonnement que l'on vit combien les puissantes manufactures s'étaient multipliées dans ce pays. Certes, l'industrie française, sous le premier Empire, était loin d'être à dédaigner : les soieries de Lyon, les industries de la laine et les usines de Ternaux, les forges au bois, etc., formaient un ensemble considérable, mais qui paraissait médiocre en face des grandes filatures de coton d'Arkrwigth, des exploitations houillères, des fonderies de

fer et des forges au coke, des ateliers de construction de machines de Watt et de ses élèves.

C'était surtout la manufacture proprement dite qui nous apparaissait pour la première fois. Sans doute, en quelques points, en France, des agglomérations d'ouvriers se rencontraient autour d'une chute d'eau ; mais en Angleterre, grâce à la machine à vapeur, c'était sur toutes les parties du territoire et pour tout genre de produit que pouvaient se fonder les manufactures, dans lesquelles le travail de milliers d'ouvriers et de nombreuses machines était réuni et cela dans les conditions les plus favorables à la fabrication la plus économique. Aussi, pendant plusieurs années, par une inspiration où le patriotisme et même la haine de l'Anglais, héritage de longues guerres, n'était pas étrangère, on se mit à l'œuvre pour rivaliser avec nos voisins. Ce n'est guère qu'en 1827 toutefois, que l'exposition montra, dans les travaux de Cavé, de Pihet et de quelques autres, que l'Angleterre allait avoir à compter avec la France sur le terrain industriel.

Sans nous étendre sur des questions bien connues, nous donnerons seulement le résumé total de la statistique industrielle de la France en 1865 : l'importance des produits fabriqués par les industries diverses atteint 12 milliards de francs (il était de 2 milliards en 1815), et les usines ont pour moteurs 502,000 chevaux-vapeur !

Ce qui a eu lieu pour la France s'est produit également pour l'Allemagne, la Belgique, la Suisse, pour tous les pays en un mot où l'instruction était suffisamment développée, et l'industrie déjà assez avancée pour être susceptible de recevoir facilement de grands développements.

6. C'est de 1820 à 1840 que s'est produite la vulgarisation générale du système manufacturier en France et sur le continent, à ce point qu'aujourd'hui, de temps à autre la supériorité change d'un pays à un autre pour la fabrication d'un produit déterminé, l'avance qu'avait su prendre l'industrie anglaise étant amoindrie. Il grandit chaque jour dans le puissant état que la race anglaise a créé de l'autre côté de l'Océan et qui constitue les États-Unis d'Amérique.

7. Doués des qualités appartenant à la race, transformés dans un milieu nouveau, les Américains, disposant des ressources immenses d'un continent tout entier, voués dès leur jeune âge à un ardent désir de succès et de fortune, tendent à prendre aujourd'hui une position inquiétante pour leurs rivaux de la vieille Europe.

Faisant rentrer chaque jour dans le domaine de la manufacture diverses fabrications qui appartenaient encore à l'industrie morcelée, les inventeurs des États-Unis ont réalisé, dans ces dernières années, des progrès incontestables, sources de grands bénéfices. Les armes à feu, les machines à coudre, les montres y sont devenues des objets manufacturés, dans la production desquels ils ont affirmé leur supériorité en sachant les fabriquer avec une rapidité et un bon marché remarquables.

8. Nous espérons que les pages ci-après feront bien comprendre l'importance du système manufacturier. Elle apparaît clairement si l'on remarque que la rapidité de production, qui est son caractère essentiel, explique facilement les grands accroissements de richesses qu'il fait naître. Tandis que le cultivateur ne peut chercher qu'à augmenter sa récolte annuelle par des travaux et des dépenses propres, par exemple, à accroître la proportion d'hectolitres de blé que peut lui rapporter un hectare, c'est-à-dire arrive péniblement en une année à augmenter de 10 ou 15/00 sa production, le manufacturier travaillant au besoin jour et nuit, doublant la force de sa machine motrice, triplera facilement sa production en un mois et la décuplera souvent en cinq ou six.

On comprend d'après cela combien le pays, en avance sur tout autre pour la production d'un article manufacturé, sachant l'obtenir à meilleur marché, peut récolter de grands bénéfices, et comment l'Angleterre, alors qu'elle savait seule construire la machine à vapeur de Watt, fabriquer le fer à la houille, l'acier fondu, filer le coton dans d'immenses factories, le tisser mécaniquement à la vapeur, a dû s'enrichir; comment c'était avec raison qu'Arkrwigth pendant la guerre avec la France disait : « Nos filatures de coton paieront la dette de l'Angleterre. »

ÉCONOMIE DES MACHINES

CHAPITRE II

DES OUTILS. DES MACHINES. DU TRAVAIL MÉCANIQUE.

9. Dès les temps les plus reculés on a employé, pour les constructions, les appareils auxquels on a donné le nom de machines simples : le levier, soutenu en un point, pour soulever les fardeaux ; la poulie, le treuil tournant autour d'un axe fixe, soutenu en deux points, pour les élever verticalement ; le plan incliné, soutenu par trois points fixes au moins, et le double plan incliné, le coin, base de tous les outils tranchants. Ces machines simples modifient la grandeur et la direction du mouvement qu'imprime le bras de l'homme.

Non seulement on a imaginé ainsi des dispositions très convenables pour multiplier en un point donné les efforts du travailleur, mais on a appris aussi à diminuer les résistances pour que la force de l'homme produise l'effet le plus considérable.

La construction des temples, des palais, des tombeaux, qui semble avoir surtout occupé l'attention des sociétés humaines, dès leurs premiers pas dans la civilisation, exige l'emploi de lourds matériaux. Ces énormes blocs de pierre, traînés péniblement hors des lieux où les avait déposés la nature, et attestant la grandeur du constructeur de ces édifices, excitent encore l'étonnement de la postérité, longtemps après qu'ont été oubliés et le but de presque tous ces monuments, et le nom de leur fondateur. Pour mouvoir ces lourdes masses il a fallu différents degrés de force, suivant les connaissances mécaniques qu'ont pu posséder les ouvriers employés à leur transport. Car, dans une semblable opération, l'énergie du moteur nécessaire dépend entièrement des diverses circonstances dans lesquelles l'opération se trouve faite : c'est ce que montrera parfaitement l'expérience suivante, rapportée par Rondelet (*Art de bâtir*).

Elle fut faite sur une grosse pierre de taille du poids de 1,080 livres.

Pour traîner cette pierre sur une surface horizontale de même matière, grossièrement taillée, il a fallu une force de traction égale à 758 livres.

La même pierre, traînée sur des pièces de bois, a exigé une force de 652 livres.

La même, posée sur une plate-forme de bois, et traînée sur du bois, a exigé 606 livres de force ; mais après avoir savonné les deux surfaces de bois qui glissaient l'une sur l'autre, il n'a fallu qu'un effort de 182 livres.

Cette pierre, posée sur des rouleaux de 3 pouces de diamètre, et mise en mouvement sur une surface de même matière, n'a exigé qu'un poids de 34 livres.

La même, roulant sur des pièces de bois, a cédé

à un effort de 28 livres ; et lorsque les rouleaux étaient placés entre deux pièces de bois, 22 livres suffisaient.

Il résulte de cette expérience, que pour traîner une pierre sur un sol de niveau, ferme et uni, il faut employer en force un peu plus des 2/3 de son poids ; les 3/5 si la surface de tirage est en bois, 5/9 si le mouvement est fait bois sur bois ; et si l'on savonne les deux surfaces de bois, il ne faut plus que 1/6. Mais si l'on fait usage de rouleaux, il faudra, lorsqu'ils seront placés immédiatement entre la pierre et le sol, un peu plus de la trente-deuxième partie du poids, et la quarantième partie s'ils roulent sur du bois ; enfin, s'ils roulent entre deux surfaces unies, comme du bois, il ne faudra qu'environ la cinquantième partie même du poids pour opérer le mouvement. Ainsi, à chaque petit accroissement de science, à l'utile invention de chaque nouvel outil, le travail corporel de l'homme éprouve une diminution sensible. Celui qui imagina de porter la pierre sur des rouleaux inventa un outil qui quintupla sa force ; celui qui conçut le premier l'idée d'employer du savon ou de la graisse devint aussitôt capable de mouvoir, sans un plus grand effort, un poids au moins trois fois plus lourd qu'il ne le pouvait auparavant.

10. *Des outils.*—Pour chaque espèce de fabrication, en raison du travail à effectuer et de la nature de la substance sur laquelle on opère, on a dû inventer un outil particulier, d'une disposition telle qu'on puisse, avec son aide agir convenablement sur la matière à

travailler : c'est ainsi qu'on a inventé le marteau pour travailler le fer, l'aiguille pour coudre les étoffes, la navette pour les tisser, etc.

Par suite d'une longue pratique et de l'ingéniosité des ouvriers chargés de les employer, bien des outils sont devenus des appareils assez complexes, ne pouvant être fabriqués que par des mains expérimentées. Tels sont, par exemple : les scies à main de diverses formes, disposées en raison du genre de travail à effectuer; les rabots, formés d'une pièce de bois dans lequel est encastré un ciseau en fer, ne dépassant que d'une très petite quantité la semelle, de manière à n'enlever que de petits copeaux de bois sans faire éclater les fibres, et par suite, permettant facilement au menuisier d'obtenir des surfaces plates.

11. Babbage donne l'exemple d'un petit outil qui peut servir à montrer le genre de perfectionnement que l'expérience permet d'apporter à chacun d'eux, et l'extrême utilité de ces améliorations.

L'art de couper le verre avec le diamant a reçu un perfectionnement d'une grande importance. Dans la méthode que l'on suivait auparavant, le diamant se plaçait dans un petit cercle conique en fer; avec cette disposition, l'apprenti vitrier trouvait beaucoup de difficulté à se servir de son instrument d'une manière sûre, et ce n'était qu'au bout de sept ans d'apprentissage que les ouvriers étaient censés assez adroits pour être employés tous indifféremment à ce travail. Ceci tenait à la difficulté de trouver l'angle précis sous lequel le diamant coupe, et de le guider sur le verre suivant l'inclinaison convenable, une fois cet angle trouvé. Un nouvel outil a permis d'économiser toute cette perte de temps et de verre détruit pour apprendre l'art de couper le verre. Le diamant est fixé dans une petite pièce carrée de cuivre, une de ses arêtes étant à peu près parallèle à un des côtés du carré. Un ouvrier exercé tient cette arête du diamant serrée contre une règle, et essaie ainsi, en usant à chaque fois à la lime le côté du cuivre, jusqu'à ce qu'il ait trouvé que le diamant forme un trait net sur le verre. Alors le diamant et sa monture sont fixés sur une petite tige semblable à un crayon, qui est facilement tenue dans les doigts. De cette manière, le premier venu peut appliquer de suite l'arête taillante à son angle convenable, pourvu qu'il tienne le côté du cuivre pressé contre la règle ; et quand même la tige qu'il tient dans sa main dévierait un peu de l'angle voulu, il n'en résulte point d'irrégularité sensible dans la position du diamant, et le trait est manqué très rarement.

C'est un fait singulier que cette dureté relative du diamant suivant ses diverses inclinaisons. Un ouvrier expérimenté, dans le jugement duquel j'ai beaucoup de confiance, m'a rapporté qu'il avait vu aiguiser un diamant pendant trois heures avec de la poudre de diamant, sur une meule de fonte, sans qu'on lui fît éprouver la moindre altération, tandis que ce même diamant, une fois son plan d'inclinaison changé par rapport à la surface aiguisante, eut son arête affilée très rapidement.

12. On doit toujours tenir compte de la supériorité d'un outil sur un autre pour effectuer un même travail. Supposons qu'il s'agisse de fendre le tronc noueux d'un arbre pour en faire du bois à brûler : quelle différence dans les quantités de temps dépensées à ce travail, suivant l'outil employé pour l'exécuter ! La hache ou la cognée diviseront le tronc en petits morceaux, mais avec une dépense considérable du temps de l'ouvrier ; la scie remplira le même objet plus promptement et plus complètement ; le coin agira en moins de temps encore, et remplacera la scie avec avantage.

13. Les arts présentent plusieurs opérations où une troisième main serait très utile à l'ouvrier, et, dans ce cas, des outils ou des machines de la plus simple construction viennent à son aide. Tels sont les étaux de différentes formes, où l'objet à travailler est saisi et tenu en place au moyen d'un pas de vis ; ce genre d'outil est employé dans tous les ateliers. Un exemple plus frappant encore se rencontre dans l'art du cloutier. Certaines espèces de clous, par exemple ceux dont on garnit les semelles des gros souliers, doivent avoir des têtes d'une forme particulière qui se font à l'étampe. L'ouvrier tient à la main gauche la petite tige de fer rouge dont il fait ses clous ; de l'autre il frappe avec son tranchet le bout de ce fer sur un seul point, en coupe la longueur convenable, et, sans la détacher, la place à peu près d'équerre sur le reste de la tige ; puis il la fait entrer dans un trou pratiqué dans une petite enclume por-

tative. Celle-ci est placée directement sous un marteau lié à une pédale, et qui porte sur sa surface inférieure l'empreinte de la forme de tête demandée ; de sorte que, dès que l'ouvrier a façonné à peu près la tête avec son petit marteau à main, il abandonne la pédale avec le pied, et fait tomber le gros marteau qui achève la tête. Un autre coup, produit par un second mouvement de la pédale, chasse le clou fini du trou où il était tenu. Si l'ouvrier ne se servait pas ainsi de son pied comme d'une troisième main, il serait probablement obligé de donner deux chauffes à ses clous.

14. Un autre exemple de la substitution des outils à la main de l'homme, exemple heureusement moins général que les précédents, c'est celui où ils servent à faciliter le travail des individus privés, par naissance ou par accident, de quelques-uns de leurs membres : telle est la fabrique ingénieuse de souliers à la mécanique, que nous devons au génie fécond de Brunel. Ceux qui ont eu l'occasion de la visiter ont dû y remarquer une foule d'opérations où l'ouvrier est mis en état d'exécuter sa tâche avec précision, sans que la perte d'un bras ou d'une jambe le gêne aucunement. A Liverpool il existe un exemple semblable, à l'Institution des aveugles : une machine à faire des ceintures au métier occupe les aveugles qui demeurent dans cet établissement, et l'on dit qu'elle a été imaginée par une personne aveugle elle-même. On pourrait encore citer d'autres exemples d'inventions destinées à l'usage, à

l'amusement, à l'instruction des personnes de la classe aisée, affectées d'incommodités semblables. Ces triomphes d'adresse et d'habileté méritent notre admiration de toutes manières, soit qu'il aient pour but d'adoucir les justes regrets causés par des accidents ou par des imperfections naturelles, soit qu'ils procurent au riche de l'occupation et des connaissances, ou qu'ils soient destinés à soulager le pauvre, déjà assez tourmenté par le besoin et la misère.

15. *Machines.* — Si l'on analyse les opérations accomplies pour une fabrication industrielle quelconque, on voit manifestement qu'il s'agit toujours pour le travailleur, et qu'il ne peut s'agir, que d'exercer un certain effort le long d'un chemin déterminé, en raison de la nature de cette opération. Ces deux éléments, effort sur une certaine longueur, chemin parcouru d'une nature déterminée, sont précisément ceux que les machines ont pour objet d'effectuer plus économiquement que par le travail direct de l'homme, et de manière à réduire par suite dans une proportion très grande les frais de fabrication.

En principe, une machine complète offre le moyen de faire mouvoir par l'action des puissances naturelles l'outil même que l'ouvrier maniait à la main, ou une dérivation simple de cet outil.

Ceci suffit pour faire comprendre le but des machines opératrices, essentiellement formées de l'outil opérateur qui les termine, d'une succession de machines simples agissant l'une sur l'autre par dents, articulations, courroies, etc., servant à transmettre le mouvement de proche en proche, depuis le premier organe qui est mis en mouvement par une force, jusqu'à l'outil.

Cette conception sommaire de la machine s'éclaircira par les développements que nous donnerons plus tard. Nous n'insisterons pour le moment que sur les transformations qui se rapportent à la force motrice.

Quels que soient les organes mécaniques qui transmettent le mouvement, comme le levier, le tour, le coin, il est démontré que leur emploi ne crée aucune nouvelle force, quel que soit leur mode de combinaison ; qu'au contraire il y a toujours une perte notable qui résulte du frottement et d'autres causes accidentelles. De plus, il a été prouvé par l'expérience que, dans l'application, *tout ce qui est gagné en temps est perdu en force.* Ces deux principes, depuis longtemps mis hors de doute, ne peuvent se graver trop profondément dans l'esprit. Mais en nous tenant dans les limites du possible, nous sommes encore, nous espérons le prouver, en possession d'un champ de découvertes inépuisable et d'avantages, but de l'habileté du mécanicien, qui peuvent acquérir un immense développement, en contribuant au perfectionnement, à la richesse et au bonheur de l'espèce humaine.

16. Revenons un instant sur le second principe énoncé ci-dessus ; son évidence est bien facile à constater, et c'est néanmoins sur son établissement au début de la science mécanique, que reposent les plus grands progrès de l'enseignement de celle-ci, rendue

de nos jours simple et facile, grâce aux travaux de Poncelet.

Lorsqu'on élève d'un mètre un poids de 1 kilog., l'effort est, bien évidemment, constamment de 1 kilogramme, tout comme quand on l'élève à deux mètres; mais l'effet utile, mais le *travail*, *ce qui se paye* comme on l'a très bien dit, est évidemment double dans le second cas : c'est le produit de l'effort par le chemin parcouru, pour lequel on a créé l'unité du kilogrammètre, toutes les forces pouvant être évaluées en kilogrammes et les longueurs en mètres.

C'est cette quantité qui demeure constante, sauf les pertes dues aux frottements, d'un rouage à l'autre de la machine. Le chemin parcouru et la force peuvent changer à chaque instant, mais leur produit, le travail demeure toujours constant. Ce sont ces variations d'efforts et de chemins, que le bras de l'homme guidé par son intelligence accomplit sans presque s'en apercevoir (après un long apprentissage toutefois le plus souvent), que les machines ont pour but d'accomplir de manière à transformer presque gratuitement les matières premières en objets utiles pour nos besoins et nos plaisirs.

CHAPITRE III

UTILISATION DES PUISSANCES NATURELLES.

17. On sait que chez les Romains, le travail le plus pénible imposé aux esclaves et aux criminels était celui de l'écrasement du blé : ces malheureux, usant leur force à tourner la meule, étaient de véritables bêtes de somme.

Comment se sont débarrassées nos sociétés modernes d'un fardeau si lourd et si écrasant pour une population considérable ? Par l'invention des roues hydrauliques dont les palettes reçoivent le choc de l'eau en mouvement, des moulins à eau qui, dès le moyen âge, ont fait accomplir par les chutes d'eau des ruisseaux et rivières, cette énorme quantité de travail. Nous donnerons idée de ce qu'il serait en reproduisant le calcul ci-joint relativement à la mouture du blé en France[1].

La consommation du blé en France est environ de 13,510,000 kilogrammes par jour ; en supposant que l'hectolitre de blé pèse en moyenne 80 kilogrammes,

1. H. Mangon. *Dictionnaire des Arts et Manufactures*, article Moulin.

on trouve facilement qu'il faut au moins 3,081 chevaux-vapeur travaillant jour et nuit pour suffire à l'approvisionnement de nos marchés.

On sait d'ailleurs que six chevaux pourraient à peine produire le travail d'un cheval-vapeur, de sorte qu'il faudrait 18,486 chevaux pour faire marcher nos moulins à blé. Enfin, il faut environ trente hommes pour remplacer un cheval-vapeur travaillant constamment, ce qui nous forcerait à employer 92,430 hommes à moudre nos blés, si tout autre moteur venait à nous manquer.

18. Avec les chutes d'eau qui ne se rencontrent guère abondamment que dans les pays de montagnes, c'est-à-dire loin des grands centres de population où s'accomplissent naturellement la plupart des travaux industriels, il faut encore citer la puissance impulsive du vent qui, à cause de ses irrégularités et de la difficulté de recueillir ses effets sur de très grandes surfaces, n'a jamais été utilisée dans les moulins à vent que pour des industries agricoles de faible importance. Ce n'est vraiment que dans la navigation, pour mouvoir les navires, que l'application de l'action du vent a été utilisée mécaniquement sur une grande échelle.

19. C'est quand l'humanité ne disposait que de ces moyens d'utilisation des puissances naturelles, et seulement à la fin du siècle dernier, qu'a paru la machine à vapeur due au génie de Watt.

L'histoire de l'invention de la machine à vapeur est trop connue, surtout depuis la belle notice d'Arago, pour que nous devions en traiter en détail; cependant, il nous faut en retracer les principaux traits, ne fût-ce que pour démontrer par son exemple, combien les progrès modernes de la science ont aidé à réaliser l'organisme vital, en quelque sorte, de la civilisation moderne.

On sait que les Grecs avaient déjà observé quelques effets de la puissance mécanique de la vapeur d'eau. Héron d'Alexandrie (120 ans av. J.-C.) décrit des petits appareils pour faire danser une boule dans un tube, monté sur une marmite, et pour faire tourner un petit système, par réaction de sortie de la vapeur; plus tard, Vitruve décrit les éolipyles servant à souffler un vent *impétueux;* c'est même par ce genre d'effet que Sénèque cherche à expliquer les tremblements de terre.

Laissant de côté l'architonnerre de Léonard de Vinci, c'est-à-dire le canon à vapeur; les projets de Branca pour lancer le jet de vapeur de l'éolipyle sur les palettes d'une roue; nous arrivons à Salomon de Caus qui, en 1615, proposa d'élever de l'eau en la renfermant dans une sphère de métal; en la chauffant on produisait de la vapeur qui repoussait l'eau dans un tube placé à la partie supérieure.

Machine de Papin. — Papin avait aidé le célèbre Huyghens, l'héritier direct de Descartes dans la science mécanique, lorsque celui-ci tenta d'utiliser la grande découverte de Galilée et Toricelli de la pesanteur de l'atmosphère, en produisant le vide dans un corps de pompe au moyen de l'explosion de la poudre à canon;

l'entraînement d'air qui résultait de cette explosion ne produisant qu'un vide fort imparfait, Papin conçut l'heureuse idée de remplir de vapeur d'eau la capacité inférieure du piston. Voici ce qu'il dit dans son mémoire publié dans les actes de Leipzig en 1690 : « L'eau ayant la propriété, étant par le feu changée « en vapeur, de faire ressort comme l'air, et, ensuite, « de se recondenser si bien par le froid, qu'il ne lui « reste plus aucune apparence de cette force de res« sort, j'ai cru qu'il ne serait pas difficile de faire « des machines dans lesquelles, par le moyen de la « chaleur, l'eau ferait ce vide parfait qu'on a si inutile« ment cherché par le moyen de la poudre à canon. »

Machine de Newcomen.— En 1705, Newcomen, forgeron de Darmouth en Devonshire, réunit ses efforts à ceux de Savery, qui avait tenté une machine d'épuisement à action directe de la vapeur, en utilisant les dispositions de Salomon de Caus pour élever l'eau, et la condensation de Papin pour l'aspirer, mais avec une dépense énorme de combustible, puisque toute l'eau à élever, pour ainsi dire, était nécessairement chauffée. Newcomen, Cawley et Savery construisirent une machine à piston exerçant une traction lors de sa condensation, sur un balancier conduisant de l'autre côté un équipage de pompe ; c'était dans l'intérieur du corps de pompe que se succédaient l'arrivée de la vapeur et la condensation de celle-ci par de l'eau froide, par suite avec des destructions de chaleur considérables. Cette machine fut toutefois employée avec grand avantage sur les mines de houille, là où la houille est presque sans valeur, et permit d'effectuer des épuisements considérables, sans lesquels l'exploitation de bien des mines eût été impossible.

Machine de Watt. — James Watt travailla dans sa jeunesse à l'Université de Glascow, où il était chargé de l'entretien des instruments de mathématiques. Il suivait avec un grand intérêt les cours de physique, et surtout celui très justement célèbre, à cette époque, du docteur Black, qui détermina le premier la chaleur latente de la vapeur, et discutait dans son cours les questions de vaporisation et de condensation. Chargé de réparer un modèle d'une machine de Newcomen, l'esprit ingénieux de Watt fut immédiatement frappé de l'imperfection qui existait dans cette machine, par suite des réchauffements et refroidissements successifs du cylindre à vapeur, et fit la belle invention du condenseur séparé qui assurait à ses machines une supériorité considérable.

Il dit dans sa première patente de 1769 que sa méthode consiste : 1° dans un cylindre enveloppé pour rester toujours à une température élevée ; 2° dans des vases condenseurs séparés des cylindres à vapeur ; 3° dans des pompes à air destinées à enlever l'air amené dans le condenseur avec la vapeur. Grâce à ces principes, à l'habileté supérieure avec laquelle il perfectionna l'art de la construction des machines bien imparfait avant lui, Watt construisit avec succès un certain nombre de machines d'épuisement. Mais, c'est seulement dans sa patente de 1782 que Watt fit breveter sa machine à double effet, dans laquelle la vapeur agit alternativement des deux côtés du piston, ne sert plus seulement à préparer l'action du poids de l'atmosphère, mais agit par sa propre pression; et en y ajoutant le parallélogramme, pour mouvoir le balancier à l'aide de la tige du piston, la bielle et la manivelle pour faire tourner le volant à l'aide de l'autre extrémité du balancier, il créa le moteur par excellence, non plus pour mouvoir seulement des pompes, mais pour faire marcher tous les mécanismes des manufactures de tous genres. La manufacture de Soho, près Birmingham, devenue le plus bel atelier du monde, fournit des machines qui mirent en mouvement les grandes filatures de coton et les manufactures de tous genres qui se multipliaient en Angleterre, et, lorsqu'en 1802, à l'expiration de ses brevets, dont la durée avait été justement prolongée par le Parlement, et dont l'exploitation l'avait enrichi, le grand inventeur prit un repos bien mérité, ses machines étaient répandues dans toute l'Angleterre et donnaient la vie au travail d'une population considérable. Il avait mis à la disposition de l'industrie les immenses richesses des mines de houille, devenues des réservoirs inépuisables de travail moteur, et fourni ainsi une base d'une solidité très grande au système manufacturier dont notre siècle voit l'épanouissement.

20. D'où vient tout ce travail moteur qu'il n'est pas donné à l'homme de créer en si petite quantité que ce soit, et dont il dispose cependant sur une si grande échelle? La réponse à cette question a été donnée déjà, en 1829, par Stephenson qui, voyant courir sur les rails

du chemin de fer de Manchester son œuvre immortelle, la locomotive à grande vitesse, disait : « Ce qui fait marcher cette locomotive, c'est la chaleur solaire des âges géologiques. » Et, en effet, c'est par cette chaleur que s'est produite cette végétation, cette décomposition de l'acide carbonique de l'air qui a causé le développement des grands végétaux, qui, enfouis dans la terre par des cataclysmes, ont formé ces puissants gisements houillers que l'on rencontre heureusement dans tant de pays.

21. C'est la chaleur solaire actuelle, dont le travail agricole s'efforce de rendre l'action le plus profitable possible pour la végétation, qui engendre les mouvements de l'atmosphère qui constituent la force des vents, qui pompe les vapeurs de l'Océan et fait naître les nuages qui vont se condenser sur les sommets des montagnes pour former ces cours d'eau qui en descendent pour s'écouler jusque vers l'Océan, en fournissant des puissances hydrauliques; c'est grâce à la chaleur solaire d'autrefois que s'est formée la houille qui alimente nos machines à vapeur.

22. La production du travail mécanique, par la vapeur ou l'air chaud, résulte de l'accroissement de volume et de pression qu'engendre leur échauffement.

Comment cette pression s'accroît-elle de la sorte ? C'est parce que les mouvements internes des atomes gazeux croissent d'intensité avec l'augmentation de la température ; de telle sorte que les chocs d'atomes infiniment petits, mais infiniment nombreux, viennent pousser le piston mobile dans le cylindre de la machine à vapeur et produire des mouvements de masses pesantes.

Ceci est le résultat certain de la théorie mécanique de la chaleur (et ce progrès de la théorie conduira sans doute à de nouveaux genres de machines à feu), qui elle-même n'est qu'un chapitre de la théorie de la transformation les unes dans les autres des manifestations que nous percevons par les divers sens : mouvement, chaleur, électricité, lumière ; magnifique résultat du progrès des sciences, métamorphoses qui font l'objet des plus belles découvertes.

Nous devons considérer comme solidement établi, que nous disposons par l'emploi des puissances naturelles, c'est-à-dire des effets de la chaleur solaire ancienne et nouvelle, de sources du pouvoir moteur d'un ordre infiniment supérieur à celui de nos consommations, dans des intervalles de temps limités.

CHAPITRE IV

MOYENS DE TRANSMETTRE LE TRAVAIL A DISTANCE.

23. Les machines motrices sont disposées pour imprimer toujours à leurs derniers organes le mouvement circulaire, même quand cela n'a pas lieu naturellement, comme avec les roues hydrauliques. C'est le mouvement régulier, par excellence, dont on part habituellement pour communiquer le travail des puissances naturelles aux machines opératrices. Celles-ci sont établies de leur côté pour posséder comme premier organe une poulie, une roue dentée, c'est-à-dire toujours un organe du système tour.

Dans les moulins à blé, et dans diverses machines d'un fonctionnement assez lourd, c'est souvent par deux roues dentées, appartenant l'une à la machine motrice et l'autre à la machine opératrice, par un engrenage, que la communication de mouvements est établie. Mais le plus souvent, surtout lorsqu'il s'agit de mouvoir un grand nombre de machines diverses, c'est par des cordes, des courroies embrassant deux poulies que cet effet est obtenu avec les moindres résistances.

Quiconque est entré dans un grand atelier a remarqué cette multitude de courroies qui mettent en mouvement, à la volonté de l'ouvrier, les diverses machines qui servent à exécuter une fabrication.

Ce n'est qu'à de petites distances, de quelques mètres, que les courroies sont habituellement employées ; si elles suffisent pour mettre en mouvement toutes les machines d'une manufacture, il ne semblait pas qu'elles pussent servir pour des distances considérables et pour transmettre des efforts qui exigeraient qu'on leur donnât des dimensions peu compatibles avec leur facile enroulement sur les poulies.

24. C'était au moins ainsi que l'on avait toujours raisonné jusqu'au jour où M. Hirn, le savant ingénieur alsacien, enseigna à se servir de câbles formés de fil de fer tordu, et de poulies à gorge de grande dimension : il montra par expérience, que l'on pouvait transmettre ainsi à plusieurs centaines de mètres de distance, une quantité de travail considérable, en donnant aux poulies une grande vitesse.

C'est ainsi qu'à la chute du Rhin, à Schaffouse, on est surpris de voir partir du fleuve des câbles qui vont s'attacher aux murs de fabriques situées à grande distance, et mettent en mouvement les machines de ces usines, au moyen de turbines, de roues horizontales noyées dans l'eau du fleuve. La même disposition a été employée à Bellegarde pour utiliser la chute du Rhône. Elle est applicable pour tirer parti de forces hydrauliques développées en un point où l'espace manque pour construire des manufactures.

25. La transmission du travail à distance, facilitée par l'invention que nous venons de décrire, fournirait des résultats bien plus considérables encore, si l'on pouvait dépasser les limites de 2 ou 300 mètres, longueur extrême que peuvent atteindre les câbles métalliques.

Ce problème a été heureusement attaqué et résolu par les illustres ingénieurs qui ont su percer le Mont-Cenis, magnifique travail qui a immortalisé le nom de Sommelier. L'air comprimé, conduit sous une pression de 6 atmosphères dans une conduite qui se prolongeait à mesure de l'avancement des travaux, fournissait la force motrice aux perforateurs mécaniques qui creusaient la roche, à des distances de 6,000 mètres, et rien ne montre que cette longueur soit une limite, à la condition d'employer des tuyaux d'un diamètre suffisant.

L'emploi de l'air comprimé est bien probablement un moyen qui s'appliquera à l'avenir sur la plus grande échelle pour transmettre du travail à une grande distance, utiliser des puissances naturelles perdues, alimenter de petits moteurs, etc.

26. Enfin, tout récemment, une bien curieuse expérience vient d'ouvrir une voie à laquelle on était loin de songer il y a quelques années. On sait que la machine Gramme qui sert dans l'éclairage électrique à convertir le travail en électricité et en lumière, se

compose essentiellement d'un anneau entouré de fils métalliques, tournant rapidement entre des électro-aimants; lors du mouvement de la machine des courants électriques circulent dans les fils métalliques qui entourent l'anneau mobile. Si inversement l'on fait passer un courant électrique à travers ces fils, l'anneau sort du repos et se met à tourner en engendrant du travail mécanique. Si donc par une roue hydraulique ou une machine à vapeur fixe, on fait tourner une première machine Gramme et que l'on fasse parvenir les fils conduisant le courant électrique à une autre machine Gramme en repos, l'axe de celle-ci se mettra à tourner et pourra vaincre une résistance.

C'est ainsi qu'à Sermaize, MM. Chrétien et Félix ont fait fonctionner une charrue et labouré un champ à 600 mètres de distance d'une machine fixe, ne communiquant que par des fils télégraphiques avec celle qui faisait mouvoir le treuil, en enroulant le câble de traction de la charrue. Il y a là une des plus merveilleuses réunions de progrès scientifiques pour arriver en résumé à une transmission de travail à distance, au moins infiniment curieuse, et peut-être d'une grande importance dans l'avenir.

27. Ce mode de transmission est un essai d'application à de grandes forces de l'admirable moyen de transmission de forces, minimes à l'aide de courants électriques, sur lequel repose la télégraphie électrique, pour laquelle de très petites résistances sont à surmonter à l'extrémité d'une ligne pour répéter instantanément le signal fait au départ. En moins de vingt-

cinq ans, tout le monde civilisé a été sillonné de nombreuses lignes de fil de fer qui suppriment les distances pour les communications les plus multipliées ; les Océans eux-mêmes sont traversés par des câbles sous-marins et en une minute, Paris envoie des nouvelles à New-York, ce qu'on n'eût pu faire en moins de deux ou trois mois au commencement de ce siècle.

CHAPITRE V

DES MOYENS D'ACCUMULER DU TRAVAIL MÉCANIQUE.

28. Toutes les fois que l'exécution d'une opération quelconque exige plus de travail qu'on n'en peut produire pendant le temps nécessaire à son accomplissement, il faut recourir à quelque procédé mécanique pour amasser, pour condenser en quelque sorte une portion de travail produit avant le commencement de l'opération. Cet effet est généralement rempli par l'emploi d'un volant, c'est-à-dire d'une roue dont la jante est très pesante ; de sorte que la plus grande partie de son poids se trouve à la circonférence. Il faut une application de force énergique et assez prolongée, pour imprimer à cette roue un mouvement rapide; mais une fois cette vitesse obtenue, ses effets deviennent extraordinaires, si sa puissance est concentrée sur un petit objet. Dans quelques-unes de nos forges, où la machine à vapeur est un peu trop faible pour le train de laminoirs qu'elle doit faire tourner, on met la machine en mouvement un peu avant que le fer qu'on travaille dans le four ne soit prêt à passer au laminoir, et on la laisse ainsi marcher avec

une grande vitesse, jusqu'à ce que le volant ait acquis une vitesse presque effrayante pour les personnes étrangères à ces sortes d'établissements. Quand la masse de fer rouge passe dans la première cannelure du laminoir, la machine éprouve un ralentissement bien sensible; à chaque passage aux cannelures suivantes, sa vitesse diminue jusqu'à ce que la barre de fer soit réduite aux dimensions voulues.

29. Voici un exemple curieux de la puissance d'un volant considérable, quand sa force est concentrée sur un seul point. Le fait a été observé dans un de nos plus grands établissements. Le propriétaire de cette usine montrait à un ami l'appareil qui sert à percer des trous dans des plaques de fer, pour les chaudières à vapeur. Il tenait dans sa main un morceau de tôle de deux centimètres d'épaisseur, et le présentait sous l'*emporte-pièce*. Après avoir percé quelques trous, il remarqua que le mouvement de l'emporte-pièce se ralentissait de plus en plus : il appela aussitôt le machiniste pour savoir la cause de ce retard si sensible dans la marche de la machine à vapeur, moteur général de l'usine. Il se trouva que cette machine à vapeur avait été séparée du volant et de la machine à percer, au moment même où l'expérience avait été commencée. Ainsi le volant seul avait effectué l'opération, par l'impulsion antérieure qu'il avait reçue.

30. Un autre moyen d'accumuler de la force consiste à élever un poids, qu'on laisse ensuite retomber. Un homme, armé d'une pesante masse, frapperait

longtemps et à coups répétés sur la tête d'un pieu, sans produire le moindre effet. Mais s'il élève une masse plus pesante, *un mouton*, à une plus grande hauteur, la chute de cette masse, quoique répétée moins souvent, produira l'effet voulu, et le pieu s'enfoncera sans difficulté.

Quand le coup donné à une masse considérable de matière, comme un pieu, n'est pas un choc très fort, l'élasticité imparfaite de la matière absorbe une partie du travail qui se trouve perdue dans la transmission du mouvement dans la masse, d'une particule à la suivante : il peut donc arriver que tout le travail communiqué à une extrémité du pieu soit anéanti entièrement avant d'atteindre l'autre extrémité.

31. L'air comprimé dont nous avons parlé comme moyen de transmission de travail, fournit aussi le moyen d'en accumuler certaines quantités : un réservoir à parois épaisses dans lequel il a été refoulé à une pression élevée, renferme une quantité notable de travail mécanique, comme un bassin rempli d'eau et placé à une grande hauteur, comme une masse de houille pouvant par sa combustion réduire à l'état de vapeur à haute pression l'eau renfermée dans une chaudière. L'air comprimé dans un réservoir à tôle d'acier est le moteur qui alimente les petites machines faisant tourner l'hélice des torpilles Whitbread, un de ces engins dont la puissance change la face des guerres maritimes.

32. La puissance de l'air comprimé qui exige une dépense préalable de travail au moins équivalente à

son effet, est singulièrement dépassée par celle qui peut être obtenue au moyen de nombre de réactions chimiques et surtout par celle des matières explosives, qui ne demandent qu'une étincelle pour développer un travail mécanique dont la puissance est souvent presque incalculable. C'est de composés nitrés (on sait que le salpêtre est l'élément principal de la poudre à canon) que sont formés les corps explosifs dont la puissance est la plus grande ; parce que, ainsi que nous l'avons déjà fait pressentir en parlant de l'utilisation des puissances naturelles, les atomes de ces corps doivent être considérés comme possédant une vitesse vibratoire interne très grande, qui se traduit par des effets mécaniques considérables, lorsque vient à se rompre l'adhérence qui les maintenait sous la forme solide ou liquide.

33. On connaît généralement les effets de la poudre qui permet de développer une pression immense sur une petite surface; on peut la prendre comme l'exemple le plus saillant du travail si fréquemment engendré par des réactions chimiques. Je parlerai d'abord de l'emploi de la poudre pour faire sauter les rochers. Avec le prix de quelques jours de travail, l'ouvrier peut acheter quelques livres de cette substance, et en les employant à l'objet que nous venons d'indiquer, souvent il obtient en un instant des résultats que, même avec les meilleurs outils, il ne pourrait obtenir qu'au bout de plusieurs mois.

Un des blocs tirés des carrières de pierre calcaire qui ont fourni les matériaux du môle de Plymouth avait 26 pieds 1/2 de longueur, 13 pieds de largeur, et 16 pieds de hauteur. Pour extraire cette masse qui cubait 4,800 pieds, et qui pesait 400 tonnes environ, il ne fallut que trois coups de mine. On fit partir d'abord l'une après l'autre deux charges de poudre de 50 livres chacune, placées dans des trous de treize pieds, dont le diamètre était de 3 pouces à l'entrée, et de 2 pouces 1/2 au fond. Le troisième coup fut formé de 100 livres de poudre placées dans la fente qu'avaient produite les deux premiers coups. Ainsi chaque livre de poudre détacha du banc de carrière un poids de deux tonnes, ou à peu près 4,500 fois son propre poids. La totalité de la poudre coûta 6 livres sterling (150 fr.), à 7 pence 1/2 environ (75 c.) la livre. Le perçage des trous occupa deux hommes pendant un jour et demi, et coûta environ 9 shellings (11 fr.). Le produit ainsi obtenu valait alors près de 45 livres sterling (1,150 fr.).

34. Je parlerai maintenant de quelques effets surprenants que je chercherai à expliquer. Un fusil chargé à balle ne repousse pas autant que le même fusil chargé avec du plomb de chasse; et parmi les diverses sortes de plomb, c'est le numéro le plus fin qui repousse le plus à l'épaule. Un fusil chargé d'un poids de sable égal à celui d'une charge de plomb à bécassine, repousse encore plus. Si, en chargeant le fusil, on laisse un peu de vide entre sa charge et la bourre, le fusil repousse très violemment ou crève souvent même. Enfin si l'ouverture du canon a touché la terre par hasard, de manière à être bouchée avec de la terre grasse, ou même simplement avec de la neige, ou si

l'on tire avec le bout du fusil plongé dans l'eau, il arrive toujours que le canon éclate.

La cause unique de ces effets contradictoires en apparence, c'est que toute force a besoin d'un certain *temps* pour produire son effet, pour communiquer de proche en proche l'impulsion aux molécules dont l'ensemble forme le corps mis en mouvement ; et s'il faut au gaz élastique subitement créé, moins de temps pour briser les parois du canon, que pour comprimer l'air qui est près de la bourre, et pour chasser par le ressort de cet air comprimé l'obstacle hors de la bouche du fusil, le canon devra éclater. Quelquefois ces deux forces se balancent presque également, de sorte que le canon s'enfle seulement, l'obstacle cédant avant que le fusil ne crève.

On comprendra facilement l'exactitude de notre explication, en suivant pas à pas les divers effets qui se produisent quand on tire avec un fusil chargé de poudre pressée par une bourre cylindrique, et dont l'ouverture est bouchée avec de la terre grasse ou toute autre matière susceptible d'offrir une certaine résistance. Dans ce cas, le premier effet de l'explosion est de produire une énorme pression sur tout ce qui l'environne, et de faire avancer la bourre de quelques millimètres. Supposons que tout reste en repos à ce moment, et examinons la situation des choses. Une partie de l'air, en contact immédiat avec la bourre, se trouve comprimée; et, si la bourre restait en repos, bientôt tout l'air contenu dans le tube acquerrait une densité uniforme. Mais pour cela il faudrait nécessairement un petit intervalle de temps, car la condensation imprimée à l'air qui touche la bourre devrait se transmettre, avec la vitesse du son, jusqu'à l'autre bout de la colonne d'air, d'où elle se réfléchirait en arrière, et il se formerait une suite d'ondes qui, aidées par le frottement des parois, détruiraient à la fin le mouvement imprimé.

Mais tant que la première onde n'a pas touché l'obstacle placé à la bouche du canon, l'air ne peut exercer sur lui aucune pression. Si donc la vitesse communiquée à la bourre est beaucoup plus grande que celle du son, l'air placé immédiatement devant elle pourra éprouver une très forte condensation pour une résistance très faible transmise à la bouche du canon; et dans ce cas, la répulsion mutuelle des molécules d'air ainsi comprimées opposera une véritable barrière au mouvement progressif de la bourre.

Si cette explication est exacte, l'augmentation du recul, dans un fusil chargé de plomb de chasse ou de sable, tient à ce que l'explosion imprime un mouvement aux matières en contact immédiat avec la poudre, de plus en plus difficilement, en raison de leur division. Ceci expliquerait la réussite d'une méthode qui consiste à remplir de sable la partie du coup de mine au-dessus de la poudre, au lieu de la bourrer de terre grasse.

35. Le même raisonnement explique un phénomène curieux que présente l'explosion bien plus énergique d'une autre matière. Quand on pose sur une enclume une petite quantité de poudre fulminante,

et qu'on donne un petit coup sec avec un marteau, la poudre fait explosion : mais au lieu de briser le marteau ou l'enclume, elle ne fait qu'attaquer la surface de ces deux objets, qui est en contact immédiat avec elle. Dans ce cas, la vitesse imprimée par le gaz élastique qui se dégage est si grande, que les molécules de la surface sont poussées violemment par l'explosion contre les molécules intérieures adjacentes, et quand la force primitive a cessé d'agir, celles-ci repoussent les premières avec tant de force, qu'elles les chassent hors des limites de l'attraction moléculaire, ce qui les fait tomber en poudre extrêmement ténue. L'usage du pyroxyle et de la dynamite nous a familiarisé avec ces effets, que l'on utilise aujourd'hui pour produire des destructions utiles, comme la pulvérisation, sous l'eau, des rochers qui gênent l'entrée des ports.

36. Une autre expérience qui réussit facilement, consiste à percer une planche de sapin, en mettant dans un fusil, au lieu de balle, un bout de chandelle de suif. Cette expérience s'explique de même, en concevant que la vitesse du transport de la chandelle est si grande, que les molécules rencontrées par elle sont arrachées du bois dont elles font partie.

CHAPITRE VI

DES MOYENS DE RÉGULARISER L'EMPLOI DE LA FORCE.

37. Une marche uniforme et sûre est une condition essentielle de l'action et de la durée d'une machine quelconque. Comme exemple de moyen de régularisation de cette espèce, il suffit de nommer le modérateur de la machine à vapeur, qui par la rotation de boules autour d'un axe tournant avec les pièces rotatives de la machine, étrangle le passage, diminue l'arrivée de la vapeur sur le piston dès que la vitesse de rotation augmente, ingénieuse invention que doivent se rappeler de suite les personnes familières avec les détails de cette admirable machine. Partout où l'excès de la vitesse d'une machine quelconque pourrait avoir des suites dangereuses ou nuisibles, le modérateur est utilement appliqué ; et cet appareil sert à la fois de régulateur à la roue d'eau qui met en mouvement nos filatures, comme au moulin à vent qui dessèche nos marais. Au dock de Chatham on l'emploie à régulariser la descente d'un grand plateau sur lequel on élève des pièces de bois ; mais on augmente la résistance du modérateur en lui faisant exécuter sa rotation dans une caisse remplie d'eau.

38. On voit dans le comté de Cornouailles une autre invention fort ingénieuse pour régulariser le nombre de coups d'une machine à vapeur : on l'appelle la *cataracte*. Elle permet de régler ce nombre de coups par le temps nécessaire pour remplir d'eau, au moyen d'une pompe mue par la machine, une caisse oscillante, le robinet d'admission étant plus ou moins ouvert à la volonté du machiniste.

La régularité avec laquelle le combustible est fourni aux foyers des chaudières, contribue aussi à l'uniformité du mouvement des machines à vapeur, et diminue en même temps la consommation du charbon. Cette régularité d'alimentation a été l'objet de plusieurs brevets, dont le principe général consiste à alimenter le foyer à des intervalles réguliers, au moyen d'une trémie remplie d'une certaine quantité de combustible, et à diminuer cette charge quand la machine s'accélère. Un avantage accidentel de ce mode d'opérer, c'est qu'en ne mettant à la fois que de petites quantités de charbon, la fumée est entièrement consumée. Quelquefois aussi les registres des cendriers et des cheminées des machines à vapeur sont unis aux parties en mouvement de la machine, de manière à devenir eux-mêmes des régulateurs de son accélération.

39. Une autre invention également destinée à régler le mouvement des machines, c'est une espèce de girouette ou de petit volant à ailettes qui présente de larges surfaces à l'action de l'air. Ce petit volant tourne rapidement, et acquiert ainsi un mou-

vement uniforme qui ne peut guère varier, parce que toute augmentation dans la vitesse du volant produirait une augmentation bien plus grande dans la résistance de l'air frappé par sa révolution. C'est ainsi qu'est réglé l'intervalle des coups des horloges à sonnerie ; intervalle qui se modifie à volonté, en donnant aux bras du petit volant une obliquité plus ou moins sensible relativement au plan dans lequel ils se meuvent. C'est ce même genre de volant qu'on emploie dans toutes les espèces de petites machines, mais non dans les grandes, car il est destructeur de travail.

40. Ce mouvement d'un volant ou d'une girouette m'inspire l'idée d'un instrument destiné à mesurer la hauteur des montagnes, qui mérite peut-être qu'on l'essaie ; car, s'il réussissait passablement, il serait beaucoup plus facile à transporter qu'un baromètre. On sait que le baromètre indique le poids d'une colonne d'air ayant pour base l'ouverture inférieure du tube barométrique et pour hauteur celle de l'atmosphère. On sait aussi que la densité de l'air qui entoure le baromètre, dépend à la fois du poids de l'air supérieur et de la température de l'air dans le lieu où se fait l'expérience. Si donc on peut mesurer la densité de cet air et sa température, on en déduira par le calcul la hauteur de la colonne de mercure que sa pression peut soutenir dans le baromètre. La température de l'air est indiquée immédiatement par le thermomètre. Sa densité pourrait s'obtenir au moyen d'une montre et d'un petit instrument qui compterait

le nombre de tours faits par la rotation d'une palette mue par une force constante. Moins l'air où tournerait la girouette serait dense, et plus grand serait le nombre de tours qu'elle ferait dans un temps donné. On pourrait d'avance faire des expériences dans des vases remplis d'air plus ou moins raréfié, et en déduire, par le calcul, des tables qui, pour une température de l'air et un nombre de révolutions donné, indiqueraient la hauteur correspondante du baromètre.

CHAPITRE VII

DES MOYENS D'ACCROITRE OU DE DIMINUER LA VITESSE.

41. La fatigue produite sur les muscles du corps humain ne dépend pas uniquement de la quantité de force dépensée dans chaque effort distinct; elle dépend en grande partie de la répétition de ces mêmes efforts. La quantité de force nécessaire pour effectuer un travail manuel quelconque peut se diviser en deux parties : 1° la quantité nécessaire pour mouvoir et faire travailler l'outil ou l'instrument; 2° la quantité nécessaire pour mouvoir un des membres de l'individu qui agit. Prenons pour exemple l'action d'enfoncer un clou dans une pièce de bois : elle exige deux quantités de force différentes, l'une pour lever le marteau, l'autre le bras qui tient le marteau. Si celui-ci est très pesant, la première quantité de force sera la plus considérable ; mais si le marteau est léger, l'action de lever le bras produira le plus de fatigue. Ainsi des opérations qui n'exigent que peu de force peuvent devenir fatigantes si elles se répètent souvent, et plus fatigantes même qu'un travail pénible mais de courte

durée. On doit aussi remarquer qu'il y a un degré de vitesse tel, que l'action des muscles ne peut le dépasser sans inconvénient.

42. Coulomb a cherché à déterminer quelle est la charge la plus avantageuse pour un homme qui monte un escalier en portant du bois sur ses épaules. De ses expériences il résulte qu'un homme qui monterait l'escalier sans fardeau, puis, en descendant, éleverait par le moyen d'une poulie et de son propre poids la charge qu'il pourrait porter, ferait autant d'ouvrage dans sa journée que quatre hommes employés de la manière ordinaire, avec le mode de chargement le plus favorable.

43. C'est un objet d'une haute importance à la guerre, que la relation qu'il convient d'établir entre la vitesse de l'homme ou de l'animal qui transporte un fardeau, et le poids de ce même fardeau. Dans les travaux ordinaires, pour obtenir le plus grand effet possible, il est aussi très important de bien proportionner ensemble trois choses : le poids de la partie du corps de l'animal qui est en mouvement, le poids de l'outil qu'elle meut, et la répétition de ce même effort. Le bon emploi des chevaux repose entièrement sur ces considérations.

44. Quand il s'agit d'un travail peu pénible, il faut augmenter la vitesse pour économiser le temps. Il faut beaucoup de temps pour filer la laine en tordant les fibres avec les doigts, avec la quenouille. Dans le rouet à filer ordinaire, le mouvement du fil autour du fuseau est accéléré par une invention bien simple, et

qui consiste à réunir, par une corde à boyau, ce fuseau avec une grande roue que fait aller le pied ; en sorte que le fuseau va très vite, quoique le pied se meuve assez lentement. Ce même mode d'augmenter la vitesse a été employé dans beaucoup de circonstances, par exemple dans les grands magasins de vente de rubans en détail, où il faut souvent les dérouler et les enrouler ensuite, opération encore assez fatigante avec ce moyen de l'abréger, et qu'il serait autrement impossible de répéter aussi fréquemment. Enfin c'est par une machine déduite du même principe, mais plus compliquée sous beaucoup de rapports, que sont formées ces jolies petites bobines de coton à coudre qui se vendent à si bas prix.

45. Passons des petits instruments aux machines plus fortes et plus importantes, et nous trouverons des exemples plus frappants de l'économie produite par l'augmentation de la vitesse. Dans l'opération par laquelle on convertit la fonte en fer, une masse de métal pesant un quintal environ, et chauffée au rouge blanc, est placée sous un lourd marteau mû par l'eau ou par la vapeur. Ce marteau est soulevé par une pièce saillante fixée sur un arbre tournant, et si son pouvoir dynamique résultait uniquement de la hauteur de chute qu'on peut lui donner, les intervalles entre les coups seraient beaucoup trop longs : or, pour la bonté du résultat, il est important que la masse de métal reçoive, avant de se refroidir, autant de coups qu'il est possible. Cette accélération s'obtient en donnant à la pièce saillante ou *came* une

vitesse telle, que le marteau, au lieu d'être élevé lentement à une petite hauteur, soit jeté de bas en haut par une forte secousse, aille frapper contre une grosse pièce de bois qui agit comme un puissant ressort, et le rejette sur la masse de fer avec tant de vitesse, que l'on peut ainsi donner un nombre de coups double, dans un temps donné. Cette vitesse est même encore augmentée dans les petits martinets, où la queue du martinet frappant avec force contre un ressort d'acier, rebondit si promptement, que le nombre de coups va jusqu'à trois cents et même cinq cents par minute.

46. Quelquefois une opération n'est possible qu'à l'aide d'une augmentation de vitesse. Ainsi un patineur peut passer avec une grande vitesse sur une partie de glace qui ne pourrait supporter son poids, si son mouvement était moins accéléré. Ceci tient à ce qu'il faut un certain temps pour que la glace rompe. Aussitôt que le poids du patineur commence à agir sur un point, la glace, soutenue par l'eau, plie lentement sous lui ; mais si le patineur se meut avec une grande vitesse, il est bien loin de l'endroit sur lequel il a pesé un instant, avant que la glace ait assez plié pour atteindre le degré de courbure où elle doit nécessairement rompre.

On observerait un effet semblable dans le mouvement des bateaux, si on pouvait leur imprimer une vitesse considérable. Supposons un bateau à fond plat, dont l'avant forme un certain angle avec ce fond ; et en repos dans une eau tranquille. Si nous concevons qu'une force considérable le pousse soudainement en avant, la forme inclinée de sa partie d'avant le soulèvera dans l'eau ; et si cette force motrice était une force immense, le bateau lui-même pourrait sauter tout entier hors de l'eau, et avancer par une série de bonds ou de ricochets, comme une ardoise ou une écaille d'huître.

Si la force n'était pas assez puissante pour faire sauter le bateau hors de l'eau, mais seulement pour soulever le fond du bateau jusqu'à la surface, alors son mouvement deviendrait une sorte de glissement extrêmement rapide. Car à chaque point de la course il faudrait un certain temps pour qu'il prît dans l'eau son tirant ordinaire ; mais avant que ce temps eût pu s'écouler, le bateau serait déjà arrivé sur un autre point, et se trouverait soulevé par la réaction de l'eau contre le plan incliné de sa partie d'avant.

47. Cette observation singulière, que les corps mus avec une grande vitesse n'ont pas le temps de développer tout l'effet de leur poids, semble expliquer une circonstance qui autrement est tout à fait inconcevable. Quelquefois il arrive que les roues d'une voiture renversent des piétons, et passent sur leur corps sans leur faire un mal sensible, quoique le poids de cette même voiture, s'il fût resté sur leur corps seulement quelques secondes, les eût fait périr à l'instant.

48. Une opération où la rapidité d'exécution est très essentielle, c'est celle qui consiste à élever les produits des mines jusqu'à la surface du sol. L'établissement des puits pratiqués pour ce travail coûte des

sommes énormes, et l'on doit chercher à en limiter le nombre autant qu'il est possible. En conséquence la matière extraite est élevée par des machines à vapeur avec une vitesse considérable ; et sans cette vitesse, bien des mines ne pourraient être exploitées avec le moindre bénéfice.

49. On voit parfaitement l'effet d'une grande vitesse pour modifier la forme d'une matière douée d'une certaine cohésion, dans une opération de la fabrication du verre à vitres, que l'on nomme l'*aplatissage*, et qui est l'une des plus curieuses opérations que présentent les arts. Un ouvrier plonge dans le creuset son tube en fer, le charge de quelques livres de matière fondue, et souffle une grosse boule réunie au tube par un petit col creux très épais. Alors un autre ouvrier fixe sur cette boule, et du côté opposé à ce col, une tige de fer dont l'extrémité a été plongée dans la matière en fusion, et quand cette tige est solidement fixée, on sépare, par l'injection de quelques gouttes d'eau froide, le col de la boule d'avec le tube de fer. La tige qui porte maintenant la boule est présentée à l'ouverture d'un four rouge, et on la fait tourner lentement sur elle-même, de manière à chauffer la boule uniformément. Cette opération a pour premier effet de ramollir la boule, de l'aplatir et d'élargir l'ouverture du col. A mesure que ce ramollissement de la boule avance, on tourne plus rapidement la tige qui lui sert d'axe de rotation ; enfin, quand elle est complètement ramollie et incandescente, on l'éloigne du feu, on augmente de plus en

plus la vitesse de rotation, et l'ouverture s'élargit peu à peu par l'action de la force centrifuge, jusqu'à ce qu'enfin la boule s'étende soudainement, éclate et devienne une grande feuille circulaire de verre incandescent. Le col de la boule primitive se trouve à la circonférence, et, comme il est trop épais pour se prêter à l'expansion de la matière, il forme un bourrelet tout autour du *plateau*. Le centre présente l'apparence d'une épaisse bosse appelée *la noix* ou *l'œil*, et marque le point où était fixée la tige de fer[1].

50. Les divers procédés imaginés pour diminuer la vitesse, ont presque tous le même but, la nécessité de vaincre de grandes résistances avec peu de force. Nous pourrions citer comme exemple les moufles, la grue et d'autres machines en grand nombre, d'une application journalière pour l'élévation des fardeaux.

La prolongation du temps pendant lequel une force peut agir, par l'extrême diminution de vitesse de la dernière partie mobile d'un mécanisme, est une des applications les plus fréquentes et les plus utiles de la Mécanique pratique. Pendant la demi-minute que nous employons chaque jour à remonter nos montres, nous faisons un effort presque insensible, et cependant, au moyen de quelques rouages, l'effet produit est réparti sur toute la durée des vingt-quatre heures. Dans nos horloges, cette extension du temps d'action de la force

1. La fabrication du verre à vitres se fait aujourd'hui généralement d'une autre manière plus expéditive. On souffle de longs cylindres de verre que l'on coupe avec un fil de fer froid, aux extrémités et dans le sens de la longueur, et que l'on aplatit ensuite dans des fours particuliers.

primitive est plus sensible encore ; les meilleures n'ont besoin ordinairement d'être remontées qu'une fois par semaine, et quelquefois on en fait qui peuvent marcher un mois, ou même une année entière. Un autre exemple peut se voir tous les jours dans l'intérieur de nos ménages : dans le tournebroche ordinaire qui sert pour rôtir les viandes.

CHAPITRE VIII

DES TRAVAUX QUI EXIGENT UNE FORCE TRÈS SUPÉRIEURE A LA FORCE DE L'HOMME, ET DES OPÉRATIONS TROP DÉLICATES POUR ÊTRE EFFECTUÉES PAR SES MAINS.

51. Pour faire agir sur un point donné la force entière d'un certain nombre d'hommes, il faut assez d'habileté et un ensemble de préparatifs souvent considérable; et quand ce nombre s'élève jusqu'aux centaines, aux mille, la difficulté augmente très sensiblement. Supposons qu'on doive faire agir simultanément dix mille manœuvres à la journée; il serait extrêmement difficile de découvrir si chacun développe toute sa force, et conséquemment de s'assurer que chacun fournit une quantité de travail proportionnée au prix de la journée qu'on lui paie. Lorsqu'il s'agit de masses d'hommes ou d'animaux plus considérables encore, non seulement la difficulté de les diriger devient plus grande, mais la dépense totale de l'exécution s'accroît sensiblement par la nécessité

où l'on se trouve de transporter des vivres pour nourrir toute cette troupe d'individus.

A la difficulté de faire agir un grand nombre d'hommes à la fois, on a remédié assez bien par le son de la voix ou d'un instrument. Ainsi, le sifflet du contre-maître dirige à bord les matelots; et quand on exécuta à force d'hommes le transport de l'énorme bloc de granit qui sert de piédestal à la statue équestre de Pierre-le-Grand, à Saint-Pétersbourg, et qui pèse plus de 1,400,000 kil., un tambour, placé au sommet, donnait le signal à chaque mouvement que les ouvriers devaient exécuter simultanément.

Champollion a même découvert un ancien dessin égyptien qui représente une multitude d'hommes attelés à un gros bloc de pierre, tandis qu'un seul, placé au sommet de ce bloc, tient les bras élevés au-dessus de sa tête, comme s'il battait des mains, pour maintenir l'ordre et la précision nécessaires dans les mouvements de toute la troupe.

Nous avons vu élever l'Obélisque de Louqsor sur la place de la Concorde, à Paris, à l'aide d'un grand nombre de cabestans mus à bras d'hommes. La même opération vient d'être effectuée à Londres, par l'action d'une machine à vapeur.

52. Dans les mines, il faut quelquefois élever ou descendre des poids considérables au moyen de treuils qui exigent une force supérieure à celle de cent hommes. Ces treuils sont placés à la surface du sol ; mais c'est du fond de la mine, et souvent d'une profondeur de 4 à 500 mètres, que part l'ordre d'agir

ou d'arrêter : cet ordre est transmis d'une manière simple et sûre par des signaux. Ordinairement l'appareil employé à cet effet est une sorte de marteau placé près de la surface du tambour, que chaque ouvrier peut entendre et mettre en mouvement, du fond de la mine, au moyen d'une corde qui monte le long du puits.

A la mine nommée *Wheal friendship Mine*, dans le Cornouailles, on emploie une invention différente. Dans cette mine, l'extraction se fait par un plan incliné souterrain dont l'étendue est d'environ deux tiers de mille anglais (1060 mètres). Les signaux se transmettent d'une extrémité à l'autre au moyen d'une tige métallique continue qu'on frappe au fond de la mine ; le coup propagé dans la substance du métal s'entend très distinctement à la surface du sol.

53. Dans toutes nos grandes fabriques on voit de fréquentes applications du pouvoir de la vapeur pour surmonter des résistances qu'on ne pourrait vaincre qu'avec des frais énormes en employant la force des êtres animés. Ainsi la vapeur est appliquée à tordre ensemble les torons des plus grands câbles, à marteler, à laminer, à couper de grosses masses de fer, à épuiser les mines; opérations qui demandent toutes des exertions de force physique énormes et soutenues pendant un temps prolongé. Il existe aussi des moyens d'une autre nature pour le cas où il faut à la fois que la force soit considérable, et qu'elle concentre son action dans un petit espace ; telle est la presse hydraulique de Bramah, qui peut, par l'effort d'un seul

homme, produire une pression de 1500 atmosphères : avec une machine de ce genre on a brisé un cylindre creux de fer forgé, de 6 centimètres d'épaisseur.

Un autre exemple se présente dans la fabrication des chaudières à vapeur. Les feuilles de tôle dont elles sont formées doivent être assemblées avec des joints aussi serrés que possible, et l'on y parvient en chauffant d'abord les clous ou *rivets* à la chaleur rouge, avant de les placer. Les deux feuilles de tôle sont clouées ensemble avec ces rivets ainsi chauffés et écrasés à l'aide de la pression hydraulique ; puis ces rivets se contractent en se refroidissant, et serrent les deux feuilles l'une contre l'autre, avec une force qui n'a d'autres limites que la ténacité du métal dont les rivets eux-mêmes sont formés.

Cette force illimitée de la vapeur, que l'homme s'est appropriée, transmise à l'aide de grands appareils construits en fer et en acier, ce n'est pas seulement dans les grands travaux de l'ingénieur ou du manufacturier qu'il l'appelle à son aide. Pour tout travail qui, considéré isolément, exigerait peu de force, mais dont l'exécution doit se répéter indéfiniment, il faut une force proportionnée à cette immense répétition, et cette force, c'est encore celle de la vapeur. C'est le même bras de géant qui tord ensemble les torons des câbles les plus pesants, et qui métamorphose le duvet du cotonnier en un fil aussi délié que ces filaments légers qui voltigent dans les airs. Docile à la main qui met en mouvement sa force irrésistible, la vapeur lutte avec la mer et la tempête, et marche triomphante au milieu de dangers et d'obstacles insurmontables aux anciens modes de navigation; ou, par un autre mode d'action, elle fabrique cette toile à voile dont elle peut supprimer l'emploi, et, de ses doigts de fée, entrelace les mailles de ces filets si délicats destinés à la parure élégante des femmes.

54. Souvent, dans les arts, on doit réduire en poudre des substances solides, et séparer cette poudre en différents degrés de finesse. Le tamisage le mieux gradué est trop grossier pour une séparation aussi délicate, et elle ne peut s'effectuer convenablement qu'à l'aide de la suspension dans un fluide. La substance broyée et réduite en poudre extrêmement fine, est agitée dans une certaine quantité d'eau que l'on soutire ensuite : les portions les plus grossières de la matière suspendue tombent les premières, et les plus fines sont celles qui restent le plus de temps à descendre jusqu'au fond. En opérant ainsi, la poudre d'émeri même, substance d'une grande densité, se sépare suivant les divers degrés de finesse qu'on peut désirer. Dans la fabrication de la porcelaine, le quartz grillé et réduit en poudre est suspendu dans l'eau pour se mêler intimement à l'argile qui est suspendue aussi dans le même fluide; alors on évapore l'eau en partie à l'aide de la chaleur, et l'on forme ainsi la composition qui sert de pâte à la plus belle porcelaine. Un fait curieux et qui mérite un examen plus attentif, c'est que si ce mélange reste longtemps en repos avant d'être employé, il se dénature et n'est plus d'aucune utilité ; car le quartz, d'abord uniformément mêlé,

s'agglomère peu à peu en petits amas séparés. Ce fait est très remarquable par son analogie avec la formation des lits de quartz dans les bancs de pierre calcaire.

55. La lenteur avec laquelle les substances en poudre descendent dans un fluide, dépend en partie de la pesanteur spécifique de ces substances, et en partie de la grandeur de leurs particules elles-mêmes. Quand un corps tombe dans un milieu résistant, il acquiert, après un certain temps, une vitesse uniforme qu'on appelle sa vitesse définitive, et avec laquelle il continue de descendre. Quand les particules sont très petites, quand le milieu est assez dense, comme l'eau, le corps acquiert promptement cette vitesse définitive. L'émeri même, réduit en poudre extrêmement fine, reste plusieurs heures à descendre au fond de quelques pieds d'eau. Les machines de plusieurs des compagnies chargées de la fourniture de l'eau dans l'intérieur de Londres, introduisent dans les réservoirs une certaine quantité de vase qui reste suspendue dans l'eau pendant un temps bien plus considérable. Ces faits nous donnent une idée de l'étendue immense que peuvent avoir les dépôts des rivières. Car si la vase du Mississipi reste une heure à descendre d'un pied dans l'eau, le courant du golfe du Mexique dont la vitesse est de trois milles à l'heure, doit l'entraîner à une distance de quinze cents milles anglais (2400 kilomètres), avant qu'elle soit descendue à une profondeur de cinq cents pieds.

56. Le fil de coton le plus net présente encore sur

sa surface un certain nombre de petits filaments parasites qui nuisent à l'apparence de la mousseline fabriquée avec ce fil. Il est tout à fait impossible de séparer ces filaments en les coupant, mais on les détruit aisément en passant rapidement la mousseline sur un cylindre de fer tenu à la chaleur rouge. Chaque partie de la mousseline restant très peu de temps en contact avec le fer, ne s'échauffe pas assez pour brûler, tandis que les filaments étant plus fins et plus près du métal, sont brûlés instantanément.

Dans la fabrication du tulle, la destruction de ces filaments est encore plus nécessaire; cette opération s'effectue parfaitement en passant rapidement le tulle à travers un jet de gaz enflammé.

CHAPITRE IX

DES MACHINES A COMPTER, OU COMPTEURS.

57. Un avantage remarquable des machines, c'est la continuité de leur mouvement qui ne change pas avec la négligence et la paresse de l'homme : aussi s'appliquent-elles parfaitement à compter une suite de répétitions d'une même action, l'une des opérations les plus fatigantes qu'on puisse imposer à l'esprit humain. En comptant le nombre de pas que nous faisons pour parcourir une distance donnée, nous évaluons assez bien l'étendue de cette distance ; mais cette évaluation devient bien plus sûre au moyen d'un instrument, le podomètre, qui compte pour nous le nombre de nos pas. Souvent un mécanisme de ce genre est employé pour compter le nombre de tours faits par la roue d'une voiture, et indiquer ainsi la distance qu'elle a parcourue. En principe le mécanisme d'un compteur consiste en une roue dentée dont un taquet fait avancer une dent par tour ou par oscillation d'une pièce appartenant à l'opérateur. Le nombre de dents ainsi déplacées sur la roue de compte, est enregistré par une succession de roues dentées.

58. Une utile invention de ce genre est celle qu'on

a imaginée pour s'assurer de la vigilance des gardiens de nuit. Elle consiste en un petit mécanisme qui communique avec un mouvement d'horlogerie placé dans une chambre où le gardien ne peut entrer. Celui-ci a simplement l'ordre de tirer une fois par heure une certaine corde placée sur un point de sa tournée, et qui correspond au mécanisme. Cet instrument s'appelle un *tell-tale* ou *rapporteur*. Le propriétaire du *tell-tale* peut savoir, en le consultant le matin, si le gardien a négligé son service pendant une ou plusieurs heures de la nuit.

59. Il est souvent très important pour la détermination des droits, comme dans l'intérêt des propriétaires, de connaître la quantité de liqueurs spiritueuses ou autres qui a pu être tirée des tonneaux pendant l'absence des surveillants ou des principaux employés. Ce résultat est obtenu au moyen d'un robinet d'un genre particulier, qui à chaque tour décharge seulement une quantité donnée de liquide, tandis que le nombre de tours qu'on lui fait faire est compté par un petit instrument enfermé dans une boîte, dont le maître seul de la cave a la clef.

60. L'instrument qui mesure la quantité de gaz employée par chaque consommateur est encore du même genre. Il y en a de diverses formes, mais tous ont le même objet, l'indication du nombre de mètres cubes de gaz débités dans un temps donné. Les plus simples consistent en une roue tournant dans l'eau par l'action du gaz qui pénètre sous des parties de cette roue formant cloche. Il importe que chaque

consommateur puisse employer ce compteur, chacun payant ainsi seulement le prix de ce qu'il consomme.

61. On pourrait régulariser, par un moyen analogue, la distribution de l'eau, mesurée encore par le nombre de tours d'une roue que l'eau met en mouvement en traversant les conduites. De cette manière, on économiserait beaucoup d'eau qui actuellement se répand et se perd, et l'on éviterait une inégalité injuste dans les droits payés à une compagnie par les différentes maisons qu'elle dessert.

62. On devrait aussi appliquer un de ces mesureurs mécaniques à un objet plus important encore, à la détermination de la quantité d'eau qui entre dans les chaudières des machines à vapeur. Sans un instrument semblable, on ne saura jamais qu'imparfaitement la quantité d'eau évaporée par des chaudières de construction différente, chauffées par des foyers différemment disposés, et l'on ne pourra évaluer qu'approximativement le travail que peut exécuter une machine à vapeur.

63. L'emploi de numéroteurs-imprimeurs, qui changent d'une unité par chaque feuille imprimée, rend les plus grands services pour l'impression des billets de banque, des billets de chemin de fer, etc.

64. Un autre objet auquel les machines à compter peuvent s'appliquer avec avantage, c'est la détermination des effets moyens des agents créés par l'art, ou donnés par la nature. Par exemple, pour déterminer la hauteur moyenne du baromètre, on note sa hauteur à divers intervalles de temps, pendant une

durée de vingt-quatre heures; plus ces intervalles sont rapprochés, et plus la moyenne ainsi obtenue est correcte. Mais en réalité, la vraie moyenne devrait participer à chaque petite variation momentanée qui est survenue dans l'intervalle de temps auquel elle s'applique. Pour parvenir à ce but, on a proposé d'employer des horloges, et le principe de leur emploi consistait à leur faire mouvoir lentement et uniformément une feuille de papier devant un crayon fixé à un flotteur établi sur la surface du mercure dans la cuvette du baromètre. Sir David Brewster a proposé de suspendre le baromètre, et de le laisser osciller comme un pendule. Dans cette disposition, les variations de l'atmosphère changeraient le centre d'oscillation; et en comparant la marche de ce baromètre oscillant à celle d'une bonne horloge, après un temps donné, l'observateur pourrait reconnaître la hauteur moyenne de la colonne de mercure pendant toute la durée de son absence [1].

On emploie un instrument dit udomètre pour mesurer et noter la quantité de pluie tombée sur un certain espace. Dans cet appareil, la caisse qui reçoit la pluie tombée dans le réservoir, se renverse aussitôt qu'elle est remplie, et présente à sa place une autre caisse qui, une fois remplie, se renverse de même et ramène la première. Un système d'engrenages compte le nombre de renversements de chaque caisse, et ainsi la quantité de pluie qui tombe pendant une année

1. Voy. article MÉTÉOROGRAPHES, *Dictionnaire des Arts et Manufactures*.

entière peut être mesurée et notée sans la présence de l'observateur.

On emploie avec succès des instruments pour mesurer la force moyenne du vent, d'un cours d'eau, d'un cheval ; en général, le travail mécanique engendré par tout genre de moteur[1].

65. Les horloges et les montres peuvent être considérées comme des instruments destinés à compter le nombre des oscillations d'un pendule ou d'un balancier. Leur organe essentiel s'appelle l'*échappement*, en terme d'horlogerie; il consiste en un arrêt réglé par les oscillations régulières du pendule ou du balancier, suspendant un instant le déroulement des rouages mus par un ressort ou un poids moteur ; les aiguilles montées sur l'axe d'une des roues marquent le nombre de ces oscillations[2].

On a construit des horloges qui peuvent prolonger leur action pendant des périodes considérables de temps, et indiquer non seulement l'heure du jour, mais les jours de la semaine, du mois, de l'année, et même l'époque du retour de certains phénomènes astronomiques.

Les horloges, les montres à répétition sont de vrais compteurs, qui communiquent leurs résultats à leur propriétaire, seulement quand celui-ci le demande, en tirant un cordon, ou par tout autre procédé semblable.

1. Voy. article DYNAMOMÈTRES, *Dictionnaire des Arts et Manufactures.*
2. Voy. article HORLOGERIE, *Dict. des Arts et Manufactures.*

Bréguet a appliqué à des montres un petit appareil à l'aide duquel l'aiguille des secondes dépose une petite goutte d'encre sur le cadran, quand on pousse une sorte de ressort ou d'arrêt. De cette manière, pendant que l'œil est fixé attentivement sur le phénomène qu'il observe, le doigt note sur le cadran de la montre le commencement et la fin de son apparition.

66. On a imaginé aussi plusieurs instruments destinés à éveiller l'attention de l'observateur à un instant prévu d'avance : de ce genre sont les réveils qu'on adapte aux montres et aux horloges. Quelquefois il est utile que ces mécanismes soient disposés pour avertir, à des époques successives et distantes, par exemple à l'arrivée de certaines étoiles dans le méridien. On en voit un exemple à l'Observatoire royal de Greenwich.

67. Les tremblements de terre sont des phénomènes si fréquents et d'un si haut intérêt, à la fois par leurs ravages terribles et par leur connexion avec la constitution du globe, qu'il est important de posséder un instrument qui indique, s'il est possible, le sens de la secousse et son intensité. Une observation faite il y a quelques années à Odessa, après un tremblement de terre qui eut lieu dans la nuit, m'a donné l'idée d'un instrument fort simple propre à déterminer le sens du mouvement des tremblements de terre.

Un vase de verre, rempli d'eau en partie, était placé sur une table, dans une des maisons d'Odessa, et la partie intérieure de ce vase, au-dessus de l'eau, était tapissée d'une couche de rosée condensée par la température froide du verre. Entre trois et quatre heures du matin, la ville éprouva plusieurs secousses sensibles, et l'observateur, à son lever, remarqua que la rosée avait été balayée des deux côtés du verre par les oscillations de l'eau mise en mouvement par le tremblement de terre. Conséquemment la ligne qui joignait les deux points extrêmes de l'oscillation indiquait le sens de propagation de la secousse. Cette circonstance, observée accidentellement à Odessa par un ingénieur, indique qu'on pourrait, dans des contrées sujettes aux tremblements de terre, conserver des vases de verre remplis en partie de mélasse ou d'un fluide onctueux : dès qu'un mouvement latéral serait communiqué à ces vases par l'ébranlement du sol, le liquide adhérerait sensiblement au verre et permettrait à l'observateur de déterminer l'amplitude et la direction de la secousse, quelque temps après qu'elle aurait eu lieu.

CHAPITRE X

DES MOYENS DE PRODUIRE UN MOUVEMENT VOULU.

68. En cherchant à donner une idée des machines, nous avons dit qu'il y avait deux choses à considérer en chaque point des organes qui les constituent : l'intensité de la force transmise, et le chemin parcouru par ce point. Dans les considérations qui précèdent nous nous sommes occupés presque exclusivement de ce qui se rapporte à l'intensité de la force, de ce qui fait l'objet de la science mécanique proprement dite.

Nous consacrerons ce chapitre et le suivant, principalement à ce qui se rapporte au chemin parcouru, qui souvent importe plus que la grandeur de la force en action, comme nous venons de le voir pour les compteurs où les résistances sont insignifiantes, à définir quelques principes dont l'ensemble constitue la science relativement nouvelle à laquelle on a donné le nom de cinématique, et qui est la partie géométrique de la mécanique.

69. Considérons une pièce cylindrique et faisons-la passer dans une cavité de même section, ce cylindre ne pourra plus que tourner autour de son axe de figure devenu fixe, et toute pièce assemblée avec lui,

constituera un tour ; deux systèmes semblables, agissant l'un sur l'autre, en contact l'un avec l'autre, deux roues par exemple portant des saillies et des écartements égaux sur les deux roues, constituent des *roues d'engrenage,* moyen par excellence de transmettre le mouvement circulaire de l'une à l'autre, en changeant à volonté la vitesse, en raison des grandeurs relatives des rayons des deux roues.

Si nous considérons maintenant des surfaces rectilignes et parallèles, une glissière, guidant une barre rectangulaire venant au contact d'une de ces roues et portant des entailles semblables, le mouvement circulaire poussera cette barre dentelée, cette *crémaillère,* en ligne droite et engendrera le mouvement rectiligne continu. C'est sur cette propriété que repose le cric, permettant de faire mouvoir d'une petite quantité une lourde pierre, par un grand nombre de tours d'une manivelle mue par la force du bras, en employant plusieurs roues.

Supposons maintenant que dans la glissière se meuve une pièce articulée à une tige qui de l'autre extrémité est articulée à un rayon de la roue, cette pièce dite *bielle,* engendrera le mouvement rectiligne alternatif par le mouvement circulaire.

Enfin, si cette bielle était articulée au rayon d'une seconde roue, et non à une barre guidée dans une glissière, ce mouvement, pour des rapports de rayons convenables, deviendrait un mouvement circulaire alternatif. C'est la disposition de la pédale du rémouleur pour faire tourner la meule à repasser.

Ces quelques exemples bien simples et qui cependant paraîtront peut-être au lecteur un peu fastidieux, vu le caractère du présent ouvrage, sont nécessaires, et suffisants pour bien analyser les effets si variés des machines opératrices. Tandis en effet, que les machines simples ont constitué presque toutes les ressources des anciennes civilisations, que le levier mû à bras servait à lever des fardeaux, comme la corde passant sur la poulie, que le plan double incliné, le coin étaient utilisés d'une manière semblable; les couples de ces machines simples, agissant les uns sur les autres, sont venus constituer les machines complètes, en donnant à volonté, au moyen d'un effort initial toujours le même et pouvant être emprunté aux puissances naturelles, toutes les variétés voulues, et d'intensité d'efforts, et de chemins parcourus.

Ainsi, avec deux roues d'engrenage, on donnera à la seconde roue, quelle que soit la vitesse de la première, la vitesse demandée pour la seconde en proportionnant les rayons. Une bielle articulée à un rayon de celle-ci donnera le nombre d'oscillations en ligne droite nécessaire en un temps voulu, et ainsi de suite.

Par exemple, cette bielle fera mouvoir le cadre d'une scie guidée en ligne droite, lui donnera un mouvement rectiligne alternatif pendant que la roue motrice fera avancer par une crémaillère la pièce de bois au devant de la lame; telle est la scierie mécanique qui débite en planches, tous les arbres des forêts, par la puissance des chutes d'eau.

70. En principe, l'outil qui, mû à la main permet d'effectuer une opération industrielle, peut recevoir à l'aide d'organes mécaniques convenables, de systèmes différents dont l'action se succédera au besoin, la nature et le nombre de mouvements plus ou moins grand qui sont nécessaires à son action, et cela dans la direction voulue, et avec la pression convenable.

Il est évident toutefois que bien souvent la complication de la machine susceptible de réaliser toutes les conditions d'un bon travail, peut être tellement grande qu'elle devient pratiquement trop coûteuse, ou fournit une production trop minime pour qu'il y ait avantage à l'employer. Bien souvent dans ce cas, c'est une simplification de l'outil qui a conduit à la solution du problème, comme on l'a vu pour la machine à coudre, qui est née quand on a pensé à faire des aiguilles ayant l'œil près de la pointe, pouvant par suite sans quitter le porte-aiguilles faire naître une boucle, en traversant l'étoffe puis remontant, boucle que traverse une petite navette mue horizontalement, portant un second fil qui empêche la boucle de se défaire par une traction et détermine le point de couture.

71. L'outil convenable compris, inventé, le problème de construire la machine susceptible de le faire fonctionner, de lui imprimer tous les mouvements nécessaires, est un problème déterminé de cinématique, toujours soluble dans l'état avancé de cette science, par l'emploi d'organes équivalents théoriquement, au point de vue des mouvements à obtenir,

mais non pratiquement au point de vue du maximum de simplicité et d'élégance de la machine.

72. Parmi les machines opératrices, nous ne parlerons ici que de celles qui ont été combinées pour les construire elles-mêmes par l'action d'un ciseau d'acier trempé, savoir : le tour, dont l'étude a précédé les recherches scientifiques modernes, pour exécuter des surfaces cylindriques et coniques; la machine à raboter pour exécuter des surfaces planes, les machines à percer, à alézer, à pratiquer des mortaises, etc.

Ces machines-outils doivent surtout leurs propriétés à l'emploi du support à chariot, dont les Anglais attribuent l'invention à Maudslay, mais qui paraît, d'après les anciennes planches de l'Encyclopédie, avoir été depuis longtemps employé dans l'horlogerie pour le travail de petites pièces. Il consiste à donner mécaniquement, à l'aide d'une vis, le mouvement à un chariot glissant, portant le ciseau qui enlève la matière sur le corps à travailler; de là une parfaite identité entre les objets fabriqués. Ainsi, pour achever au tour le couvercle d'une boîte circulaire et l'assortir à celle-ci, on avance peu à peu le support qui porte le burin en essayant successivement le couvercle sur la boîte, et l'on arrive de cette manière à un point où il n'est ni trop juste ni trop large. Ce point une fois trouvé, qu'il s'agisse de faire un millier d'autres boîtes semblables, toutes se feront sans la moindre difficulté; à chacune, l'outil sera poussé jusqu'à son arrêt, et chaque boîte s'adaptera parfaitement à son couvercle.

CHAPITRE XI

DES MOYENS DE DISPOSER LES OBJETS DANS UN ORDRE DÉTERMINÉ.

73. Considérons d'abord le cas où il s'agit de disposer les objets en lignes droites parallèles. On emploie deux genres de procédés différents, selon qu'il s'agit de corps résistants ou d'une multitude de petites fibres ; ce dernier cas, de beaucoup le plus important est celui de la grande industrie de la filature.

Pour des corps résistants de forme allongée, on peut employer le procédé usité dans la fabrication des aiguilles.

74. Arranger vingt mille aiguilles jetées au hasard dans une boîte, mêlées et embrouillées ensemble de toutes les manières possibles, et les arranger parallèlement l'une à l'autre, paraît, au premier coup d'œil, un travail fort ennuyeux. Il est certain que s'il fallait séparer chaque aiguille une à une, une occupation semblable emploierait plusieurs heures. Néanmoins, dans la fabrication des aiguilles cette opération doit se répéter plusieurs fois, et elle s'y exécute en quelques minutes, au moyen d'un outil très simple.

C'est une petite caisse plate en tôle, dont le fond est légèrement concave : on y place les aiguilles, et on les secoue d'une manière particulière, en imprimant à la fois aux aiguilles un léger mouvement vertical, et à la boîte un léger mouvement longitudinal. La forme des aiguilles facilite leur arrangement ; car si l'on excepte le cas très invraisemblable où deux aiguilles se croisant l'une sur l'autre formeraient un système en équilibre parfait, toutes les aiguilles, en retombant dans le fond de la caisse, devront se placer d'elles-mêmes côte à côte, disposition favorisée par la forme creuse de la caisse ; et comme d'ailleurs elles n'ont aucune partie saillante qui contrarie cette disposition, au bout de quelques minutes de secousses continuelles, elles se trouvent toutes rangées en long. Alors on change le sens du mouvement ; on donne bien aux aiguilles une impulsion verticale, mais l'on donne à la caisse une impulsion perpendiculaire au sens de la première, en sorte qu'en une minute ou deux les aiguilles, déjà disposées dans le sens longitudinal, se rassemblent en masse contre un des côtés de la caisse, en ayant leurs pointes dirigées vers son extrémité. On les enlève alors par centaines à la fois au moyen d'une espèce de large spatule en fer en les maintenant avec l'index de la main gauche. Pendant la marche successive de la fabrication des aiguilles, il faut répéter plusieurs fois cet arrangement ; et si l'on n'avait pas trouvé, pour cette manœuvre, une méthode économique et expéditive, les frais de la fabrication des aiguilles eussent été beaucoup plus considérables.

On pourrait dans des cas semblables faire glisser des corps de forme allongée, sur un plan incliné portant des rainures dans lesquelles ils sont retenus, en prenant des positions parallèles.

75. *Filature mécanique.* — Pour les fibres du coton, que nous prendrons ici pour type des matières filamenteuses, c'est au moyen de la carde, du peigne et de l'étirage que s'obtient la disposition en ligne droite. Le travail de la carde ne se produit bien que parce que certains fils repliés s'accrochent dans les dents de la carde fixe, pendant que la carde mobile en parallélise les extrémités ; le peigne agissant sur des fibres, serrées dans des mâchoires, n'offre pas cet inconvénient, mais son emploi est plus difficile à obtenir mécaniquement que celui de la carde.

Amené par la carde en nappe légère, le coton passe aux étirages, admirable invention mécanique qui, imitant le travail de la fileuse au rouet, (premier genre de machine à filer) est aisément mue mécaniquement et a fait naître, on peut le dire, la manufacture moderne du coton.

C'est en passant, entre des paires de cylindres cannelés, *des doigts de fer*, distants de centre en centre d'une longueur plus grande que celle des fibres à étirer, recevant un mouvement continu, la vitesse du second système étant plus grande que celle du premier, que le ruban s'étirant, augmente de longueur.

Cette opération ne saurait être répétée autant qu'il est nécessaire pour produire des fils fins, sans l'intervention d'une torsion qui donne une certaine solidité au fil; c'est ici qu'intervient l'organe par excellence pour disposer les objets en ligne courbe, produire une torsion héliçoïdale, la broche.

76. Elle se compose essentiellement d'un axe recevant une rotation rapide, et portant deux ailettes dont l'une creuse, conduit le fil partant de l'axe, pour l'enrouler sur la bobine placée sur l'axe tournant.

Les métiers sur lesquels sont réunis en grand nombre les cylindres étireurs : les Bancs à broches, les Métiers continus, ceux sur lesquels l'étirage se fait sur une longueur de fil par le mouvement du chariot porte-broche. les Mull-Jenny, qui sont d'admirables machines, convertissant rapidement et à peu de frais, les fibres en un fil parfaitement régulier et de grande finesse. La merveille de ce genre est la Mull-Jenny self-acting, où toutes les fonctions du fileur sont effectuées mécaniquement, qui constitue un grand automate portant 12 ou 1,500 broches, remplaçant autant de fileuses, et accomplissant seul son travail. C'est le dernier mot de la construction mécanique la plus perfectionnée.

77. *Tissage mécanique.* — Arrivons aux moyens de produire l'entrelacement des fils, c'est-à-dire à la seconde partie de la fabrication des tissus, la plus grande industrie après celle de l'alimentation, celle du vêtement.

Le métier du tisserand est bien connu : les fils de chaîne tendus horizontalement sont levés et abaissés alternativement, de deux en deux le plus souvent (suivant des périodes variables pour les diverses étoffes), par des pédales que font mouvoir les pieds du tisserand, pendant qu'il lance à chaque coup la navette portant le fil de trame qui, croisant le fil de chaîne et serré par le battant, forme la toile, le tissu.

Ce n'est guère que depuis 1825 que le métier mécanique mû par la vapeur a été appliqué à la fabrication des calicots et des étoffes assez simples, et cela, en reproduisant mécaniquement tous les mouvements du tisserand.

Après de grandes difficultés surmontées, on est arrivé en perfectionnant la construction à faire produire beaucoup, à donner une vitesse très grande à une machine, dont la possibilité même était niée à l'origine.

Cependant dès 1745, Vaucanson montrait un métier mécanique pour le tissage des étoffes de soie, qui demandent tant de soin qu'aujourd'hui encore elles se tissent le plus souvent à bras.

Nous donnerons extrait du numéro du *Mercure de France*, dans lequel nous trouvons la description d'une machine qui précédait de plus d'un demi-siècle les développements du système manufacturier : « M. Vaucanson, si célèbre dans les mécaniques, vient de mettre au jour une vraie merveille de l'art dans un objet de grande utilité. C'est une machine avec laquelle un bœuf ou un âne font des étoffes bien plus belles et bien plus parfaites que les meilleurs ouvriers en soie.

« Cette machine consiste en un premier mobile en forme de cabestan, qui peut communiquer son mouvement à plusieurs métiers à la fois, pour y faire toutes les opérations nécessaires à la fabrication des étoffes.

« Ce cabestan mû par une force quelconque, on voit sur le métier l'étoffe se fabriquer sans aucun secours humain, c'est-à-dire la chaîne s'ouvrir, la navette jeter la trame, le battant frapper l'étoffe avec une justesse et une égalité que la main de l'homme ne saurait jamais avoir.

« L'étoffe se roule d'elle-même à mesure qu'elle se fabrique ; la chaîne est toujours également tendue, la trame toujours également couchée, et l'étoffe toujours frappée au même point et avec la même force, et tout cela se fait sans fatiguer la soie et sans qu'elle reçoive aucun frottement, car la navette passe la trame sans toucher la chaîne, ni même le peigne, et les lisses qui font ouvrir la chaîne ne la touchent jamais deux fois au même endroit. Cet ingénieux auteur a trouvé le moyen de déterminer la quantité de soie qu'il veut faire entrer dans cette étoffe en donnant plus ou moins de poids au battant sur lequel il la fait frapper, en tenant la chaîne plus ou moins tendue et en donnant plus ou moins de trame.

« Les lisières fabriquées sur le nouveau métier, sont plus belles et plus parfaites que celles des étoffes ordinaires, l'auteur ayant trouvé moyen de supprimer une pièce appelée temple, qui gâte les lisières par des trous que les pointes y font.

« Est-il question de recharger la navette ou de raccommoder un fil cassé, on arrête le métier sur-le-champ, en poussant un bouton qui peut se trouver aux quatre coins du métier, et, sous la main d'un enfant préposé pour veiller à quatre de ces métiers, dont la seule occupation consiste à nettoyer la soie ; raccommoder les fils cassés et garnir les navettes, qui contiennent six fois plus de trame que les navettes ordinaires.

« Cet arrêt suspend comme un éclair tous les mouvements du métier, dans tel état qu'ils puissent se trouver, et lorsqu'on le fait repartir, ce qui s'opère avec facilité, les mouvements reprennent sur-le-champ où ils ont cessé ; cet arrêt est d'ailleurs particulier à chaque métier et sans aucune influence sur les autres, en sorte qu'on arrête celui qu'on veut sans que les autres cessent de travailler.

« Un cheval attelé au premier moteur peut faire travailler trente de ces métiers ; une chute d'eau, un bien plus grand nombre, et si l'on voulait y employer des hommes, un seul en ferait aller six sans peine ; un métier fait autant par jour que le meilleur ouvrier quand il ne perd pas de temps. »

78. Pour compléter ce que nous venons de dire du tissage, nous devons parler du métier de Jacquart, qui, utilisant les travaux de Vaucanson et de Falcon, a construit le métier qui permet d'obtenir mécaniquement les étoffes brochées, les broderies les plus complexes. Que l'on suppose tous les fils de la chaîne traversant des lisses attachées à des leviers verticaux, et ces leviers combinés avec des broches rigides ou aiguilles horizontales, de telle sorte que celles-ci se mouvant, les leviers soient accrochés par leur extré-

mité supérieure, se meuvent aussi, et par suite, les fils de la chaîne. Si l'ensemble de ces aiguilles rencontre un prisme percé de trous correspondant à toutes les aiguilles et qu'on applique sur la surface de ce prisme un carton percé seulement d'une partie de ces trous, les fils correspondant aux trous cachés s'élèveront seuls et par suite, un passage de la navette, portant un fil d'une couleur déterminée, recouvrira seulement les fils qui auront été levés; le dessin le plus compliqué sera exécuté par un travail qui ne demandera pas beaucoup plus d'attention que celui de la toile. Il exigera que l'on ait découpé les cartons d'après les couleurs du dessin, au moyen d'une opération dite *lisage.* Celui-ci consiste en un percement de trous en des points déterminés par la mise en carte, c'est-à-dire par la reproduction du dessin sur un papier quadrillé, chaque carré répondant à un élément du tissu, chaque ligne de carré, longitudinale ou transversale, à un fil de chaîne ou à un fil de trame.

On a essayé bien souvent en Angleterre de faire mouvoir le métier Jacquart à la vapeur, mais la surveillance nécessaire équivaut toujours au maniement même du métier, et, dans ce cas, comme dans la plupart des travaux relatifs à l'industrie de la soie, la tradition de Vaucanson est restée supérieure aux méthodes de l'industrie moderne, le bois et les élastiques des appareils de l'industrie lyonnaise préférables, pour les délicats fils de soie, au fer et à la fonte des grandes constructions des filateurs de coton de Manchester.

CHAPITRE XII

DE L'ART DE COPIER D'APRÈS UN MODÈLE DONNÉ.

79. Un avantage spécial des machines, celui de fournir des produits uniformes, se rattache à un principe d'une application très fréquente dans l'industrie, et qui, plus que tout autre, contribue à diminuer le prix de la production. Ce principe, c'est celui de l'imitation, en prenant ce mot dans son acception la plus étendue. Dans ses applications variées, des soins presque infinis doivent être consacrés au perfectionnement du type original qui doit produire une certaine quantité d'imitations ou de copies : plus grand doit être leur nombre, et plus il faut prodiguer de peines et de soins à l'original. Aussi arrive-t-il souvent que l'instrument producteur coûte cinq mille et même dix mille fois autant que chacune de ses productions séparées.

Ce principe est d'une si haute importance, d'un usage si général dans les Arts, qu'il nous semble convenable de décrire, dans ce chapitre, un grand nombre de procédés industriels où il est mis en usage. Le tableau suivant n'en offre point toutefois la liste complète, et nous bornerons nos explications aux détails rigoureusement nécessaires à l'intelligence du sujet.

L'art de copier embrasse les arts compris sous les dénominations suivantes :

L'art d'imprimer avec des surfaces entaillées en creux;
L'art d'imprimer avec des surfaces planes;
L'art du Fondeur ;
L'art du Mouleur ;
L'art d'estamper par percussion ;
L'art de découper à l'emporte-pièce ;
Les divers procédés d'étirage ;
L'art de copier en changeant les dimensions.

ART D'IMPRIMER AVEC DES FORMES CREUSES.

80. L'art de l'Imprimeur, considéré dans toutes ses parties, est essentiellement un art d'imitation. Sous les deux grandes divisions que nous avons établies, l'impression au moyen de lignes creuses, comme dans la gravure sur cuivre, et l'impression avec des lignes saillantes, comme dans l'imprimerie ordinaire, il comprend lui-même un grand nombre d'arts et de procédés que nous allons indiquer successivement.

81. *Gravure sur cuivre.* — Dans cet art, des lignes creuses sont tracées sur le cuivre et remplies d'une sorte d'encre qu'elles transmettent au papier au moyen d'une forte pression. Un artiste consacre quelquefois le travail d'une ou deux années à graver une planche

qui souvent ne produit pas plus de cinq cents épreuves dans un état complet de perfection.

82. *Gravure sur acier.* — La gravure sur acier a beaucoup d'analogie avec la gravure sur cuivre ; mais ici le nombre des épreuves que fournit une seule planche est beaucoup moins limité. Une planche de cuivre ne pourrait fournir plus de trois mille billets de banque sans altération sensible, tandis que l'on cite l'exemple de deux billets de banque, gravés sur acier, qui furent soumis à l'examen d'un de nos artistes les plus distingués, sans que celui-ci pût décider avec certitude lequel des deux avait été tiré le premier ; et cependant l'un de ces billets était une épreuve prise dans le premier mille ; l'autre avait été fait après le tirage de soixante-dix et même quatre-vingt mille billets.

La galvanoplastie, en fournissant le moyen d'aciérer ou de nickeler les planches de cuivre gravées en taille douce, permet de se servir de celles-ci pour obtenir des tirages indéfinis.

83. *Art de graver et d'imprimer la musique.* — On imprime ordinairement la musique au moyen de planches d'étain sur lesquelles les notes ont été imprimées en creux avec des poinçons d'acier. L'étain étant beaucoup plus tendre que le cuivre, est susceptible de recevoir par accident des raies qui retiennent une petite partie de l'encre d'impression, et de là vient cette apparence peu nette que présente la musique imprimée.

Outre cette méthode généralement usitée d'imprimer la musique avec des planches d'étain, il en existe encore d'autres moins répandues : par exemple quelquefois on lithographie la musique, ou bien on l'imprime avec des caractères mobiles ; dans quelques occasions on imprime d'abord les notes de musique, et ensuite les portées. On peut voir des exemples de ces deux derniers modes d'impression dans la magnifique collection de Bodoni, le célèbre imprimeur de Parme. Mais, malgré le soin particulier mis à l'exécution du travail, on reconnaît encore un défaut perpétuel de continuité dans les lignes ; défaut qui provient de l'emploi des caractères mobiles, et qui se présente quand les caractères et les lignes ont été imprimés en même temps.

84. *Impressions sur toile de coton.* — On imprime sur la toile de coton avec des cylindres de cuivre de 12 à 15 centimètres de diamètre, sur lesquels on a gravé le dessin que doit recevoir la toile. Le cylindre se charge de mordant d'un côté, et avant que ce côté touche la toile, l'excès de mordant est enlevé par une racle en acier qui presse fortement contre le cylindre. Une pièce de toile de vingt mètres de long est ainsi imprimée en quatre ou cinq minutes.

85. *Impression au patron, à l'aide de feuilles de cuivre découpées.*— On découpe quelquefois des feuilles minces de cuivre, de manière à former des dessins, par exemple les lettres qui composent un certain nom qu'on veut marquer sur une matière quelconque. Les lettres ainsi découpées sont appliquées sur cette matière, et frottées avec une brosse trempée dans la couleur : celle-ci pénètre dans les portions découpées, et le nom se trouve tracé sur la matière placée au-

dessous. Le moyen de dessiner les broderies à l'aide d'un piquage rentre dans ce procédé.

86. *Impression naturelle.* — On peut obtenir des impressions de dentelles, de feuilles d'arbres, au moyen de l'objet même. On le place entre deux feuilles de plomb et de fer, et, en le pressant fortement, ses parties saillantes s'impriment de chaque côté sur la feuille de plomb qui se trouve ainsi gravée en creux, et peut être imprimée en taille douce.

87. Les mouchoirs rouges de coton reçoivent leur dessin par un procédé analogue à celui du patron; mais avec cette différence qu'au lieu d'imprimer d'après un dessin donné, on enlève aux pièces déjà teintes une partie de leur couleur. Pour cela on presse fortement une certaine quantité de mouchoirs entre deux plaques de métal percées l'une et l'autre semblablement de petits trous circulaires ou en forme de losanges, suivant le dessin donné; puis sur la plaque supérieure, qui est entourée d'un rebord, on verse un liquide chargé de chlore qui a la propriété d'enlever la couleur rouge. Ce liquide passe dans les trous de la plaque et traverse toutes les pièces de toile, mais sans se répandre au delà de leurs bords, à cause de la forte pression que lui opposent sur ce point les parties extérieures des plaques. Après cette opération on lave les mouchoirs, et chacun porte l'empreinte exacte du dessin que forment les trous ménagés dans le métal.

88. Une autre méthode pour former un dessin, en enlevant une partie de la couleur d'une pièce teinte

auparavant, consiste à imprimer sur cette pièce un dessin avec une pâte minérale. Puis on passe la pièce au bain, et elle prend une couleur uniforme. Mais la pâte a garanti de l'action de la couleur les fibres du coton qu'elle couvre ; et quand la pièce ainsi teinte est bien lavée, la pâte se dissout, et laisse sans couleur les parties de la pièce sur lesquelles elle a été appliquée. Ce procédé est dit teinture en réserve.

ART D'IMPRIMER AVEC DES SURFACES PLANES.

Sous ce titre général viennent se ranger un plus grand nombre d'arts qu'on ne l'a remarqué jusqu'ici.

89. *Art de graver et d'imprimer sur bois.* — Dans cet art, le modèle est une planche de buis, bien dressée, sur laquelle on trace le dessin original, et que l'on creuse ensuite avec des instruments affilés, de manière à laisser seulement en relief les lignes qu'on veut représenter, et en faisant par un travail de dessinateur, apparaître les ombres par les épaisseurs des lignes. Cette méthode, comme l'on voit, est tout à fait inverse du procédé suivi dans la gravure sur cuivre en taille-douce, où chaque ligne qui doit paraître sur l'épreuve est creusée dans la planche. L'opération de la gravure sur bois s'achève en mettant l'encre sur les parties saillantes et non dans les parties creuses, et transmettant ensuite cette encre au papier.

90. *Impression en caractères mobiles.* — Cet art, par son influence, est le plus important de tous les

arts d'imitation. Il présente une particularité remarquable : c'est l'immense subdivision des parties qui forment le type original. Après que le modèle primitif a fourni un millier d'épreuves ou de copies, ses éléments peuvent être disposés et redisposés suivant tout autre arrangement, et former ainsi une multitude d'autres modèles primitifs, dont chacun fournit des milliers de ses propres épreuves.

91. *Stéréotypie.* — Ce moyen de copier est analogue au précédent. Il existe deux méthodes pour faire des planches stéréotypes. Dans la méthode ordinaire, on prend un moule, en plâtre ou en papier et pâte minérale, des caractères mobiles, et l'on coule la planche dans ce moule. L'autre méthode a été inventée par Herhan. Au lieu de composer l'ouvrage avec des caractères mobiles, on le compose avec des matrices mobiles en cuivre, chacune de ces matrices étant un petit morceau de cuivre qui a les mêmes dimensions que le caractère d'imprimerie correspondant, et qui porte en creux l'empreinte de la lettre, tandis que le caractère présente cette même empreinte en relief. Il est évident que, par cette disposition des matrices, on obtient de suite le moule d'une page composée. La principale objection contre cette méthode, c'est qu'elle exige une trop grande dépense pour avoir, à la fois, une si forte quantité de matrices, dont la fabrication est coûteuse.

Comme, dans les planches stéréotypes, la composition primitive ne peut se modifier aisément, ce procédé s'applique avec avantage seulement au cas où il faut tirer un grand nombre d'exemplaires, ou encore à celui où l'ouvrage qu'on doit imprimer est formé tout entier de chiffres, dont l'exactitude est d'une grande importance. Cependant les planches stéréotypes peuvent, par l'application et la soudure de types, subir quelques modifications, et c'est ainsi que les tables logarithmiques peuvent devenir parfaites à la longue, par l'extirpation graduelle des fautes qui ont pu s'y glisser. Ce mode d'imprimer possède, comme le précédent, l'avantage de pouvoir être employé concurremment avec la gravure sur bois, qui réussit également bien dans les planches stéréotypes et dans les planches à caractères mobiles. Cette union est d'une grande importance, et la gravure en creux sur cuivre ne peut s'y prêter aucunement.

La galvanoplastie fournit un moyen un peu plus coûteux, mais bien plus parfait d'obtenir d'admirables planches en cuivre, au moyen de creux dans la cire ou la gutta-percha.

92. *Caractères pour relieurs.* — Les lettres d'or que l'on voit sur le dos des livres se forment en plaçant sur le cuir une petite feuille d'or battu, et la pressant avec des lettres de cuivre auparavant chauffées. La portion de l'or qui se trouve sous ces lettres adhère au cuir, et le reste s'enlève facilement. Quand on doit faire cette opération sur un grand nombre d'exemplaires d'un même volume, il est plus économique d'avoir un modèle de cuivre fondu avec le titre entier; on place cette petite planche de cuivre sous une presse; on la maintient à un certain

degré de chaleur, et les couvertures des exemplaires viennent successivement, avec leur petite feuille d'or placée convenablement, passer sous la planche de cuivre et recevoir l'empreinte.

93. *Impression sur toile de coton.* — On enfonce dans un bloc de bois de petits morceaux de fil de cuivre de diverses formes, en les disposant suivant le dessin demandé, et leur donnant à tous une même hauteur, 4 ou 5 millimètres environ, au-dessus de la surface du bois. On pose ce relief sur une étoffe de laine fine qui porte la couleur voulue, et les petits fils de cuivre prennent une partie de cette couleur qu'ils reportent ensuite sur la toile à imprimer. Avec plusieurs planches on peut imprimer autant de couleurs. Par exemple, quand une rose a été imprimée avec une planche disposée comme on vient de le dire, les feuilles peuvent se faire immédiatement avec une autre couleur placée sur une autre planche semblable à la première.

94. *Impression sur toile cirée.* — La toile grossière qui forme la base de la toile cirée est couverte d'un fond de couleur uniforme ; sur ce fond on applique diverses figures, en se servant d'une gravure tracée sur une planche semblable à celle de l'imprimeur sur toile. Pour chaque couleur il faut une planche distincte ; aussi les toiles cirées où les couleurs sont le plus variées, sont-elles les plus chères.

Il existe encore quelques autres variétés de l'art d'imprimer, que nous citerons rapidement, comme étant aussi de la classe des arts d'imitation. Ces arts ou procédés ne tiennent pas précisément à l'art d'imprimer par surface proprement dite ; mais cependant ils ont plus d'analogie avec lui qu'avec l'art de la gravure sur cuivre, type de l'autre division que nous avons établie.

95. *Moyens de copier les lettres.* — Il y en a deux connus. Dans l'un, on mouille une feuille mince de papier ; on la place sur l'écriture qu'on veut copier ; puis on passe les deux feuilles sous une presse à cylindre qui enlève une portion de l'encre de l'une, et la transporte sur l'autre. La copie est ainsi faite à l'envers ; mais comme la feuille où elle est écrite est très mince, l'écriture se lit dans le sens ordinaire à travers son épaisseur. L'autre moyen consiste à se servir d'une feuille de papier enduite de chaque côté d'une composition où il entre du noir de fumée, et qu'on place entre une feuille de papier mince et le papier sur lequel on veut écrire une lettre. En écrivant avec une pointe dure sur la feuille mince qui est par-dessus, le papier préparé imprime les lettres sur les deux feuilles, et la transparence de la feuille supérieure, qui reste comme copie, permet de lire l'écriture qui est de l'autre côté. Ces deux moyens sont très limités dans leurs applications, puisqu'ils n'admettent que deux ou trois copies.

96. *Impression sur porcelaine.* — Cet art a pris une très grande extension. Comme les surfaces des objets qui doivent être imprimés sont souvent courbes, et quelquefois même présentent des cannelures, la gravure sur cuivre qu'on veut imiter est tirée sur une

matière flexible, telle qu'une feuille de papier, ou une pâte élastique formée de gélatine et de mélasse ; elle est de suite appliquée sur la porcelaine non cuite, qui de cette manière absorbe la couleur plus promptement.

97. *Lithographie.* — Voici encore un nouveau moyen de produire un nombre indéterminé de copies d'un même original. Ici cet original est un dessin exécuté sur une pierre de nature poreuse, et l'encre employée pour le tracer est composée de matières grasses, de sorte qu'en répandant de l'eau sur la pierre, les traits du dessin restent parfaitement secs. Sur la pierre ainsi mouillée on fait passer un rouleau couvert d'une sorte d'encre qui, étant aussi grasse et huileuse, s'attache aux traits du dessin faits avec une encre analogue, et laisse intactes les parties nettes de la pierre, couvertes entièrement d'eau. Ceci fait, on place sur la pierre une feuille de papier, et l'on met le tout sous une presse qui transmet au papier l'encre déposée par le rouleau, sans que l'encre du dessin primitif cesse de rester adhérente à la pierre.

On n'a pas fait assez d'attention jusqu'ici à un genre particulier d'application de la lithographie, qui peut-être a besoin de nouveaux essais pour arriver à sa perfection. C'est la réimpression des ouvrages, à leur arrivée des pays étrangers. Ainsi, il y a quelques années, on réimprimait, par le moyen de la lithographie, un des journaux de Paris, à son arrivée à Bruxelles. Quand l'encre qui couvre la feuille est encore fraîche, cette opération est aisée. Il faut seulement placer la feuille sur une pierre lithographique, et la presser fortement sous une presse à rouleau. La pierre absorbe ainsi une quantité suffisante de l'encre d'imprimerie. On copie de même le revers de la feuille sur une autre pierre, et de suite les deux pierres peuvent fournir des épreuves à la manière ordinaire. Si les frais de l'impression lithographique, pour des milliers d'épreuves, pouvaient ne pas dépasser ceux de l'imprimerie ordinaire, ce procédé pourrait, peut-être, s'employer avec avantage pour la publication d'une même production littéraire, dans des pays éloignés où l'on parle la même langue. Pour cela, il suffirait d'un seul exemplaire de l'ouvrage imprimé avec l'encre autographique, qui est la plus convenable pour cet objet; et alors un ouvrage anglais, par exemple, pourrait paraître en Amérique, réimprimé par la lithographie, le jour même où l'original paraîtrait en Angleterre, imprimé à la manière ordinaire avec des caractères mobiles.

98. Il serait aussi bien à désirer qu'on pût rendre pratiques les essais assez bien réussis qui ont permis de produire des espèces de *fac-simile* d'anciens ouvrages devenus rares. L'opération nécessite, il est vrai, le sacrifice de deux exemplaires, puisqu'à chaque page lithographiée, un feuillet du livre doit être détruit. Ce moyen serait surtout utile pour les tables logarithmiques, dont la réimpression est très coûteuse et sujette à introduire dans le texte beaucoup d'erreurs. Mais, pour obtenir ce résultat, il faudrait savoir par expérience combien de temps l'encre conserve la faculté

de passer du papier imprimé à la pierre lithographique. Le plus grand obstacle proviendrait probablement de la disparition de la partie grasse de l'encre, dans les caractères des anciens ouvrages; mais cet élément pourrait peut-être se restituer un jour par des moyens chimiques, ou, si l'on ne pouvait y réussir, on pourrait chercher quelque substance qui aurait assez d'affinité pour le carbone de l'encre qui reste sur le papier, et n'en aurait pas pour le papier lui-même[1].

99. *Chromo-lithographie.* — On exécute aussi des lithographies coloriées. Dans ce cas, il faut une pierre séparée pour chaque couleur, et il faut beaucoup de soin et des machines parfaites, pour que le papier s'applique convenablement sur chaque pierre. Un report du dessin complet facilite le travail de la pierre de chaque couleur.

100. *Impression des registres.* — Quand on imprime, au moyen de formes en bois ou de planches stéréotypes, il faut quelquefois imprimer le même dessin sur les deux faces d'une feuille de papier, de manière à le reproduire à l'envers aussi exactement que si l'encre avait pénétré le papier et rendait visibles les lignes de l'autre côté. C'est ce qui se fait particulièrement dans l'impression des registres, et ce qui se fait très simplement, quoiqu'il semble au premier coup d'œil très difficile d'obtenir cette superposition exacte des deux images, et d'éviter la plus légère différence,

1. Je possède une copie lithographiée d'une page d'une table logarithmique, qui, d'après la forme du caractère, semble avoir été imprimée depuis plusieurs années. (A.)

même lorsqu'il s'agit de traits assez délicats. A cet effet, la forme qui doit imprimer est guidée au moyen d'une coulisse verticale qui l'oblige à descendre toujours sur un même point de la table revêtue d'un cuir assez mince. On encre la forme, on la descend, et le cuir reçoit l'empreinte de la forme. Puis on remonte celle-ci, on l'encre de nouveau, et l'on place sur le cuir la feuille de papier à imprimer; de sorte qu'à la seconde descente de la forme, le papier se trouve imprimé sur les deux faces, d'un côté par la forme, de l'autre par le cuir. Dans cette opération, tout dépend, comme on voit, de l'emploi d'une matière molle, comme le cuir, qui puisse prendre à la forme le plus d'encre possible, et la céder ensuite entièrement au papier. Les épreuves sont souvent défectueuses sur le revers, et pour remédier autant que possible à cet inconvénient, on met plus d'encre sur la forme au premier qu'au second tirage.

101. *Épreuves photographiques.*—La photographie n'offre pas seulement le moyen de fixer les images, de supprimer le travail du dessinateur, elle fournit aussi des procédés d'impression, de reproduction par l'action de la lumière sur des substances suffisamment impressionnables. Un cliché négatif, obtenu dans l'appareil optique et bien fixé, placé sur un verre transparent, donne une épreuve positive lorsqu'on l'applique sur un papier sensibilisé à l'aide d'une préparation convenable, et qu'on expose le tout à la lumière. C'est là un moyen de reproduction, analogue à l'impression, plus coûteux toutefois.

On a par suite cherché à obtenir par l'action de la lumière des gravures, dont on pût tirer des épreuves par les procédés ordinaires. Les divers procédés d'héliogravure reposent sur la belle découverte de Poitevin, qui a trouvé ce fait curieux, que de la gélatine, mélangée de bi-chromate de potasse, devenait insoluble lorsqu'elle avait été exposée un temps suffisant à la lumière. Si par suite un négatif est appliqué sur une surface recouverte d'une légère couche de gélatine bi-chromatée, on pourra, après exposition, faire apparaître en creux les traits du dessin par un lavage, et en encrant avec un rouleau élastique porteur d'encre grasse, les faire apparaître sur la plaque. Celle-ci est ensuite gravée par l'action des acides.

Ce procédé merveilleux pour la reproduction de dessins en lignes noires, est insuffisant pour reproduire les demi-teintes de la photographie. Ce problème qui paraissait insoluble, a trouvé dans la photoglyptie une solution remarquable. Les épaisseurs de gélatine bi-chromatée étant enlevées en raison de la teinte, Wodbury en a fait un moule, qui, reproduit en métal, peut recevoir une dissolution d'encre de Chine chaude, d'une épaisseur proportionnelle à la teinte, qui par le refroidissement sous pression donne une reproduction parfaite et inaltérable.

ART DU FONDEUR.

L'art de fondre en versant des matières à l'état fluide dans un moule où elles se solidifient, est encore un art d'imitation, puisque la forme de l'objet produit par cette opération dépend entièrement de celle du modèle donné au fondeur.

102. *Art du fondeur sur métaux.* — Dans cet art on fait d'abord des modèles en bois ou en fer, d'après un dessin donné, et ensuite le moule à fondre, d'après ces mêmes modèles ; de sorte que l'objet fondu lui-même est une copie du moule, et le moule une copie du modèle. Quand on fond pour la fabrication courante, ou même pour des objets qui font partie de machines très parfaites, mais qui doivent être retouchés, cette similitude exacte des différentes copies entre elles, si recherchée dans les arts dont nous avons parlé plus haut, ne s'obtient pas du premier jet, et au fait, elle est fort peu nécessaire. Comme le métal éprouve un retrait en se refroidissant, le modèle est toujours plus grand que la copie ; et en tirant celle-ci du sable où elle a été fondue, elle laisse un vide un peu moindre que la cavité occupée primitivement par le modèle. Pour les objets plus petits, qui demandent plus de soin ou que l'on ne doit plus retoucher après qu'ils ont été fondus, on emploie un moule de métal fait avec une grande précision. Ainsi les caractères d'imprimerie qui doivent avoir une grande précision de formes, les balles de fusil, qui doivent être parfaitement rondes et unies, se fondent avec un moule en acier, dans lequel le vide à remplir a été soigneusement travaillé, et, pour que le retrait ne nuise pas à la rondeur des balles, on laisse en fondant un jet extérieur qui fournit ce qui peut manquer

de matière, et que l'on coupe après. Les jouets en plomb pour les enfants sont fondus de même dans des moules en cuivre, où ont été gravées ou taillées les diverses figures que l'on voit représentées.

103. Voici un procédé ingénieux, imaginé par Chantrey, pour représenter en bronze les petites branches des plantes les plus délicates. On prend une petite branche de sapin ou de houx, une feuille de chou frisé, ou toute autre partie d'un végétal quelconque. On la suspend par une de ses extrémités dans un petit cylindre de papier, placé dans un autre petit cylindre d'étain de même forme, qui lui sert de support. Dans ce papier, on verse à différentes reprises de la vase de fond de rivière, la plus fine possible, entièrement séparée de toutes particules grossières, et mêlée avec de l'eau de manière à avoir une consistance de crème; à chaque fois que l'on verse, on remue soigneusement la plante, afin que ses feuilles se couvrent de cette espèce d'enduit, et qu'il ne reste pas de bulles d'air. Puis on fait sécher la plante en son moule, et l'enveloppe terreuse se resserre, en se séparant aisément du papier. Quand elle est sèche, on l'entoure de sable plus grossier, et, finalement, la petite plante, avec toutes ses feuilles, se trouve prise dans un moule parfait. Alors ce moule est séché avec soin, et chauffé graduellement jusqu'à la chaleur rouge. Comme, à l'extrémité de quelques-unes des feuilles ou des bourgeons, on a eu la précaution de laisser des petits fils pour pratiquer des trous d'air, on retire ces fils, et au moment où la plante

entre en ignition, on dirige dans chaque trou un fort courant d'air. Ce courant convertit en acide carbonique la substance ligneuse des feuilles qui sont déjà carbonisées, et emporte toute la matière solide de la plante, laissant à sa place un moule creux qui porte l'empreinte intérieure des détails les plus minutieux du végétal qui l'a habité quelque temps. Ceci terminé, et le moule étant encore à peu près à la chaleur rouge, on y verse le métal en fusion, dont le poids chasse par les trous le peu d'air qui pourrait rester encore à cette haute température, ou le comprime dans les pores très ouverts de la matière dont le moule est formé.

104. Quand l'objet qu'on veut fondre a une forme telle que le modèle ne peut être dégagé de son moule de sable ou de plâtre, il faut faire ce modèle avec de la cire ou toute autre substance aisément fusible. Autour de ce modèle on moule le sable ou le plâtre, et la cire, étant chauffée, s'écoule par une ouverture ménagée d'avance pour qu'elle puisse s'échapper.

105. Quelquefois on cherche à déterminer la forme intérieure des coquillages creux habités par les mollusques, tels que les coquilles en spirale et les diverses espèces de coraux. Pour y parvenir, on les remplit d'un métal fusible, puis on dissout la substance de la coquille par l'acide muriatique ; alors il ne reste plus que le métal solidifié qui a rempli exactement toutes les cavités.

106. *Art de couler en plâtre.* — L'art de couler en plâtre est susceptible de beaucoup d'applications. Il

sert à produire une représentation exacte d'un objet en relief, à reproduire, par exemple, la forme d'un homme ou d'une statue.

En général, pour fondre un objet quelconque, il faut d'abord faire un moule, et presque toujours la substance employée dans cette opération, c'est le plâtre. Car la faculté qu'il possède de rester à l'état fluide pendant quelque temps, le rend merveilleusement propre à cet usage, et de plus, en huilant légèrement la surface sur laquelle il est répandu, fût-ce même un original fait en plâtre, on prévient de sa part toute adhérence incommode. Autour de l'objet à copier, on forme un moule par parties séparées, qu'on enlève en le décomposant, et qu'on rétablit ensuite pour fondre la copie. Grâce à ce procédé qui double la valeur et l'utilité des chefs-d'œuvre de l'art, les élèves des diverses académies peuvent admirer à la fois et les figures d'Égine que l'on conserve dans la galerie de Munich, et les marbres du Parthénon qui font l'orgueil du *British-Museum*.

107. *Art de couler en cire.* — Ce procédé s'emploie avec succès pour imiter beaucoup d'objets d'histoire naturelle. Les figures coulées en cire, et coloriées convenablement, présentent une apparence de réalité qui pourrait tromper même un œil exercé. A différentes époques on a exposé publiquement des figures de personnages remarquables ainsi faites, et leur ressemblance avec l'original était souvent frappante. Mais pour voir cet art porté à sa perfection, il faut examiner la belle collection de fruits de la Société d'Horti-

culture et surtout les modèles en cire des parties intérieures du corps humain, exposées dans la galerie d'anatomie au Jardin des Plantes de Paris, ou au Muséum de Florence; il faut voir enfin la collection de modèles des maladies diverses de l'Université de Bologne et du Musée Dupuytren à Paris.

L'art de copier en cire ne produit pas cette multitude de copies qui naissent de la répétition d'opérations semblables. Cette différence tient à ce que, dans cet art, les opérations préliminaires seules ont le caractère d'imitation mécanique d'un modèle donné, tandis que les opérations suivantes n'ont plus ce caractère et sont par suite plus coûteuses. La forme seule se fond au moule; la peinture dont elle est revêtue, est l'ouvrage du pinceau guidé par le talent de l'artiste.

ART DU MOULEUR.

Les arts présentent de nombreux exemples de l'opération du moulage, par laquelle on produit une quantité d'objets d'une ressemblance parfaite, quant à leur forme extérieure. Dans cette opération, les matières premières sont employées à l'état de pâte molle, comme la pâte d'argile; état qui tantôt leur est naturel, et tantôt provient d'une préparation artificielle. On les place dans un moule de la forme demandée, et on les y comprime par un moyen mécanique souvent aidé d'une haute température.

La galvanoplastie qui fournit par voie humide à

froid, un moule métallique susceptible de résister à une température élevée et par suite permettant de couler à l'intérieur du moule du métal fondu, constitue le plus grand progrès moderne de l'art du mouleur.

108. *Art du briquetier et du tuilier.* — Le moule à briques est un cadre oblong fait en bois, et qui s'adapte sur une planchette fixée au banc du briquetier : cette planchette forme le fond du moule. Un manœuvre prépare l'espèce de mélange pâteux dont les briques sont faites, et le passe au briquetier, qui répand d'abord un peu de sable dans son moule, y jette l'argile avec une certaine force, et la pétrit immédiatement avec ses doigts pour garnir complètement les angles du moule. Puis, avec un petit outil en bois, dit *plane*, il racle le surplus de l'argile, et dépose la brique, en la secouant adroitement, sur une planche, d'où l'enlève un autre ouvrier pour la mettre au séchoir. Un habile mouleur peut quelquefois, dans un long jour d'été, fabriquer ainsi de dix à onze mille briques; mais le travail ordinaire, par jour, ne va qu'à cinq ou six mille. La fabrication mécanique des briques ne s'applique guère, avec avantage, que lorsqu'une quantité très considérable doit être produite en un point voulu, pour une grande construction, lorsqu'il n'y a pas lieu de les transporter au loin pour trouver un débouché à une fabrication considérable.

Le moulage des tuiles est semblable à celui des briques, seulement on emploie des matières moins grossières. On fait des tuiles de diverses sortes et de différentes formes. Dans les ruines de *Gour*, l'ancienne capitale du Bengale, on a trouvé des briques qui présentent des ornements en relief, et qui paraissent avoir été faites au moule, et ensuite revêtues d'un vernis coloré. En Allemagne on a aussi exécuté des briques avec divers ornements : ainsi, la corniche de l'église Saint-Étienne à Berlin est faite avec de grandes briques moulées suivant le panneau donné par l'architecte. M. Doulton, en Angleterre, fait des vases, des corniches, des chapiteaux chargés de riches ornements, et dont la matière égale la pierre elle-même en élasticité, en dureté et en durée.

109. *Moulage en relief, dans la fabrication de la porcelaine.* — La roue du potier ne peut exécuter toutes ces formes variées de l'élégante vaisselle qui compose le matériel indispensable du dîner ou du déjeuner. Ces ornements en relief sur le bord des plats, ces formes polygonales, ces surfaces cannelées de plusieurs vases, ne pourraient s'exécuter que difficilement et à haut prix par la main de l'homme ; mais leur fabrication devient aisée en faisant passer la pâte, délayée dans l'eau, dans un moule en plâtre. Il faut des soins, de l'adresse pour la confection de ce moule ; mais tout est payé par la quantité d'objets qu'il produit. Souvent, dans la fabrication des porcelaines, on moule seulement une portion de l'objet, par exemple le dessus d'un plat, tandis que le dessous est fait au tour ; ou bien dans un vase dont le corps se fait au tour, on moule seulement l'anse ou quelques ornements.

110. *Cachets en verre.* — Il faut beaucoup de temps

et d'habileté pour graver sur les pierres précieuses. Les cachets gravés sur pierre précieuse ne peuvent donc jamais devenir des objets communs; mais on en a fait des imitations plus ou moins parfaites, surtout avec le verre auquel on a réussi à donner la couleur convenable. Pour faire ces cachets, on chauffe dans la flamme d'une lampe d'émailleur un petit cylindre de verre, et quand son extrémité commence à fondre, l'ouvrier la saisit avec une paire de pinces de cuivre, dont l'une porte en relief l'empreinte de la figure destinée au cachet. Quand le verre a été chauffé convenablement, quand le moule a été bien travaillé, ces cachets de verre sont des imitations passables des des cachets en pierres précieuses. On en a fabriqué de si grandes quantités, qu'à Birmingham les cachets communs ne valent que six sous la douzaine.

111. *Bouteilles carrées en verre.* — Les bouteilles ordinaires, les flacons, et généralement tous les objets fabriqués en verre, ont une forme ronde due à l'expansion de l'air qu'y introduit l'ouvrier en les soufflant. Mais quelquefois on demande des bouteilles de forme carrée, et toutes exactement de même capacité. De plus, souvent, lorsqu'elles doivent contenir des préparations médicales ou certains liquides particuliers, on désire qu'elles portent l'empreinte du nom de celui qui prépare ces sortes de liquides. A cet effet, le verrier se procure un moule de fer ou de cuivre de la dimension requise, et dans l'intérieur duquel sont gravés les noms indiqués. Ce moule, qu'on emploie à chaud, s'ouvre en deux parties pour recevoir

la bouteille imparfaite, au moment où elle vient d'être soufflée ronde et tient encore au tube de fer du souffleur. Aussitôt le moule est fermé, et l'ouvrier soufflant fortement dans la bouteille, force le verre, encore à l'état de demi-fusion, à se mouler exactement sur les parois de l'espace carré où il est renfermé.

112. *Tabatières en bois.* — Le bas prix des tabatières ornées de dessins prouve qu'elles se font à la mécanique et ne sont que des imitations de reliefs en bois ou d'objets tournés au tour à portrait. Elles sont formées de bois ou de corne que l'on ramollit en les maintenant longtemps dans l'eau bouillante; puis on comprime fortement ces matières dans des moules de fer ou d'acier qui portent à l'intérieur le dessin demandé, et on les laisse soumises à une pression considérable, jusqu'à ce qu'elles soient complètement sèches.

113. *Manches de couteaux et de parapluies faits en corne.* — La faculté que possède la corne de se ramollir par l'action de l'eau et de la chaleur, la rend propre à beaucoup d'usages. Pressée dans un moule, cette matière change de forme et reçoit diverses figures en relief, suivant l'emploi auquel elle est destinée. Est-elle naturellement courbe, elle peut être redressée; est-elle naturellement droite, elle peut être pliée dans tous les sens pour un but quelconque d'utilité ou d'agrément; et le moule multiplie indéfiniment les formes qu'elle peut prendre. Les couteaux communs, les manches courbés pour les parapluies, cette foule d'autres ouvrages en corne qui se vendent

si bon marché, sont des exemples frappants de l'économie qui est résultée de l'emploi du principe d'imitation dans le travail de cette matière.

114. *Objet moulés en écaille de tortue.* — On peut faire la même remarque sur les objets moulés en écaille de tortue de mer ou de terre; mais comme la matière brute est ici beaucoup plus chère, on la travaille moins souvent au moule. Les dessins en relief qu'on demande en écaille de tortue se font ordinairement à la main.

115. *Fabrication des pipes.* — Cet art bien simple est tout à fait un art d'imitation. Le moule est en fer, et divisé en deux parties qui embrassent chacune un côté de la pipe; leur ligne de séparation se voit ordinairement sur les pipes, en les examinant d'un bout à l'autre. Le conduit creux qui vient aboutir à la coquille se pratique en introduisant un long fil de fer dans l'argile que renferme le moule. Souvent on grave dans l'intérieur de celui-ci des noms, des figures qui paraissent en relief sur la pipe une fois achevée.

116. *Toiles gaufrées.* — Les toiles de coton d'une seule couleur, avec des dessins en relief, s'impriment en les passant entre deux cylindres, dont l'un est gravé; l'étoffe ainsi comprimée se trouve forcée de remplir les vides du cylindre, et conserve encore après un long usage, le dessin dont elle a reçu l'impression. C'est par un procédé analogue que l'on donne une apparence moirée à la toile employée dans la reliure des livres. Un cylindre de métal à canon, sur lequel est gravé le dessin du moirage, est serré au moyen de

vis de pression, contre un autre cylindre formé de feuilles de papier gris comprimées fortement ensemble et tournées avec un grand soin. On imprime une rotation rapide à ces deux cylindres, celui de papier étant légèrement mouillé, et ce dernier, après quelques minutes, se creuse en raison des saillies du cylindre métallique; alors on passe la toile lustrée entre les cylindres, le côté brillant étant en contact avec le cylindre de métal échauffé par un fer rouge placé dans son intérieur.

117. *Impression en relief sur le cuir.* — Cet art a beaucoup d'analogie avec le précédent. De même, le dessin original est gravé sur des cylindres d'acier; une partie du cuir entre de force dans les parties creuses de ces cylindres, et le reste est fortement comprimé par leur pression. Le second cylindre est gravé en creux, quand la saillie du dessin doit être considérable.

118. *Étampes.* — Le forgeron a aussi sa méthode pour imiter les objets. Quand il veut façonner son fer ou son acier suivant la forme qui lui est demandée, il se sert de plaques d'acier où sont creusées des cavités de différentes formes ; ces plaques s'appellent des *étampes*, et sont réunies ordinairement deux ensemble. Ainsi il a ses étampes pour faire les verrous, qui ont ordinairement la forme d'une tige ronde, terminée par un bout cylindrique plus large, avec une ou plusieurs pattes saillantes. Quand il a chauffé le bout de son fer, et qu'il l'a refoulé pour le rendre plus épais, il en met l'extremité dans l'étampe, et tandis que son aide

tient l'autre partie de l'étampe, pour que le fer reste bien fixe, il frappe sur celle-ci avec son marteau, à toute volée. Le fer ramolli par la chaleur entre à force de coups dans le moule, dont il prend la forme exactement.

119. *Gravure par la pression.* — Voici une des applications les plus belles et les plus étendues du principe d'imitation; délicatesse d'exécution, précision de la copie en transmettant les traits les plus fins de l'original, de l'acier au cuivre, ou de l'acier trempé à l'acier non trempé, tout y est surprenant. On doit à Perkins le grand nombre d'inventions ingénieuses qui ont de suite porté cet art à sa perfection presque définitive. La gravure est d'abord faite sur une planche d'acier non trempé; cet acier se trempe ensuite par un procédé particulier, sans altérer le moins du monde la délicatesse de la gravure; puis la planche est soumise à la pression d'un cylindre d'acier non trempé, qui la parcourt dans toute son étendue, et prend sur sa surface l'empreinte du dessin en relief. Ce cylindre, à son tour, est trempé sans que le dessin éprouve le moindre changement; puis on le fait rouler lentement sur des planches de cuivre, et par l'effet de la pression énergique qu'on exerce sur lui, il imprime sur chacune d'elles une copie parfaite de l'original, produisant ainsi des milliers d'originaux qui peuvent chacun produire à l'infini des milliers de copies. Mais ce n'est rien encore; cet art surprenant est susceptible d'une bien autre extension. Le cylindre d'acier trempé qui présente le dessin en relief peut servir

à donner ses premières épreuves sur des planches d'acier non trempé; ces planches étant trempées deviennent identiques avec la planche primitive, et chacune à son tour peut devenir mère d'autres cylindres qui enfantent chacun des milliers de planches de cuivre, comme le modèle primitif. L'extension que peut atteindre ainsi la répétition des *fac-simile* d'une même gravure confond l'imagination, et paraît tout à fait illimitée dans ses applications pratiques.

Perkins a proposé le premier d'appliquer cet art ingénieux à la confection des billets de banque, et en effet il présente deux avantages spéciaux qui rendent très difficile la contrefaçon de ces billets. L'un est l'identité rigoureuse de toutes les épreuves qu'il fournit, identité qui fait de la moindre différence dans le plus petit trait, un caractère infaillible pour découvrir de suite la fraude; l'autre est le mode particulier de confection de la planche, qui peut être travaillée par le concours des artistes les plus distingués, chacun dans sa partie, sans que la dépense nécessaire pour l'accomplissement de cette œuvre si parfaite, si soignée, puisse être de la moindre importance, étant répartie sur cette multitude d'épreuves qu'une seule planche peut reproduire.

120. Toutefois, on doit le reconnaître, quelle que soit l'ingénieuse complication d'une gravure, d'un dessin imprimé quelconque, le principe de l'imitation même contient le germe du procédé qui permettra de l'imiter; et c'est là ce qui empêche de considérer jamais

comme impossible la contrefaçon des billets de banque. Si l'on cherchait à imiter le billet de banque le plus parfait possible, la première opération consisterait à le placer, du côté imprimé, sur une pierre, ou en général sur une matière telle qu'étant comprimée dans une presse à cylindre, le papier y resterait fixé solidement. La deuxième opération consisterait à employer quelque réactif permettant d'enlever le papier sans attaquer ni l'encre d'impression, ni la pierre ou la matière sur laquelle elle sera fixée. A défaut de l'eau, qui remplirait mal cet objet, on pourrait peut-être essayer une dissolution acide ou alcaline un peu faible. La pierre ou la matière employée peut alors servir à imprimer, fournit des *fac-simile* des billets de banque, et l'imitation serait complète, le report étant supposé possible, sauf le degré de perfection de l'impression, les traits fins devenant moins nets par tirage sous pression d'une surface plate que de celle d'une surface entaillée.

121. *Moulage en or et en argent.* — Les moulures d'orfèvrerie se font en faisant passer des lames minces de métal dans un petit laminoir à cylindres d'acier gravés en creux ou en relief; on obtient ainsi une suite de copies d'un dessin quelconque.

122. *Papiers de fantaisie.* — Les papiers pour la reliure des livres, les cartonnages élégants, sont des papiers coloriés ou revêtus d'une feuille mince d'or ou d'argent, et qui portent en relief l'empreinte de différents dessins. Toutes les figures qu'ils présentent sont imprimées par un procédé analogue

au précédent, en les soumettant à la pression de deux cylindres d'acier.

ART D'ESTAMPER PAR PERCUSSION.

123. Cette méthode d'imitation est très répandue. Dans ses applications, on se sert le plus souvent de grandes presses à vis ou balanciers, qui sont armés d'un volant assez pesant. Ordinairement la matière qui reçoit l'empreinte est un métal, et l'opération exige quelquefois qu'il soit ramolli à l'aide de la chaleur : il existe même un cas où le métal est frappé dans un état intermédiaire entre l'état solide et l'état de fluidité complète.

124. *Monnaies et médailles.* — La fabrication des monnaies en général se fait comme nous venons de le dire. Les balanciers sont mis en action par les bras, par l'eau, par la vapeur. Comme exemple de la puissance de leur production, on peut citer l'appareil envoyé à Calcutta il y a quelques années; il pouvait frapper 200,000 pièces par jour. On fait de même les médailles où la figure en relief doit plus ressortir que sur le métal monnayé; mais il est rare qu'un seul coup suffise pour que l'empreinte soit parfaite; et, d'un autre côté, le métal comprimé au premier coup devient trop dur pour qu'il puisse recevoir d'autres coups successifs, sans que la beauté du coin ne soit altérée. Pour parer à cet inconvénient, après le premier coup, on met le métal dans un four, où il est chauffé fortement; ainsi ramolli, il est replacé entre

les coins, et reçoit une suite de coups. Pour de grandes médailles, pour les médailles où la figure est très saillante, il faut répéter plusieurs fois cette opération. Une des plus grandes qu'on ait frappées jusqu'à ce jour, a dû même subir cent fois cette opération avant d'être achevée entièrement.

125. *Ornements pour habits et fourniments militaires.* — Ces ornements sont faits en cuivre ordinairement. Le cuivre, en plaque ou en feuille, est placé entre deux coins, et un mouton pesant tombe de la hauteur de 2 ou 3 mètres sur le coin supérieur.

126. *Boutons et têtes de clous.* — On fait de même les boutons qui portent en relief des armoiries ou tel autre dessin. D'autres, qui sont des boutons simples, reçoivent une forme hémisphérique des coins entre lesquels ils sont frappés. On fait par un moyen analogue les têtes de certaines espèces de clous, qui ont la forme d'un segment de sphère ou d'une fraction de polyèdre.

127. *Clichés.* — Ce procédé curieux est usité en France et s'applique à la confection des médailles en métal fusible, quelquefois aussi à la formation des planches stéréotypes. Quand on chauffe certains alliages d'antimoine, de plomb et d'étain, on trouve qu'à un certain degré de chaleur au-dessous du point de fusion, ils sont déjà dans un état intermédiaire entre l'état solide et l'état fluide. Un alliage semblable, ainsi amené à l'état pâteux, est placé dans une espèce de caisse et sous un coin qui le frappe avec une force considérable. Le métal frappé entre dans les moindres

lignes gravées sur la surface du coin, et le refroidissement qu'il éprouve par le contact solidifie à l'instant toute la masse à demi fondue, sans que la température soit élevée ; ce qui permet d'employer un moule en plomb. Le coup jette bien une partie du métal de divers côtés, mais les bords de la caisse le retiennent. L'empreinte ainsi obtenue est d'une vivacité admirable. Les contours en sont baveux ; il faut aussi égaliser son épaisseur au tour.

ART DE PERCER A L'EMPORTE-PIÈCE.

128. Cette méthode de copier consiste à enfoncer, par pression ou par percussion, un poinçon d'acier dans la matière que l'on veut percer. Tantôt cette opération a pour but de pratiquer plusieurs vides semblables, et la matière découpée est rebutée comme inutile ; tantôt ce sont ces petits morceaux ainsi découpés qui font l'objet du travail de l'ouvrier.

129. *Machines à percer les plaques de tôle pour les chaudières à vapeur.* — Le poinçon d'acier ou l'emporte-pièce a ordinairement de 9 à 18 centimètres de diamètre, et chacun de ses coups détache de la plaque de tôle une rondelle de 6 à 16 centimètres d'épaisseur.

130. *Art de percer le fer étamé.* — Les découpures à jour qui ornent la vaisselle d'étain sont rarement travaillées par l'ouvrier qui fabrique la vaisselle même. Cette opération se fait dans d'autres ateliers, avec de petits balanciers qui découpent

le dessin dans la pièce, et elle constitue un métier particulier. C'est ainsi que se percent les passoires, les filtres à vin, et autres objets semblables en ferblanc. Ce travail s'exécute avec une perfection et une régularité étonnantes. On est arrivé à percer dans des feuilles de cuivre une quantité si considérable de petits trous d'un quart de millimètre de diamètre, qu'il reste moins de métal à la feuille qu'il n'y en a de découpé. On a été même jusqu'à percer mille trous par centimètre carré, dans des plaques de ferblanc.

131. Les incrustations de cuivre et de bois de rose qui se voient dans les *meubles de boule* qui ornent nos appartements, se font aussi, soit à l'emporte-pièce, soit plus souvent à l'aide de petites scies; ici on emploie à la fois le morceau enlevé et le morceau qui reste à la pièce. Dans les exemples suivants de l'art de percer à l'emporte-pièce, la partie enlevée est celle dont on fait usage.

132. *Bourres en carton pour les fusils.* — On a trouvé beaucoup d'avantage à la substitution d'une rondelle de carton au papier, pour bourrer les fusils de chasse; mais cet avantage tient surtout à l'invention d'un moyen facile de découper rapidement ces rondelles en carton, toutes de même dimension et remplissant exactement le vide du canon. Le petit outil d'acier qu'on a imaginé pour cet objet, découpe des quantités innombrables des rondelles semblables par son extrémité tranchante, et chacune de ces rondelles remplit exactement le canon du calibre pour lequel elle est faite.

133. *Ornements en papier doré.* — Ces étoiles, ces feuilles d'or et ces autres décors faits en papier ou en carton, qui se vendent dans les boutiques comme objets d'ornement ou de fantaisie, se découpent de même dans des feuilles de papier ou de carton doré, et avec des instruments de forme différente.

134. *Chaînes d'acier.* — Les chaînes qui unissent le ressort et la fusée dans les montres et les pendules, sont composées de petites pièces d'acier, qui toutes doivent être de dimensions exactement pareilles. Les chaînons sont de deux sortes : les uns sont formés d'une petite pièce d'acier plus longue que large, avec deux trous aux extrémités; les autres sont composés de deux pièces semblables, tenues à une petite distance l'une de l'autre par deux petits rivets. Ces deux sortes de chaînons se succèdent alternativement, et la pièce simple qui forme le premier a son bout placé entre les bouts des deux autres; de sorte qu'un même rivet réunit les trois pièces. Si les trous des rivets dans les pièces du chaînon double étaient percés à inégale distance, la chaîne ne serait pas droite et ne remplirait pas ainsi l'objet auquel elle est destinée.

DES PROCÉDÉS D'ÉTIRAGE.

135. Les divers procédés d'étirage sont encore des manières d'imiter qui présentent, il est vrai, peu d'analogie entre la copie et l'original; c'est seulement la section transversale de cette copie qui représente

l'ouverture de l'instrument particulier où elle est étirée. Quand on opère sur une matière dure, on la fait passer successivement dans plusieurs ouvertures qu'on a soin de graisser par intervalles.

136. *Tréfilerie.* — Le métal qu'on veut convertir en fil de métal a déjà reçu une forme cylindrique ; il est étiré de force dans des trous circulaires percés dans des plaques d'acier, appelées *filières ;* à chaque passage il diminue d'épaisseur, et à la fin de l'opération sa section transversale, sur un point quelconque, est une copie exacte du dernier trou où il est passé. On peut remarquer souvent, sur les espèces de fils de métal les plus forts, des lignes très fines dans le sens de la longueur ; elles proviennent d'un défaut léger dans les filières.

Dans plusieurs arts on a besoin de fil de métal ou carré ou demi-rond. Il se fait comme le fil rond, avec cette différence seule que les filières sont elles-mêmes carrées ou demi-rondes, ou en général de la forme demandée pour le fil de métal. On fait aussi, de la même manière, une espèce de fil dont la section représente une étoile à six ou douze rayons, on l'appelle *fil à pignon.*

Il se tire d'un petit cylindre de cuivre qu'on emploie tout entier, jusqu'à un demi-pouce du bout. C'est avec ce fil coupé transversalement en petites rondelles qu'on fait les pignons des horloges.

137. *Étirage des tuyaux.* — Un procédé analogue au précédent s'emploie pour faire des tuyaux de section uniforme. Le cuivre mince étant d'abord courbé

en rond, et soudé de manière à former un cylindre creux ; si l'on veut rendre uniforme sa section extérieure, on le passe dans diverses ouvertures, comme pour l'étirage d'un fil de métal. Si c'est la section intérieure qui doit être uniforme, on fait entrer de force dans le tuyau des cylindres d'acier appelés *triblets*, que l'on y tire comme dans une filière. Dans la fabrication des tuyaux de cuivre pour les lunettes, il faut que l'intérieur et l'extérieur soient parfaitement uniformes. Pour cela on passe dans le tuyau un *triblet d'acier*, puis on les tire ensemble dans une suite de filières, jusqu'à ce que le diamètre extérieur soit réduit à la dimension demandée ; et comme en passant dans les filières, le métal du tuyau et le cylindre d'acier se trouvent fortement comprimés, en sortant de ce dernier la surface intérieure du tuyau se trouve également polie. Dans cette opération le tuyau de cuivre éprouve une extension considérable, et quelquefois il est doublé de longueur.

138. *Tuyaux de plomb.* — Autrefois l'on fondait les tuyaux de plomb pour les conduites d'eau ; mais depuis on a trouvé qu'on les faisait mieux, et à meilleur marché, en les passant à la filière. On fond un cylindre de plomb de 60 centimètres de long, et de 10 à 12 centimètres de diamètre, en laissant un trou rond suivant son axe. Dans ce trou on fait entrer de force un *triblet* de fer de 5 mètres de long. Le tout est passé dans diverses filières, jusqu'à ce que le plomb s'étende d'un bout à l'autre du *triblet*, et soit d'une épaisseur proportionnée à la dimension voulue. On a trouvé

une méthode encore plus expéditive; on fait sortir ces tuyaux à travers une filière, en pressant une masse de plomb par l'action d'une presse hydraulique.

139. *Laminage du fer.* — Quand on veut des barres de fer rondes, d'une épaisseur un peu forte, on passe le fer entre deux laminoirs qui portent chacun une gorge demi-cylindrique, et qui, n'ayant jamais un contact parfait, laissent ordinairement paraître une ligne longitudinale sur la barre ainsi travaillée. On fabrique ainsi des barres de fer rondes, carrées, demi-rondes, ovales, etc., suivant toutes les demandes du commerce. On fait de la sorte une espèce de fer moulé semblable au montant qui sépare dans une fenêtre deux carreaux de vitre voisins. Le fer étant bien plus fort que le bois, peut être d'une épaisseur moindre, et présente ainsi moins d'obstacles à la lumière. On emploie beaucoup ce genre de fer pour les jours au haut des escaliers.

Quelquefois le fer laminé ne doit pas présenter une épaisseur uniforme sur toute sa longueur : tels sont des rails qui ont été essayés pour les chemins de fer, qui portant sur des supports répartis de distance en distance sur leur longueur totale, devraient présenter plus d'épaisseur dans les parties les plus éloignées de ces supports. Ceci se fait en modifiant la profondeur de la gorge creusée dans les cylindres lamineurs, d'après le plus ou moins de force à donner au fer dans ses diverses parties; de sorte qu'en développant la rainure qui entoure chaque cylindre, on aurait un moule exact de la forme que doit présenter chaque portion de la barre comprise entre deux supports consécutifs.

140. *Vermicelle.* — Pour donner à la pâte préparée différentes formes, on la presse avec force contre des trous percés dans une plaque d'étain; la pâte passe, et paraît de l'autre côté en longs filaments. Le cuisinier et le confiseur font usage de moyens semblables, l'un pour mouler le beurre et la pâtisserie qu'on doit servir sur la table, l'autre pour former des tablettes, des losanges, et d'autres figures en sucreries.

DE L'ART DE COPIER EN MODIFIANT LES DIMENSIONS.

141. *Du pantographe.* — Cet instrument sert surtout à copier les dessins ou les cartes. Il est fort simple, et, quoique ordinairement il serve à réduire, il pourrait tout aussi bien donner des copies sur une plus grande échelle que l'original. L'automate qu'on a exposé à Londres il y a quelques années, et qui dessinait le profil des curieux, agissait par un mécanisme fondé sur le même principe que le pantographe. Dans le mur opposé au siège de la personne dont on voulait prendre le profil, existait une petite ouverture qui communiquait à une *chambre claire* placée dans une pièce voisine. Au moyen de cet appareil, une personne cachée dans le même appartement, dessinait ce profil avec un crayon lié par un pantographe à la main de l'automate, et celui-ci dessinait en même temps ce même profil.

142. *Art du tourneur.* — L'art du tourneur me

semble devoir être rangé parmi les arts d'imitation. La pièce principale d'un tour est un axe d'acier appelé *arbre du tour*, qui a une poulie fixée à son milieu, et qui porte d'un bout sur une pointe conique ou sur un collier cylindrique, et de l'autre sur un autre collier cylindrique qu'il traverse. Ce dernier bout est taraudé de manière à recevoir des pièces de diverses formes nommées *mandrins*, destinés à tenir en place les objets que l'on veut tourner. L'arbre tourne au moyen d'une courroie qui passe sur la poulie et sur une roue plus grande que fait aller le pied du tourneur, ou qui correspond à une roue hydraulique ou à une machine à vapeur. Les ouvrages exécutés au tour se ressentent de la moindre irrégularité dans la rotation de l'arbre, et cette forme circulaire parfaite que doivent présenter toutes leurs sections, ne peut s'obtenir qu'avec une extrême fixité de l'axe géométrique autour duquel a lieu la rotation.

143. *Tour à guillocher.* — L'art du guillochage peut être considéré comme un moyen de copier. Des plaques circulaires, appelées *rosettes*, et présentant diverses sinuosités sur leur contour, sont fixées sur l'arbre, qui a un certain jeu, et peut se mouvoir ou latéralement ou dans le sens vertical. Ces rosettes sont pressées par un ressort contre un obstacle fixe ou *touche* qui communique à l'arbre un mouvement d'oscillation, suivant les sinuosités des rosettes, et oblige le burin à tracer ces mêmes sinuosités sur la pièce fixée au mandrin. Comme ordinairement le burin est moins éloigné du centre de la machine que ne

l'est le contour de la rosette, la copie est plus petite que l'original.

144. *Moyens de copier les coins des monnaies. — Tour à portrait.* — On connaît depuis longtemps en France, une espèce de tour pour copier les coins des monnaies. Dans cette machine, une pointe émoussée, pressée par un poids qui la fait entrer dans les moindres creux, se promène lentement sur toutes les parties du coin à copier, tandis qu'un burin, monté sur la même barre que cette pointe, parcourt en tous sens la surface d'une plaque d'acier non trempé, et y grave, sur une dimension égale ou plus petite, la figure empreinte sur l'original. Plus la copie est petite en proportion de l'original, plus elle est correcte. Ainsi, par cette méthode, le coin de cinq francs peut donner un coin passable pour des pièces de cinquante centimes. Mais le meilleur usage qu'on peut tirer de ce tour, c'est de l'employer à ébaucher; de sorte que le talent et l'adresse de l'artiste puissent être consacrés aux traits les plus fins et les plus délicats d'une composition de dimension assez grande.

145. *Machine à faire les formes de souliers.* — On a proposé un instrument analogue pour faire des formes de souliers. On mettait dans une certaine partie de l'appareil un patron de forme de soulier pour le pied droit; et quand la machine était en mouvement, deux morceaux de bois, placés dans une autre partie, et fixés par des vis, étaient taillés en formes plus grandes ou plus petites, à volonté, que le patron original. Quoique ce patron fût pour le pied droit, des

deux formes taillées, l'une était pour le pied gauche; effet qui se produisait par la simple interposition entre ces deux formes, d'une roue qui changeait le sens du mouvement.

146. *Machine à copier les bustes.* — L'illustre Watt s'amusa à construire une machine pour copier les bustes ou les statues, dans la même dimension que l'original, et surtout dans une proportion réduite. Il opéra sur diverses matières, et montra ses résultats à ses amis; mais le mécanisme qu'il avait inventé n'a jamais été décrit. Plus récemment, M. Hawkins en Angleterre et M. Blanchard en Amérique, ont inventé une machine semblable. Cette possibilité de multiplier les chefs-d'œuvre du sculpteur, dans des *dimensions variées*, jointe à la réduction opérée dans leur prix d'acquisition par le moulage en plâtre, semble devoir donner une nouvelle valeur morale à ces belles productions, en répandant sur une classe plus étendue le plaisir qui résulte de leur possession. C'est ce que Collas a réalisé admirablement en France en perfectionnant le tour à portrait et en vulgarisant les réductions des antiques les plus célèbres.

147. *Procédé pour tailler les pas de vis.* — Le procédé ordinaire consiste à les tailler au tour, au moyen d'un pas de vis qui donne un mouvement progressif à l'arbre. Il est essentiellement de la classe des procédés d'imitation, mais avec cette modification qu'il permet seulement d'imiter le nombre des filets répartis sur une longueur donnée. Car la forme de chaque filet, la longueur et le diamètre de la vis,

peuvent être tout à fait différents de la vis qui sert de modèle. On taille aussi des vis au tour, au moyen d'une vis-modèle, qu'un engrenage réunit à l'arbre du tour, et qui dirige la pointe du burin. Dans ce mode d'opérer, excepté le cas où le temps de la révolution de l'arbre est le même que celui de la révolution de la vis qui guide le burin, le nombre des filets tracés sur une longueur donnée est tout à fait différent dans l'original et dans la copie : si l'arbre va plus vite, la nouvelle vis aura un pas plus serré que l'original ; si l'arbre va plus lentement, elle aura le pas plus large. La vis fabriquée par ce moyen peut donc être plus serrée ou plus large que la vis-modèle : elle peut avoir un diamètre plus petit ou plus grand, un nombre de filets égal ou plus considérable. Cependant les défauts de l'original se transmettent sans altération à la copie, au milieu de toutes les modifications qu'elle subit.

148. *Procédé pour tirer des épreuves de toutes dimensions d'une même planche de cuivre.* — Il y a quelques années on apporta de Paris quelques échantillons singuliers d'un moyen nouveau de copier, tenu secret par l'inventeur. Un horloger de Paris, nommé Gonord, avait inventé une méthode pour tirer d'une même planche de cuivre des épreuves de différentes dimensions, plus grandes ou plus petites que le dessin original. M'étant procuré quatre de ces gravures qui représentaient un perroquet entouré d'un cercle, je les montrai à M. Lowry, artiste distingué par son talent et par les inventions dont il a enrichi son art. Les échelles de dimension de ces gravures variaient

comme les nombres suivants : 55, 63, 84, 150; de sorte que la dimension la plus grande était à peu près le triple de la plus petite. M. Lowry m'assura qu'il lui était impossible de découvrir aucun trait dans l'une qui n'eût son trait correspondant dans les autres. On crut reconnaître entre elles une légère différence dans la quantité de l'encre d'impression, mais on n'en découvrit aucune dans les traits du dessin.

L'inventeur employait la gélatine qui servait déjà à transporter des gravures sur porcelaine. Il tirait une épreuve de la planche de cuivre sur une feuille de cette pâte, étendait ensuite cette feuille dans les deux sens, à l'aide de l'humidité, et transportait sur le papier l'encre dont elle était imprégnée. Il avait ainsi des copies plus grandes que l'original. Dans le cas contraire, la matière élastique devait d'abord être étendue, avant de recevoir l'impression du cuivre; puis, en la laissant libre, elle se resserrait, et donnait une épreuve de dimension réduite. Comme l'extensibilité de cette pâte gélatineuse, bien que très sensible, est cependant limitée, il est possible qu'on ne puisse pas obtenir, dans tous les cas, une copie de dimension très différente, par une seule opération.

On arrive au même résultat avec des feuilles minces de caoutchouc, tendues après ou avant le report, pour augmenter ou diminuer les dimensions du dessin, et transportant ensuite le dessin sur une pierre, qui imprime sur le papier. Par cette modification, une partie du travail est ramenée à un art bien connu, celui de la lithographie.

149. *Machine pour graver des copies de médailles. — Gravure numismatique*[1]. — On trouve dans un ouvrage sur le tour, la description d'un instrument inventé depuis longtemps, et qui a pour objet de graver sur cuivre des copies de médailles ou d'autres bas-reliefs, au moyen de ces objets eux-mêmes. Pour cela, la médaille et la planche de cuivre sont fixées sur deux plaques à coulisse, perpendiculairement l'une à l'autre, et unies ensemble de telle sorte que si la plaque de la médaille est élevée par une vis dans le sens vertical, celle qui porte la planche de cuivre avance d'une égale quantité dans le sens horizontal; la face de la médaille est tournée vers le cuivre, et est un peu au-dessus.

On place horizontalement au-dessus du cuivre une petite barre terminée d'un côté par une pointe à tracer, de l'autre par un bras court, qui forme un angle droit avec la barre, et qui porte une pointe de diamant. On dispose cette barre de telle manière que, lorsque la pointe à tracer touche la médaille à laquelle la barre est perpendiculaire, le diamant touche la planche de cuivre, à laquelle le petit bras se trouve perpendiculaire également.

Ceci arrangé, supposons que la barre se meuve parallèlement à elle-même et conséquemment parallèlement au cuivre, la pointe restant toujours en contact avec la médaille; alors, si cette pointe passe sur une partie plate de la médaille, le diamant tracera une

1. Voir les articles GRAVURE et TOURS COMPOSÉS du *Dictionnaire des Arts et Manufactures.*

ligne droite de longueur égale sur le cuivre : mais si la pointe passe sur une partie en relief, le diamant déviera de la ligne droite d'une quantité précisément égale à la saillie de la partie touchée, au-dessus du plat de la médaille. Ainsi, en faisant passer la pointe sur un segment quelconque de la médaille, le diamant tracera sur le cuivre la coupe de la médaille, suivant ce plan d'intersection.

Maintenant, par le mouvement de la vis fixée à l'appareil, si la médaille est élevée d'une petite quantité, la planche de cuivre avance de la même quantité exactement, et l'on peut dessiner une nouvelle section de la médaille; l'on continue ainsi jusqu'à ce que la suite de lignes ondulées tracées sur le cuivre présente le développement de la médaille sur un plan, où les sinuosités de ces lignes et leur plus ou moins de proximité marquent le contour et la forme de la figure qui sert de modèle. Ce genre de gravure est d'un effet surprenant, et présente quelquefois une apparence frappante de relief. On l'a essayé sur verre, et il y est encore plus singulier, parce que les traits fins tracés au diamant ne sont visibles que suivant la manière dont ils sont éclairés.

On voit par la description précédente, que la gravure sur cuivre, ainsi faite, doit grimacer, ou que la projection apparente de chaque point de la médaille sur le cuivre n'est pas identique avec la projection perpendiculaire de ces mêmes points sur un plan parallèle. Conséquemment, la position des parties les plus en saillie doit être moins exacte que celle des parties moins proéminentes, et plus sera grand le relief de la médaille, plus la gravure sur cuivre sera confuse. M. John Bate a pris un brevet pour une machine de son invention qui évite cette confusion de traits.

Cet inconvénient, qui tient au relief trop saillant des médailles ou des bustes, pourrait s'éviter par une invention mécanique qui modifierait la quantité dont le diamant doit dévier de la ligne droite quand la pointe est sur une partie saillante de la médaille, et rendrait cette déviation proportionnelle, non pas à l'élévation du point correspondant au-dessus du plan de la médaille, mais à son élévation au-dessus d'un plan parallèle, placé à une certaine distance derrière elle. En opérant ainsi l'on réduirait les bustes et les statues au degré voulu de relief.

150. Cette machine me suggère quelques idées qui me semblent mériter quelque attention et peut-être quelques essais. Supposons une médaille placée sous la pointe à tracer du pantographe ; supposons un burin à la place du crayon, une planche de cuivre à la place du papier qui reçoit la copie ; et supposons que, par un mécanisme quelconque, la pointe qui se meut dans un plan vertical en glissant sur les diverses saillies de la médaille, puisse augmenter ou diminuer la profondeur du trait qu'elle graverait proportionnellement à la hauteur du point correspondant de la médaille au-dessus de son plan ; on obtiendrait ainsi une gravure qui serait au moins sans confusion de traits, quoique d'ailleurs ce procédé pût être sujet à beaucoup d'objections. Une autre invention consisterait à marquer sur le cuivre, non plus des traits, mais des points qui varieraient de dimension ou de profondeur suivant la hauteur du point correspondant de la médaille. On aurait ainsi un nouveau système de gravure qu'on pourrait modifier de différentes manières, soit en faisant décrire au burin, autour de chaque point, un très petit cercle d'un diamètre proportionné à la hauteur du point de la médaille, soit en composant le burin de trois pointes équidistantes qui se rapprocheraient ou s'éloigneraient l'une de l'autre suivant une certaine loi, dépendant toujours de l'élévation du point représenté au-dessus du plan de la médaille. Peut-être serait-il difficile de prévoir l'effet de semblables gravures; mais elles auraient toutes la propriété d'être des projections par lignes parallèles des objets représentés; de plus, l'intensité de la couleur de l'encre devrait varier sur chaque point, suivant une fonction de la distance du point représenté à un certain plan donné, ou bien elle devrait être modifiée d'après la distance moyenne de ce plan au groupe de points voisins du point représenté.

151. Ce mode de représenter des médailles a quelque analogie avec le système d'ombrer les cartes par des lignes horizontales, ou de même niveau au-dessus de la mer; ce dernier système pourrait s'appliquer au même objet, et produirait des copies d'apparence variée. En projetant, sur le plan de la partie plate de la médaille, les intersections de ses parties saillantes par un plan imaginaire placé successivement à diverses distances au-dessus de ce premier plan, on obtiendrait

une représentation de la figure dans laquelle ses parties inclinées auraient une teinte de plus en plus sombre, suivant leur inclinaison. On pourrait concevoir d'autres sortes de gravures, en substituant aux intersections d'un plan celles d'une sphère imaginaire ou de tout autre solide avec la figure de la médaille.

152. *De ce volume.* — Pour terminer cette énumération des arts fondés sur le principe de l'imitation, énumération bien incomplète sans doute, nous choisirons un exemple qui depuis longtemps est sous les yeux de nos lecteurs, quoique peu d'entre eux, probablement, aient pensé au nombre de reproductions que représentent les pages de ce livre qu'ils ont déjà lues.

1° Ces pages, par l'effet de l'impression, sont des copies de planches stéréotypes.

2° Les planches stéréotypes sont des copies tirées, par le fondeur, de moules faits en plâtre de Paris.

3° Ces moules eux-mêmes sont des copies faites avec du plâtre liquide sur des caractères mobiles arrangés par le compositeur.

Ici, il y a union entre l'intelligence et la mécanique. Combien de fois un auteur change-t-il son ouvrage en le recopiant? c'est un secret que nous ne cherchons pas à pénétrer, quoiqu'on puisse remarquer avec raison, que souvent le cerveau de l'auteur est un copiste bien plus fécond que la plus parfaite mécanique.

4° Ces caractères mobiles, fidèles messagers des pensées les plus opposées, des théories les plus contraires, sont eux-mêmes des copies de *matrices* de cuivre, obtenues par l'art du fondeur.

5° La partie creuse de ces *matrices* qui représente une lettre ou un caractère, est une copie, obtenue par percussion, d'un poinçon d'acier qui porte cette lettre en saillie.

6° Enfin ces poinçons d'acier ne sont pas entièrement exempts du grand principe d'imitation : plusieurs cavités qu'ils présentent, telles que celles qui sont au milieu des poinçons des lettres *a*, *b*, *d*, *e*, *g*, etc., sont produites par un autre poinçon d'acier où ces parties sont en relief.

Tels sont les six degrés successifs d'imitation qui composent l'art d'imprimer avec des planches stéréotypes, et dans cet art, comme dans tous les autres, le principe de l'imitation contribue essentiellement à l'uniformité et à l'économie du travail.

CHAPITRE XIII

DE LA FACULTÉ D'INVENTER DES MACHINES.

153. La faculté d'inventer et de combiner des moyens mécaniques ne paraît pas être un talent bien rare ou bien difficile à acquérir, si l'on en juge par cette quantité d'inventions de toute nature qui apparaissent chaque jour. Une imagination vive fait multiplier les inventions par certains esprits curieux, ayant une notion très imparfaite des principes des sciences. Elles sont sans bases sérieuses trop souvent et portent sur des détails sans valeur et non sur un principe nouveau, permettant d'utiliser un progrès scientifique. Parmi cette multitude immense d'inventions, un grand nombre, parmi celles de quelque valeur, ont échoué par l'imperfection des premiers essais ; mais bien des inventeurs, après avoir surmonté les premières difficultés mécaniques, n'ont pas réussi par le défaut de soins convenables dans la coordination et la direction de diverses opérations de détail.

C'est ce qui explique comment, avec cette faculté si répandue de combiner des machines, les exemples de belles combinaisons mécaniques sont excessive-

9

ment rares. Celles de ces combinaisons qui nous frappent d'étonnement par la perfection de leurs effets et la simplicité de leurs moyens doivent être classées au nombre des créations les plus heureuses du génie de l'homme.

154. Produire des mouvements, même d'un genre compliqué, pour faire agir convenablement un outil, n'est pas une chose difficile; la théorie propre à les fournir est aujourd'hui complète, et on peut dire que l'invention de l'organe opérateur, de l'outil, entraîne celle de la machine. Quant à l'exécution pratique, si la machine dont on s'occupe n'exige que l'application d'une force ordinaire, on peut la construire tout entière sur le papier, sans grands calculs, et juger d'avance de la force convenable à donner à chacune de ses pièces, aussi bien qu'au bâti qui la porte; on peut même juger ainsi de son plus grand effet, bien avant l'exécution d'une seule des pièces qui la composent. Il est constant que toutes les inventions de détail, tous les petits perfectionnements doivent se faire sur les dessins de la machine projetée.

155. D'un autre côté, il existe certaines particularités qui dépendent des propriétés chimiques ou physiques des matières employées, et pour lesquelles un dessin est parfaitement inutile; alors il faut nécessairement recourir à des expériences directes. Supposons, par exemple, qu'il s'agisse d'une machine destinée à graver des lettres sur des planches de cuivre au moyen de poinçons d'acier. Tout le mécanisme néces-

saire pour mouvoir à certains instants, et mettre en contact immédiat les poinçons et la planche de cuivre, est du ressort du dessin, et la machine proprement dite peut être disposée sur le papier. Mais on peut craindre avec raison que la bavure qui se produira autour de chaque lettre par l'effet du poinçon n'empêche la lettre voisine de venir également bien ; ou encore on peut craindre que cette deuxième lettre ne défigure la première, si elle en est trop voisine. Enfin, quand l'un et l'autre de ces inconvénients n'auraient pas lieu, les bavures venues au poinçonnage pourraient nuire à la netteté des gravures tirées de la planche de cuivre. La planche elle-même, n'ayant qu'un côté couvert de caractères, pourra s'altérer dans sa forme, par suite de l'inégale condensation de ses molécules, de sorte qu'il sera très difficile d'en obtenir des épreuves correctes. Ce sont là des questions qui ne peuvent être décidées au moyen du dessin : l'expérience seule peut en donner la solution. On a donc fait des expériences à ce sujet, et l'on a trouvé qu'en tenant les côtés du poinçon bien perpendiculaires à la face de la lettre à graver, il ne se produisait qu'une bavure insensible dans le poinçonnage ; qu'en gravant à une profondeur bien suffisante, la forme des caractères gravés, même très voisins l'un de l'autre, ne subissait pas d'altération ; que les petites bavures pouvaient être enlevées facilement ; et enfin que la surface de la planche ne devenait pas gauche par la condensation du métal, et était parfaitement disposée pour le tirage, après avoir été gravée.

156. Quand les dessins sont achevés, ainsi que les expériences préliminaires, dans le cas où elles sont nécessaires, le second pas à faire est l'exécution de la machine. Ceux qui font des inventions de ce genre ne peuvent se graver trop profondément dans l'esprit cette vérité bien reconnue, que pour réussir dans un essai de machine nouvelle, et surtout sans se jeter dans de grandes dépenses, il est très important d'exécuter des dessins parfaitement exacts de chaque partie de la machine qu'on veut construire. Avec des dessins bien détaillés, l'exécution pratique n'est plus qu'une tâche aisée, pourvu qu'on soit muni de bons outils et qu'on adopte des méthodes de fabrication telles, que la perfection de la pièce fabriquée dépende moins de l'adresse personnelle de l'ouvrier que de l'exactitude des procédés qu'il emploie.

157. Les causes de non-réussite dans cette seconde partie de l'opération proviennent généralement des erreurs faites dans la première. Pour ne pas entrer dans trop de développements, nous dirons que ces erreurs tiennent ordinairement à ce qu'on n'a pas assez réfléchi que les métaux n'ont jamais une rigidité ni une élasticité parfaites. Ainsi un cylindre d'acier de petit diamètre ne peut être considéré comme une tige inflexible, et doit être supporté d'espace en espace, si l'on veut qu'il remplisse la fonction d'un axe parfait. De plus, on ne peut faire trop d'attention à la force, à la rigidité du bâti qui porte la machine. On doit toujours se rappeler qu'une addition superflue de matière aux parties fixes, n'a pas le

même inconvénient qu'une augmentation de poids dans les parties en mouvement, puisque, dans ce dernier cas, la force vive possédée par ces parties se trouve modifiée par cette addition. La rigidité du bâti d'une machine présente un autre avantage. Les coussinets ou les supports d'un arbre de rotation, une fois placés en ligne droite, resteront toujours ainsi placés si le bâti reste rigide ; tandis que s'il éprouve une altération dans sa forme, quelque légère qu'elle puisse être, la machine éprouvera de suite un frottement considérable dans ses mouvements. Cet effet est si universellement reconnu dans les localités où sont réunies nos principales filatures, que, dans l'estimation de la force nécessaire pour faire marcher une nouvelle fabrique, on compte qu'on peut économiser 5 pour 100 sur la force de la machine quand le bâtiment est à l'épreuve du feu. Cette économie considérable tient à ce que la solidité d'un bâtiment à l'épreuve du feu prévient tout dérangement dans les coussinets des arbres ou des longues communications de mouvement que fait mouvoir la machine, et détruit ainsi une cause importante de frottement.

158. Il serait bien inexact de penser que l'essai d'une nouvelle combinaison mécanique peut se faire avec un assemblage de pièces grossières et imparfaites. Si l'expérience vaut la peine d'être tentée, elle doit l'être avec toutes les ressources que peut offrir l'état actuel de la mécanique ; car un essai imparfait peut faire rejeter une idée qui aurait semblé praticable, étant mieux exécutée. Au contraire, quand une bonne

exécution a assuré une fois le succès de l'idée première, il devient aisé de déterminer le degré de perfection nécessaire dans le travail, pour que la machine remplisse complètement l'effet désiré.

159. C'est par suite de cette imperfection des premiers essais, et du perfectionnement graduel de la mécanique pratique, que des inventions essayées et abandonnées à une certaine époque ont réussi parfaitement plus tard, lorsque l'art de la construction était plus avancé. L'idée de l'impression au moyen de caractères mobiles s'était probablement présentée aux anciens, qui savaient obtenir des impressions avec des blocs de bois ou avec des cachets. Ainsi, dans les fouilles de Pompéi et d'Herculanum, on a trouvé, parmi d'autres instruments, des espèces de timbres formés d'une seule pièce de métal, et présentant un mot composé de plusieurs lettres. Séparer ces lettres, et les combiner ensuite de manière à former d'autres mots et à imprimer un livre, c'était une idée naturelle et qui dut infailliblement se présenter à plusieurs personnes; mais elle dut être rejetée immédiatement par les mécaniciens les plus instruits de cette époque; car alors aucun ouvrier n'eût conçu la possibilité de fabriquer plusieurs milliers de morceaux de bois ou de métal aussi parfaitement semblables, et susceptibles d'un arrangement aussi régulier que les caractères employés dans l'imprimerie. Le principe sur lequel est fondée la presse de Bramah (la presse hydraulique) était connu cent cinquante ans avant que cette machine ne fût exécutée; mais en supposant

que Pascal qui découvrit cette loi physique eût songé à ses applications, la mécanique pratique était alors dans une telle enfance, qu'il aurait dû promptement y renoncer, et qu'il n'eût pu espérer sérieusement appliquer ce principe à la construction d'un instrument destiné à produire des pressions très considérables.

De ces considérations résulte cette conséquence, qu'au bout de longues périodes de temps pendant lesquelles on a perfectionné l'art de construire les machines, il est bon de reprendre des essais tentés auparavant, et qui n'ont pas réussi, quoique fondés sur des principes raisonnables, mais qui n'étaient pas réalisables avant la découverte des nouveaux éléments qui viennent la rendre exécutable avantageusement.

160. Quand les dessins ont été faits convenablement, quand la machine a été bien exécutée, quand le produit qu'elle donne possède toutes les qualités prévues, l'invention peut encore ne pas réussir, ou, pour m'exprimer clairement, elle peut ne pas réussir commercialement parlant; c'est ce qui arrive le plus souvent quand le produit fabriqué coûte plus avec la nouvelle machine que par les procédés déjà connus.

161. Quand la machine nouvelle ou perfectionnée qu'on veut construire doit servir de modèle pour un nouveau système de fabrication, il faut examiner avec le plus grand soin les dépenses qu'elle entraînera, avant d'entreprendre sa construction. Cette évaluation est toujours très difficile à faire dans tous les cas; mais plus le mécanisme nouveau se complique, moins

la tâche est aisée; et quand il comprend une grande complication et une grande variété de détails, cette tâche devient tout à fait impossible. On estime en gros que pour construire une seule machine sur un nouveau modèle, il en coûte cinq fois autant que pour la construction de la deuxième machine du même modèle, et cette évaluation est peut-être assez près de la vérité. Si la seconde machine est tout à fait conforme à la première, les mêmes dessins, les mêmes modèles en bois pourront servir une seconde fois; mais si le premier essai qu'on a fait suggère quelques perfectionnements, et c'est le cas ordinaire, ces dessins et ces modèles doivent être plus ou moins modifiés. Cependant, quand on a exécuté deux ou trois machines, s'il en faut quelques autres de plus, celles-ci pourront ordinairement être fabriquées à un prix moindre que le cinquième du prix de la machine primitive. Telle est la base du succès des ateliers où se construisent toujours les mêmes machines.

162. Inventer, dessiner, construire, sont trois opérations distinctes qui ordinairement ne peuvent être exécutées dans la perfection par une seule personne; et ici, comme dans les autres arts, la division du travail peut s'appliquer avec avantage. Le meilleur avis qu'on puisse donner à tout inventeur de machine, c'est d'employer un habile dessinateur qui ait assez d'expérience dans sa profession pour lui indiquer si son invention est réellement nouvelle, et qui puisse lui faire des dessins d'exécution. Cette détermination exacte de la nouveauté réelle de l'invention est un

point très important; car il existe un axiome également vrai dans les sciences et dans les arts, c'est que celui qui veut arriver par de nouvelles découvertes à la fortune ou à la réputation, doit s'astreindre à examiner avec soin ce que savent ses contemporains; sans cette étude, il épuisera très probablement ses efforts à trouver de nouveau ce qui a été mieux fait avant lui par d'autres inventeurs.

163. Cette précaution utile est néanmoins souvent négligée par des hommes très inventifs. Peut-être n'y a-t-il pas au monde de classe industrielle dans laquelle on rencontre autant de charlatanisme, une ignorance si complète des premiers principes scientifiques et de l'histoire de son art, que chez les inventeurs de machines. Un homme ébloui de la beauté de quelque invention, peut-être nouvelle en réalité, se crée ingénieur de son chef, embrasse sa nouvelle carrière, sans soupçonner qu'une instruction préliminaire, un travail pénible de corps et d'esprit, sont des conditions indispensables de son succès, et il commence avec autant d'assurance qu'un député qui se jette dans la politique. Cette fausse confiance provient presque entièrement d'une évaluation inexacte de la difficulté d'inventer en fait de machines; et quand on voit toutes ces dupes de leur propre imagination et du préjugé populaire quitter follement des occupations plus convenables, on reconnaît combien il est important, pour eux et pour leurs familles, de les convaincre que la faculté d'inventer des combinaisons nouvelles de machines est une chose très ordinaire, et n'est nullement

l'apanage exclusif des talents supérieurs. Il est encore plus important peut-être de leur persuader que ceux qui ont excellé dans ce genre, ont dû tout leur mérite et tout leur succès à une seule cause, à la persévérance constante avec laquelle ils ont concentré, sur des inventions heureuses, l'habileté et le savoir qu'avaient mûris en eux de longues années d'études préliminaires.

CHAPITRE XIV

DE LA MANIÈRE DE VISITER UTILEMENT LES MANUFACTURES.

164. Maintenant que nous avons passé en revue les principes généraux qui dirigent l'application heureuse de la mécanique à la création de toute espèce de produits manufacturés dans les grands établissements industriels, il nous reste à présenter quelques observations aux personnes qu'une curiosité éclairée pourra conduire dans des manufactures, et à leur indiquer quelques règles à observer pour un semblable examen.

Une remarque générale, c'est qu'il faut écrire le plus tôt possible tous les renseignements qu'on peut recueillir, surtout lorsqu'il s'agit de nombres. Souvent il est impossible de le faire pendant qu'on visite un établissement, n'y eût-il pas la plus légère défiance de la part du manufacturier : l'action seule d'écrire un renseignement oral est une interruption nuisible dans l'examen d'une machine. Aussi est-il convenable, quand on veut visiter un établissement industriel, de préparer d'avance les questions qu'on veut faire, et de laisser des *blancs* pour les réponses, qui peuvent s'écrire vite, puisque souvent ce ne sont simplement que des nombres. Les personnes qui n'ont pas encore suivi cette méthode seront étonnées de la quantité de renseignements qu'elle permet de recueillir, même dans un examen rapide. Il est vrai que, pour chaque espèce de fabrique, il y a des questions particulières qu'on prépare mieux après la première visite qu'auparavant. Cependant, pour éclaircir ces idées, nous présenterons l'esquisse suivante, qui est d'une application générale, et nous conseillerons à ceux qui voudront économiser le temps, de l'avoir sur eux tout imprimée, et même de faire relier, sous la forme d'un agenda, une centaine d'exemplaires de cette espèce de canevas, qui renferme en tout une vingtaine de questions.

Esquisse d'une description générale d'un art mécanique quelconque, avec l'indication des renseignements qu'elle doit présenter.

Abrégé de son histoire, et surtout la date de son invention et de son introduction dans le pays.

Quelques mots sur les modifications antérieures qu'a pu subir la matière employée, les places où on se la procure, le prix d'une quantité donnée.

Ici l'on décrira successivement les divers procédés de cet art, suivant le plan indiqué ci-après pour chaque détail; ensuite on prendra les renseignements suivants:

Dans le même article existe-t-il différents genres fabriqués par une seule ou par différentes manufactures ; et, dans ce dernier cas, existe-t-il des différences dans le mode de procéder ?

Quels sont les défauts de la marchandise fabriquée?

A quelles sortes de substitution ou de falsification est-elle sujette ?

Dépérit-elle promptement; et, dans ce cas, quelle est la perte du fabricant par cette cause ?

Quels sont les caractères de la marchandise bien fabriquée ?

Quel est le poids d'une quantité donnée de cette marchandise ?

La comparer au poids de la matière brute.

Quel est le prix en gros de la marchandise prise à la manufacture ?

Quel est le prix en détail ?

Par qui les outils sont-ils fournis ? par le maître ou par les ouvriers ? Qui paie leur réparation ? le maître ou les ouvriers ?

Quelle est la dépense des machines?

Quelle est leur usure annuelle, et combien durent-elles?

La fabrication de ces machines forme-t-elle l'objet d'un métier particulier ? où les fabrique-t-on ?

Sont-elles faites et réparées dans la manufacture même?

Dans chaque fabrique, compter le nombre des opérations, le nombre des personnes employées à chaque opération, et celui des produits fabriqués.

Quantité de cette marchandise fabriquée annuellement.

Le capital engagé dans les manufactures de ce genre, est-il considérable ou non?

Mentionner les points principaux où ce genre d'industrie est établi; et, s'il est en activité à l'étranger, fixer quelques points également.

Indiquer le taux de l'impôt qu'on perçoit sur cette marchandise; les droits qu'elle paie à la douane, ou la prime dont elle jouit. Indiquer si ces droits ont varié depuis quelques années; fixer la quantité exportée ou importée pendant une série d'années.

La marchandise importée est-elle d'une qualité supérieure, égale ou inférieure?

Pour la vente de ses produits, le fabricant s'adresse-t-il à un individu intermédiaire auquel il les envoie ou les vend, et qui les transmet au marchand?

Dans quels pays envoie-t-on ce genre de marchandises? Quelles sont les marchandises que les bâtiments chargent en retour?

Pour chaque détail particulier de fabrication, il faut faire un nouveau canevas de l'enquête qui doit s'y rapporter. L'esquisse suivante pourra suffire pour plusieurs espèces de fabriques :

Désignation du procédé ( )
Genre de Manufacture ( )
Lieu où elle existe ( )
Nom du fabricant ( )
Date 188

Le mode d'exécution, avec un croquis rapide des instruments ou de la machine, s'il est nécessaire.

Nombre de personnes nécessaire pour surveiller la machine;

Nombre des ouvriers :

Nombre des hommes ( );
id. des femmes ( );
id. des enfants ( );

Si ces classes d'ouvriers sont mélangées, indiquer les proportions.

Paye de chaque ouvrier :

Tant ( ) par
Nombre ( ) d'heures de travail par jour.

Est-il ordinaire ou nécessaire de travailler nuit et jour sans arrêter?

Le travail se fait-il à la pièce ou à la journée ?

Qui fournit les outils ? le maître ou les ouvriers ? Qui paie leur réparation? le maître ou les ouvriers?

Quel est le degré d'habileté nécessaire? Quelle est la durée de l'apprentissage ?

Combien de fois la même opération se répète-t-elle par heure ou par jour?

Combien y a-t-il de pièces manquées sur mille?

Combien perd l'ouvrier ou le maître par la casse ou la détérioration?

Que fait-il de ces rebuts?

Si la même opération se répète plusieurs fois, indiquer si la proportion du rebut augmente ou diminue, et quelle est la perte éprouvée à chaque répétition.

165. Dans ce canevas général, les réponses sont quelquefois imprimées, comme pour cette question :

Qui paie la réparation des outils? On lit à la suite : Le maître ou les ouvriers. On n'a alors qu'à souligner au crayon le mot exact. Quand les réponses sont des nombres à observer, il faut redoubler d'attention : car si vous restez avec votre montre à la main auprès d'un ouvrier, par exemple, qui fait des têtes d'épingles, celui-ci, presque infailliblement, travaillera plus vite, et l'évaluation de son travail journalier que vous conclurez de votre observation, sera certainement trop forte. Vous obtiendrez un résultat plus exact en demandant la quantité de têtes d'épingles faites ordinairement dans un jour. Autrement, on peut connaître assez bien le nombre d'opérations faites dans un temps donné, quand l'ouvrier ne se doute pas qu'on l'observe. Ainsi le bruit d'un métier de tisserand peut servir à compter le nombre de coups donnés par minute, quand même l'observateur serait hors du bâtiment où est ce métier. Coulomb, qui avait une pratique profonde de ce genre d'observation, recommande expressément à ceux qui pourraient répéter ses expériences de ne pas se laisser tromper par les circonstances que nous venons d'indiquer. *Je prie, dit-il, ceux qui voudront les répéter, s'ils n'ont pas le temps de mesurer les résultats après plusieurs jours de travail continu, d'observer les ouvriers à différentes reprises dans la journée, sans qu'ils sachent qu'ils sont observés. L'on ne peut trop avertir combien l'on risque de se tromper en calculant soit la vitesse, soit le temps effectif du travail, d'après une observation de quelques minutes.* (*Mémoires de l'Institut*, t. II, p. 247.)

Souvent, dans la série des réponses aux questions que comporte ce genre d'observation, il y en a qu'il est bon d'obtenir directement, mais qui peuvent aussi se déduire par un petit calcul d'autres déjà connues ; et c'est là un mode de vérification excellent qui confirme l'exactitude des renseignements qu'on a recueillis, ou qui permet, si ces renseignements ne s'accordent pas entre eux, de corriger leur anomalie apparente. En mettant une liste de questions dans les mains d'une personne qui essaie de vous donner des renseignements sur un sujet quelconque, il est souvent désirable d'avoir un moyen d'apprécier la sûreté de son jugement. Pour cela, les questions peuvent être présentées sous une telle forme que quelques-unes dépendent indirectement des autres ; ou bien l'on peut insérer dans la liste une ou deux questions dont les réponses peuvent s'obtenir par d'autres moyens, et cette manière de procéder n'est pas sans avantages : elle nous rend capables de déterminer l'exactitude de notre propre jugement. C'est ainsi que l'habitude d'estimer de suite la grandeur ou la distance des objets, avant de les déterminer par calcul ou par mesure, nous offre un moyen de fixer notre attention et de perfectionner notre jugement en l'éprouvant par l'expérience.

ÉCONOMIE DES MANUFACTURES

CHAPITRE XV

DE LA DIFFÉRENCE QUI EXISTE ENTRE *faire* ET *fabriquer*.

166. Les principes d'économie générale qui président à l'emploi convenable des moyens mécaniques et qui gouvernent l'intérieur des grandes manufactures, sont des éléments essentiels de la prospérité d'une grande nation industrielle, et, sous ce rapport, ils ne sont pas moins importants à étudier que les principes de mécanique pratique dont nous avons développé les applications dans la première section de cet ouvrage.

Toute personne qui tente de faire un article quelconque de consommation, a ou doit avoir pour but principal de produire cet article sous une forme parfaite ; mais en même temps, pour s'assurer le bénéfice le plus considérable et le plus constant, elle doit faire des efforts énergiques, pour livrer à bas prix aux consommateurs le nouvel objet d'utilité ou de luxe qu'elle a créé. En opérant ainsi, le nouveau fabricant obtiendra un plus grand nombre d'acheteurs, et ce grand nombre aura pour lui deux avantages : l'un, de le mettre à l'abri des caprices de la mode; l'autre, de lui procurer un bénéfice total plus considérable, quoique la portion payée par chaque individu isolé soit moins forte. On ne saurait croire combien il est essentiel de montrer au fabricant le nombre de nouveaux acheteurs qu'il pourra gagner par une certaine réduction sur le prix de l'objet qu'il fabrique; et l'importance de données semblables ne peut se graver trop profondément dans l'esprit de ceux qui s'occupent de recherches statistiques. Pour certains rangs de la société, une diminution dans le prix d'un objet d'utilité générale sera tout à fait insensible ; tandis qu'une réduction même très faible dans ce prix, aura un effet immédiat sur d'autres classes, et augmentera à la fois et le nombre des acheteurs et le profit du producteur.

Si l'on voulait former un tableau des différentes sortes de revenus, et du nombre d'individus compris dans chaque classe de possesseurs, on pourrait trouver des matériaux utiles dans les rapports des Commissions nommées pour l'examen des revenus de toute nature. Ces rapports renferment l'état du montant de la propriété particulière, établi d'après les comptes annuels du bureau des testaments, et l'on y trouve à la fois le nombre des testateurs compris dans les différentes classes de la société, et celui des personnes qui jouissent de toute espèce de propriété produisant un revenu, ce dernier nombre étant de même divisé en différentes classes. Un tableau semblable, dressé même approximativement et présenté sous la forme d'une courbe, ne serait pas sans utilité.

167. Il existe une différence notable entre ces termes : *faire* et *fabriquer*. Le premier se rapporte à une petite production ; l'autre à une production étendue. Cette distinction est parfaitement établie dans l'enquête faite devant le comité de la Chambre des communes, sur l'exportation des outils et des machines. Maudslay y déclare que, lorsque le bureau de l'Amirauté lui proposa de faire des caisses en fer pour les navires, il consentit presque à regret à s'occuper de ce genre de fabrication qui sortait de son cercle ordinaire d'affaires ; cependant il entreprit de faire une de ces caisses comme essai. Les trous des rivets furent percés avec des presses mues à bras d'hommes, et les 1680 trous d'une seule caisse revinrent à 7 shillings. Alors le bureau de l'Amirauté, qui avait besoin d'une forte quantité de ces caisses, lui proposa de fournir quarante caisses par semaine, pendant plusieurs mois. La commande était assez considérable pour qu'on pût commencer à *fabriquer*, et à confectionner les outils nécessaires pour ce genre particulier de travail. Aussi Maudslay offrit-il de fournir quatre-vingts caisses par semaine, si le bureau de l'Amirauté voulait lui donner une commande de deux mille de ces mêmes caisses. Cette commande fut donnée. Maudslay fit alors des outils qui réduisirent de 7 shillings à 9 pence (de 8 fr. 75 c. à 90 c.

environ) la dépense du perçage des trous pour les rivets des caisses. Il fournit quatre-vingt-dix caisses par semaine pendant six mois; et, en définitive, le prix payé pour chacune par l'Amirauté fut réduit de 17 à 15 livres sterling (de 425 fr. à 375 fr. environ).

168. Si donc celui qui *fait* un article de consommation veut en devenir *fabricant*, dans le sens le plus général de ce mot, il ne doit pas borner son attention aux principes mécaniques desquels peut dépendre la bonne exécution de son produit; il doit, de plus, disposer avec soin tout le système de sa fabrication, de manière à livrer le produit au plus bas prix possible. A défaut de motifs peut-être trop éloignés de sa pensée, la concurrence inévitable dans tout pays d'une civilisation avancée, est un aiguillon puissant pour le presser et le pousser vers l'étude des principes d'économie privée, qui président à toute espèce de fabrication. A chaque réduction qui survient dans le prix de vente de son produit, il faut qu'il cherche une compensation, en réduisant d'une quantité égale la dépense de quelques détails de fabrication; et dans cette recherche, son esprit est aiguisé par l'espoir de pouvoir vendre à son tour au-dessous de ses concurrents, et de trouver des débouchés suffisants pour établir une manufacture produisant des articles dont les prix varient avec les progrès accomplis. Pendant quelque temps le profit de ces inventions est tout entier pour ceux qui les ont ima-

ginées; mais bientôt, quand une expérience suffisante a prouvé leur utilité, elles sont généralement adoptées, jusqu'à ce qu'à leur tour elles soient remplacées par d'autres inventions plus économiques encore.

CHAPITRE XVI

DE LA MONNAIE CONSIDÉRÉE COMME MOYEN INTERMÉDIAIRE DES ÉCHANGES.

169. Dans les premiers temps de la société humaine, les ventes et les achats se bornaient à de simples échanges; mais dès que les besoins devinrent plus variés et plus étendus, on sentit la nécessité d'avoir une mesure générale et susceptible elle-même de subdivisions, pour évaluer le prix de toutes les choses utiles ou commodes : de là vint l'usage de la monnaie. Dans quelques pays cette monnaie a été représentée par de simples coquilles; mais les nations civilisées ont, d'un commun accord, adopté pour monnaie les métaux précieux. Dans presque tous les pays, le gouvernement s'est attribué le droit de fabriquer la monnaie, ou, en d'autres termes, le droit de frapper des marques caractéristiques des pièces de métal d'une certaine forme, d'un certain poids, et d'un certain degré de pureté. Ces marques deviennent une garantie pour les individus entre les mains desquels circule la monnaie, et les assurent que chaque pièce est du poids et de la qualité convenus.

La dépense nécessaire pour transformer l'or en monnaie, l'intérêt du capital engagé dans cette fabrication, et la détérioration annuelle des machines qui y sont employées, sont des frais indispensables qui doivent être payés par l'État, ou compensés par une petite réduction dans le poids de l'or employé à la confection de la pièce, comparativement au cours légal qui lui est attribué. Mais ces dépenses ne sont rien pour une nation, si on les compare à la perte de temps et aux inconvénients qu'entraînerait un système d'échange perpétuel ou de troc dans les transactions de toute nature.

170. La monnaie métallique présente deux inconvénients. Elle peut être fabriquée par des individus, dans des établissements particuliers, et offrir la même empreinte et le même degré de pureté que celle du gouvernement; ou bien on peut en faire des imitations dans lesquelles la pièce est d'un moindre poids et le métal d'une qualité inférieure. On remédie aisément au premier de ces inconvénients en fixant la valeur légale de la monnaie à un taux de très peu inférieur à la valeur d'un même poids de métal pur. On ne peut remédier au second que par la précaution générale d'examiner les caractères extérieurs de chaque pièce, et en partie aussi par les peines que l'État inflige aux individus coupables de toute fraude de cette nature.

171. Les subdivisions de la monnaie varient suivant les pays, et une division basée sur un mauvais système peut entraîner une perte de temps considé-

rable dans les affaires. Cet effet devient sensible pour toute opération numérique qui embrasse des sommes considérables, et surtout pour le calcul des intérêts d'une somme prêtée ou l'escompte des lettres de change. Le système décimal est celui qui se prête le mieux à l'exécution facile de semblables calculs; et nul doute qu'il devrait être substitué en Angleterre au système de la monnaie actuelle. Déjà un grand pas vers les améliorations, la suppression de la guinée, s'est fait sans inconvénient sensible, et il ne reste plus que peu de chose à faire pour rendre le changement complet.

172. La valeur des divers produits de l'industrie ou des propriétés possédées par les habitants d'un pays s'évalue d'après l'étalon monétaire qu'on a ainsi choisi. Mais on doit observer que l'or brut lui-même change de valeur, et que son prix, comme celui de toute espèce de marchandise, dépend de la relation qui existe entre la consommation et la production.

173. A mesure que les transactions commerciales se multiplient, les sommes que l'on doit payer à la fois deviennent plus considérables, et le transport effectif des métaux précieux, d'un individu à un autre, présente ses inconvénients et ses difficultés. Alors il devient plus commode d'introduire l'usage des promesses écrites qui stipulent l'engagement de payer au porteur des quantités d'or désignées. Ces promesses s'appellent des billets de banque ; et quand la personne ou la société qui émet ainsi des billets dans le public est connue comme capable de remplir

ses engagements, le billet circule longtemps avant de parvenir dans les mains d'une personne qui veuille faire usage de l'or qu'il représente. Ces sortes de papiers représentatifs remplacent une certaine quantité d'or, et, comme ils sont plus économiques tant pour leur transport que pour les frais de leur fabrication et leur valeur propre, leur usage épargne une forte partie de la dépense qu'entraîne sous ces divers rapports la circulation de la monnaie métallique.

174. Avec l'accroissement des transactions commerciales, on a suppléé même au transport des billets de banque par des moyens plus rapides et d'un usage très étendu. On a établi des banques ou caisses générales où tout l'argent est versé, et qui font tous les paiements sur des ordres écrits appelés *chèques*, tirés par ceux qui sont en compte courant avec elles. Dans une grande ville, chaque banque tient toujours des comptes ouverts à un grand nombre de personnes : elle se trouve ainsi recevoir des mandats payables de l'une à l'autre; et s'il fallait qu'elle envoyât de tous côtés ses commis pour recevoir le montant de ces mandats en billets de banque, ce recouvrement perdrait beaucoup de temps, et présenterait des risques et des inconvénients sensibles.

175. *Clearing-House.* — *Chambre de compensation.* — A Londres, on évite cette opération incommode en faisant passer tous les mandats au crédit ou au débit des banques à un bureau central. Dans une grande salle située dans Lombard-Street, environ trente com-

mis, attachés aux différentes banques de Londres, se placent, suivant l'ordre alphabétique, devant des pupitres disposés autour de l'appartement. Chaque commis a une petite boîte ouverte à côté de lui, et le nom de la raison sociale de la maison à laquelle il est attaché est écrit en gros caractères sur la muraille, au-dessus de sa tête. De temps en temps, d'autres commis, appartenant à différentes maisons de Londres, entrent dans la salle, la parcourent et déposent dans la boîte de chaque banque les mandats tirés sur elle par leur maison. Le commis placé auprès de cette boîte inscrit ces divers mandats sur un livre préparé d'avance, et y joint le nom de la banque qui les a tirés.

Les boîtes ne sont ouvertes pour recevoir les mandats que jusqu'à quatre heures du soir. Quelques minutes avant le moment où cette heure sonne, cette salle tranquille commence à s'animer : de nombreux commis arrivent, pressés de déposer dans les boîtes, jusqu'au dernier moment, les mandats qu'ont délivrés les maisons qui les emploient.

A quatre heures toutes les boîtes sont enlevées de leur place. Chaque commis additionne le montant des mandats déposés dans sa boîte, et payables par sa propre maison aux autres maisons de banque. Il reçoit aussi de cette même maison un autre livre qui contient le montant de tous les mandats que son commis distributeur a déposés dans les boîtes de chacun des autres banquiers. Il compare, pour chaque banque, les deux sommes, et écrit la balance que sa maison doit payer ou recevoir, avec le nom de chacune de ces banques en regard ; il vérifie cet état, en le comparant à celui que dressent les commis de ces maisons ; puis il envoie à sa maison la balance générale qui résulte de son calcul, et si, d'après cette balance générale, sa maison doit aux autres, elle lui renvoie le montant en billets de banque.

A cinq heures l'inspecteur se place sur son siège. Chaque commis qui, d'après le résultat de tous ses calculs, doit payer une différence à diverses autres maisons, la paye à l'inspecteur, qui lui donne un reçu de la somme versée. Les commis des différentes maisons à qui cette somme est due, reçoivent ce qui leur revient des mains de l'inspecteur, qui prend de chacun d'eux un reçu d'une valeur égale. Ainsi la totalité des payements se trouve faite par un double système de balance, en ne faisant passer de main en main qu'un très petit nombre de billets de banque, et très rarement de la monnaie métallique.

176. Il est difficile de faire une évaluation exacte des sommes qui passent par jour à ce bureau ; elles varient depuis 2 jusqu'à 15 millions de livres sterling (de 50 à 375 millions de francs). La moyenne peut aller à 2 millions et demi de livres sterling, qui se règlent peut-être avec 200,000 livres sterling en billets et 20 livres sterling en espèces. Par une convention faite entre les diverses maisons de banque, tous les mandats qui portent le nom d'une maison de Londres doivent passer à la *chambre de compensation ;* conséquemment, si un de ces mandats était égaré, la maison sur laquelle il est tiré refuserait de le payer

à sa caisse; ce qui est une garantie de plus pour le commerce.

Les avantages de ce système sont tels, que, d'après un arrangement récent entre les banquiers, les commis se réunissent deux fois par jour, une fois à midi et une autre fois à trois heures; mais le payement des balances ne se fait qu'une seule fois, et à cinq heures du soir.

Si toutes les banques particulières avaient des comptes ouverts à la banque de Londres, il serait possible d'effectuer tous les règlements avec une quantité encore moindre de valeurs en circulation.

177. Une des différences les plus évidentes entre la monnaie métallique et le papier-monnaie, c'est que la première ne peut jamais, par une terreur panique ou par un danger national, tomber au-dessous de la valeur vénale qu'elle aurait comme matière dans d'autres pays civilisés, tandis que dans de semblables circonstances, le papier-monnaie peut perdre sa valeur entièrement. La monnaie métallique et le papier-monnaie peuvent être dépréciés tous les deux dans leur valeur, mais les effets de cette dépréciation sont totalement différents dans l'un et l'autre cas.

1° *Dépréciation de la monnaie.* — L'État peut verser dans la circulation des pièces d'une même valeur nominale, mais contenant seulement la moitié de la quantité primitive de l'or, mêlé avec quelque alliage d'un prix peu élevé. Chaque pièce ainsi émise porte en elle des preuves évidentes de la quotité de sa dépréciation. Il n'est pas nécessaire que chaque détenteur successif analyse la nouvelle monnaie : dès qu'elle a été examinée seulement quelquefois, sa valeur intrinsèque est de suite connue dans le public. L'ancienne monnaie est plus recherchée à cause de son titre plus élevé, et disparaît promptement de la circulation. Tous les achats nouveaux sont basés sur la nouvelle valeur de la monnaie, et les prix doublent en peu de temps. Mais les anciens marchés deviennent défectueux; et si tout créancier est forcé de recevoir son payement en espèce de la nouvelle émission, il est volé de la moitié de la dette, qui est confisquée au profit du débiteur.

2° *Dépréciation du papier.* — La dépréciation du papier-monnaie présente des effets différents. Si le gouvernement déclare que le papier sera admis comme paiement légal, et qu'en même temps il ne sera plus échangeable contre des valeurs métalliques, l'or se trouve employé à payer les achats qui peuvent se faire à l'étranger, parce que, dans ce cas, le vendeur ne peut être forcé de prendre du papier; et si l'émission du papier-monnaie continue, n'étant pas arrêtée par la faculté de demander à sa place l'or qu'il représente, la monnaie métallique disparaît promptement de la circulation. Mais le public, qui est forcé de prendre des billets, ne peut trouver dans l'essence de ce papier-monnaie aucun moyen de découvrir l'étendue de sa dépréciation, qui varie avec la quantité des billets émis et peut arriver au point extrême où la valeur des billets est à peu près réduite à celle du papier sur lequel ils sont imprimés. Pendant tout ce temps chaque créancier se trouve en perte, mais sans pouvoir estimer l'étendue de cette perte. Toutes les transactions ne présentent plus que des avantages incertains, à cause des changements continuels de valeur qu'éprouve la base de ces transactions. Plusieurs pays ont ressenti les dangereux effets de ce système déplorable, qui a été poussé presqu'à sa dernière limite en France, dans le temps des assignats. Les Anglais ont aussi éprouvé une partie de la misère générale qui est la suite nécessaire d'un semblable système; mais, par un heureux retour à des principes plus sains, ils ont échappé à temps à la ruine qui est le terme inévitable du cours de ce fléau destructeur.

178. Dans un pays civilisé, chaque personne suivant sa position sociale, a besoin d'une certaine quantité de monnaie pour acheter les objets qu'elle consomme ordinairement. Les mêmes pièces de monnaie vont et viennent dans le même cercle de circulation. La pièce que l'ouvrier reçoit le samedi soir passe en nature entre les mains du boucher, du boulanger, du petit commerçant; de celui-ci elle revient peut-être au maître fabricant, en échange de ses billets, et est payée de nouveau à l'ouvrier à la fin de la semaine suivante. Si cette quantité de monnaie en circulation devient plus rare, cette rareté est de suite très nuisible aux uns comme aux autres. Si elle ne porte que sur les petites pièces, le premier effet est une grande difficulté de se procurer de la petite monnaie pour changer; puis le petit marchand refuse de changer, à moins qu'on ne lui achète une certaine

quantité de marchandise, et enfin il exige une prime en monnaie métallique, comme prix du change des pièces de valeur plus élevée.

Ainsi la monnaie elle-même varie de prix quand elle est évaluée en une autre monnaie formée de pièces d'une autre espèce, et cet effet a toujours lieu, que la monnaie soit en papier ou en métal.

Les inconvénients et la perte qui résultent du manque de petite monnaie pèsent de tout leur poids sur la classe nécessiteuse de la société; car les acheteurs plus riches obtiennent facilement crédit pour leurs petits achats, jusqu'à ce que leur compte atteigne la valeur d'une grosse pièce de monnaie.

Comme la monnaie ne produit rien quand on la garde dans un tiroir, il existe peu de personnes, dans une position sociale quelconque, qui puissent garder chez elles en monnaie métallique ou en billets, plus qu'il n'en faut immédiatement pour leur usage; conséquemment, quand il n'existe pas de moyen d'employer la monnaie d'une manière lucrative, une surabondance de papier retourne à la source d'où elle a été émise, et un excédant de monnaie est converti en lingots et exporté à l'étranger.

179. Puisque la valeur de toute espèce de propriété est évaluée en monnaie, il est évident qu'il convient au bien-être de la communauté sociale, que la valeur de cette monnaie n'éprouve que des oscillations aussi petites et aussi graduelles qu'il est possible.

On sentira peut-être mieux les conséquences funestes des altérations soudaines de la valeur de la monnaie, si je présente au lecteur une description de l'effet de ces altérations dans des circonstances particulières. Prenons un cas extrême, puisque nous en avons la liberté. Supposons trois personnes, propriétaires chacune de 100 livres sterling : une d'elles est une veuve d'un âge avancé, qui, sur l'avis de ses amis, achète avec cette somme une rente viagère de 20 livres sterling par an ; les deux autres sont des ouvriers qui, par leur industrie et leur économie, ont épargné chacun 100 livres sterling sur le produit de leur travail : ces deux derniers se proposent d'acheter des machines à calandrer et de se faire calandreurs d'étoffes. Un d'eux place son argent dans une banque d'épargne, étant dans l'intention de construire lui-même sa machine à calandrer, et calculant qu'il dépensera 20 livres sterling en matériaux, et que les 80 livres de surplus lui serviront à s'entretenir lui-même et à payer les ouvriers qui l'aideront dans sa construction. L'autre ouvrier, trouvant une machine qu'il peut acheter pour 200 livres sterling, convient avec le vendeur d'en payer 100 immédiatement, et le reste à la fin de l'année. Maintenant supposons que la monnaie courante éprouve une altération qui la déprécie de moitié : les prix se conformeront promptement à ce nouvel état de choses, et la rente annuelle de la veuve, quoique toujours au même taux nominal, ne pourra en réalité suffire pour lui procurer plus de la moitié des objets nécessaires à la vie qu'elle lui permettait auparavant d'acheter. L'ouvrier qui a fait son placement à la caisse d'épargne a peut-être acheté pour 10 livres sterling de matériaux et dépensé pour 10 livres sterling de travail sur ces matériaux, au moment de l'altération de la monnaie, et se trouve alors avoir la possession nominale de 80 livres sterling; mais en réalité il n'a qu'une somme à peine suffisante pour payer la moitié du travail et des matériaux nécessaires pour finir sa machine; il ne peut ni la compléter, vu qu'il manque de fonds, ni vendre sa machine imparfaite pour le prix qu'elle lui coûte. Pendant ce temps l'autre ouvrier, qui a contracté une dette de 100 livres sterling pour achever le payement de sa machine à calandrer, trouve que le payement qu'il reçoit pour ses calandrages, a doublé par suite de la dépréciation de la valeur monétaire, et conséquemment il obtient en fait sa machine pour 50 livres sterling. Ainsi, sans aucune faute, aucune imprudence, et uniquement d'après des événements sur lesquels ces trois personnes ne peuvent exercer aucune influence, la veuve est presque réduite à mourir de faim; un des ouvriers doit perdre, pour plusieurs années, l'espoir de devenir maître; et l'autre, sans aucune supériorité d'habileté ou d'industrie, et pour avoir fait en réalité un marché plutôt imprudent que hardi, pour sa position, se trouve contre toute attente, dégagé de la moitié de sa dette, et possesseur d'un élément précieux de gain; tandis que le premier propriétaire de la machine, s'il a placé le produit de sa vente à la caisse d'épargne, trouve soudainement son capital réduit de moitié.

180. Telles sont les conséquences qui accompa-

gnent toujours, plus ou moins sensibles dans leurs dangereux effets, tout changement dans la valeur de la monnaie courante; et ainsi l'on ne peut imprimer trop fortement dans l'esprit de toutes les classes de la société, l'idée de l'importance extrême qu'elles doivent attacher à conserver aussi longtemps que possible cette monnaie inaltérée dans sa valeur.

CHAPITRE XVII

DE LA VÉRIFICATION DE LA QUALITÉ DES MARCHANDISES, ET DE L'INFLUENCE DE CETTE VÉRIFICATION SUR LEUR PRIX. — DE LEUR DURÉE.

181. On dit ordinairement que le prix de vente d'une marchandise, à une époque donnée, dépend *du rapport de la quantité offerte à la quantité demandée.* On dit aussi que le prix moyen de la même marchandise pendant une longue période de temps, dépend, en dernière analyse, de la *possibilité de produire et de vendre cette marchandises en retirant l'intérêt ordinaire du capital employé.* Ces principes sont exacts en général, mais ils sont si souvent modifiés par l'influence d'autres principes secondaires, que l'étude de ces forces perturbatrices nous semble mériter un examen un peu approfondi.

182. Relativement à la première proposition énoncée plus haut, nous ferons observer qu'indépendamment du rapport de la demande à la production, il existe un autre élément qui entre dans le prix définitif de chaque objet pour l'acheteur ; élément quelquefois peu sensible, mais, dans plusieurs cas aussi, d'une

extrême importance. *Le prix définitif pour l'acheteur se compose du prix qu'il paie au marchand*, plus *de la dépense nécessaire pour s'assurer que la qualité de la marchandise livrée est conforme à ses conventions*. En certains cas cette qualité se reconnaît à la seule inspection : alors la marchandise n'est pas sujette à de grandes différences de prix. Dans les boutiques de détail, par exemple, on peut reconnaître d'un coup d'œil la qualité du sucre ; la conséquence est que le prix du sucre est si uniforme et le bénéfice réalisé sur la vente si petit, qu'aucun épicier n'est inquiet du débit de cette marchandise. Mais, d'un autre côté, le thé, dont la qualité est extrêmement difficile à reconnaître promptement, et qui peut être falsifié par des mélanges, de manière à tromper même un œil exercé, le thé a une diversité extrême de prix ; aussi est-il la denrée dont la vente donne le plus de crainte au détaillant.

Quelquefois la difficulté de vérifier la qualité des marchandises, et la dépense entraînée par cette vérification, sont assez considérables pour justifier une une déviation accidentelle de principes consacrés depuis longtemps. Ainsi c'est un axiome généralement reconnu, que *les gouvernements peuvent acheter à meilleur prix qu'ils ne fabriquent ;* et cependant l'administration a trouvé plus d'économie à construire des moulins extrêmement coûteux, comme sont ceux de Deptfort, et à y faire moudre sa farine, qu'à entretenir à la fois des vérificateurs pour chaque sac de farine achetée, et des inventeurs pour imaginer continuellement de nouveaux moyens de découvrir les nouveaux procédés d'altération employés par les fournisseurs.

183. Il y a quelques années on inventa, pour déguiser les vieilles graines de luzerne et de trèfle, un procédé qui fut connu sous le nom de *traitement médicinal des graines*, et qui se répandit assez généralement pour exciter l'attention de la Chambre des communes. L'enquête, faite devant une commission nommée à ce sujet, démontra qu'on rajeunissait les vieilles graines de trèfle blanc en les mouillant d'abord légèrement, et les séchant ensuite à la vapeur du soufre en combustion, tandis qu'on ranimait la couleur des graines de trèfle rouge en les secouant dans un sac avec une petite quantité d'indigo. Cette ruse ayant été découverte, les *médecins de graines* employèrent une teinture de campêche éclaircie par un peu de couperose ou de vert-de-gris, ce qui, en embellissant la vieille graine, diminuait ou détruisait même le peu de force végétative qui pouvait lui rester. Quant à la bonne graine ainsi traitée, abstraction faite de la détérioration qu'elle éprouvait par cette opération, son apparence devenait si belle que son prix de vente montait de 5 shillings à 25 shillings le quintal. Mais le plus grand inconvénient de ce procédé, c'était que la graine vieille et épuisée devenait aussi belle en apparence que la graine de la meilleure qualité. Une des personnes qui déposèrent devant la Chambre des communes déclara qu'elle avait essayé une certaine quantité de *graines ainsi médicamentées;* que sur

cent graines semées, il n'en était pas poussé plus d'une, et que ce peu de graines poussées avait péri promptement; tandis que sur cent graines de bonne qualité, il en pousse ordinairement de quatre-vingts à quatre-vingt-dix. Les graines qui avaient subi ce traitement étaient vendues à des marchands qui revendent les graines en détail dans la campagne, et qui tâchent naturellement de les acheter au plus bas prix possible : de ces marchands, elles passaient entre les mains des fermiers, les uns et les autres étant incapables de distinguer la graine naturelle de la graine altérée. Dans cet état de choses, beaucoup de cultivateurs diminuèrent leur consommation de graines de trèfle, et d'autres furent obligés de payer un prix élevé à des essayeurs de graines qui savaient découvrir la fraude, ou aux marchands que leur intégrité et leur bonne réputation mettaient au-dessus de semblables falsifications.

184. Le commerce de lin d'Irlande présente un exemple semblable du haut prix payé pour la vérification seule de la qualité de l'objet vendu. Dans le rapport de la commission de la Chambre des communes, il est déclaré positivement que le lin d'Irlande est naturellement d'une qualité excellente, et égale à celle des premiers lins étrangers; et cependant, d'après l'enquête faite devant cette commission, on voit que, sur le marché, le prix du lin d'Irlande est de 1 ou 2 pences (2 ou 4 sous) par livre, plus bas que celui d'autres lins de qualité égale ou même de qualité inférieure. Une partie de cette différence tient à la

négligence qu'on met à l'apprêter; mais une autre partie représente les frais de l'examen auquel on doit soumettre chaque paquet, pour reconnaître s'il est exempt de pierres ou de gravier ajoutés en vue d'en augmenter le poids. C'est ce qui est constaté par les réponses de M. J. Corry, qui a été vingt ans secrétaire du bureau de la chambre du commerce de toiles d'Irlande, et qui fut appelé dans l'enquête citée plus haut.

« Les cultivateurs de lin, qui sont presque toujours des gens de la plus basse classe des campagnes, s'imaginent, dit M. Corry, qu'ils gagnent plus en trompant les acheteurs, et, comme le lin se vend au poids, ils augmentent ce poids par divers expédients qui, tous, nuisent à la qualité de leur marchandise. Ainsi ils ont l'habitude pernicieuse de mouiller le lin, qui s'échauffe alors rapidement; ou bien, dans le même dessein, ils remplissent de cailloux ou de terre grasse l'intérieur des paquets, qui varient généralement en grosseur. C'est dans cet état que le lin d'Irlande est acheté et exporté pour la Grande-Bretagne; et quoique sa qualité dans l'état naturel ne soit inférieure à celle d'aucun lin étranger, cependant les lins étrangers importés en Angleterre obtiennent la préférence, parce qu'ils sont présentés sur le marché dans un état plus propre, et mieux arrangés. On peut voir dans les feuilles commerciales l'étendue et le prix des ventes de lin étranger qui se font en Angleterre, et cependant j'ai lieu de croire que si l'Irlande donnait à la culture du lin un développement proportionné, si elle établissait un ordre régulier dans la manière dont le lin s'y vend, elle pourrait, sans empiéter le moins du monde sur la quantité nécessaire à sa consommation intérieure, suffire au total des demandes de l'Angleterre, à l'exclusion des étrangers. »

185. L'industrie des dentelles présente un autre exemple analogue. En passant en revue, dans son rapport, les requêtes adressées par les fabricants à la Chambre des communes, la commission fait l'observation suivante : *Il est singulier que les mêmes abus dont on se plaignait il y a cent cinquante ans soient encore, dans l'état perfectionné de ce genre d'industrie, l'objet principal des plaintes actuelles; car, d'après l'enquête faite devant votre comité, toutes les personnes entendues attribuent la décadence de ce genre d'industrie bien plutôt à des fabrications frauduleuses ou mauvaises qu'à la guerre ou à toute autre cause.* On voit, dans l'enquête, qu'on avait fabriqué une espèce de tulle appelé *single press' lace*, qui n'avait qu'une chaîne, et paraissait de bonne qualité à l'œil nu, mais dont le blanchissage altérait presque entièrement le point en faisant glisser les fils l'un sur l'autre; et cependant il n'y avait pas une personne sur mille qui pût distinguer ce tulle à une chaîne du tulle à double chaîne ou *double press' lace* : les ouvriers même et les fabricants ne parvenaient à reconnaître le mauvais tulle qu'à l'aide d'un verre grossissant. Ce même moyen était aussi indispensable dans l'examen de la qualité d'une autre espèce de tulle plus gros appelé *warp lace*. Une des personnes

interrogées déclara aussi que cette fraude commerciale avait toujours lieu, excepté dans les villes où elle avait été découverte ; et que ces dernières villes n'envoyaient plus aucune commande à Nottingham, ayant perdu toute confiance dans ses fabricants de tulle.

186. Dans la fabrication des bas il existe de semblables fraudes. Ainsi l'enquête prouve qu'on a fait des bas d'une largeur uniforme depuis le genou jusqu'à la cheville, qu'on étendait mouillés sur des formes de jambes, et qui gardaient leur forme étant secs, en sorte que l'acheteur ne pouvait découvrir la fraude; mais après le premier blanchissage ces bas se rétrécissaient et pendaient comme un sac autour des talons.

187. Dans les boutiques des marchands de toile en détail on dit toujours *toile d'un yard de large*, pour désigner des toiles dont la largeur réelle peut bien n'être que les sept-huitièmes ou les trois quarts d'un yard. Cette pratique n'a été instituée évidemment que pour tromper, et, quand on s'en est aperçu généralement, les marchands n'ont pu la défendre qu'en alléguant la coutume. Mais de là il est résulté que le vendeur est toujours obligé de mesurer sa marchandise en présence de l'acheteur. Dans tous les cas semblables, l'objet du vendeur est d'obtenir un prix plus élevé que ne vaudrait sa marchandise, si sa qualité réelle était connue ; et si l'acheteur n'est pas lui-même juge compétent pour cet examen, ce qui arrive ordinairement, il doit payer un connaisseur qui ait assez

d'habileté pour distinguer, et assez de probité pour procurer la qualité dont on est convenu. Le salaire de ce connaisseur est une vraie augmentation du prix de la marchandise. Mais comme beaucoup de gens ont grande confiance dans leur propre jugement, le grand nombre court toujours au plus bas prix; et le commerçant honnête, privé ainsi d'une clientèle nombreuse, se trouve obligé de mettre l'emploi de son jugement et de sa probité à un plus haut prix que celui qu'il demanderait sans cette concurrence peu éclairée.

188. Il y a plusieurs articles de quincaillerie dont l'acheteur ne peut vérifier la qualité au moment de l'achat, ni même après, sans les dénaturer complètement. On peut citer comme exemple les harnais plaqués et les ferrures d'une voiture. Ces objets sont ordinairement en fer forgé revêtu d'argent : le premier de ces métaux leur donne la force nécessaire, l'autre est destiné à les embellir d'une manière durable. Ces deux qualités sont quelquefois bien diminuées par la substitution de la fonte au fer forgé, et d'un alliage de plomb et d'étain à l'alliage solide d'argent et de cuivre. Dans ce cas, le plus grand mal est le défaut de force; car bien qu'on emploie de la fonte d'une qualité particulière pour cet objet, elle est toujours moins résistante que le fer forgé, et souvent sa rupture entraîne les plus graves accidents. Quand on plaque avec l'alliage falsifié que nous venons d'indiquer, on pose sur le fer une lame mince d'argent; mais elle s'en détache facilement, surtout à l'aide d'une faible chaleur. Le

plaqué d'argent revêt mieux le fer, s'y attache solidement et ne peut être aisément altéré, à moins d'un degré de chaleur très élevé. Cependant on fait paraître le mauvais alliage presque aussi beau à l'œil que le bon, et l'acheteur n'en peut guère reconnaître la différence qu'en coupant la pièce que lui présente le vendeur.

189. Le principe général, *le prix d'une marchandise dépend, à tout instant, du rapport des offres aux demandes*, n'est complètement vrai que dans un seul cas, celui où toute la quantité offerte est entre les mains d'un grand nombre de petits marchands, et où les demandes sont faites par une autre série de personnes qui en veulent toutes une petite quantité. En effet, ces circonstances paraissent indispensables pour qu'un prix moyen puisse se fixer au milieu des sentiments, des passions, des préjugés, des opinions et de l'expérience des deux partis. Si la production tout entière, si toute la marchandise en vente était entre les mains d'un seul individu, celui-ci, sans aucun doute, s'efforcerait d'établir un prix tel, qu'il pût gagner par la vente le plus d'argent possible; mais, dans cette appréciation du taux auquel il devrait vendre, il serait guidé à la fois par la certitude qu'une augmentation dans le prix diminuera la consommation, et par le désir de réaliser son bénéfice avant que la place ne soit alimentée d'autre part. Si la marchandise est entre les mains de plusieurs marchands, il s'établira entre eux une concurrence immédiate qui proviendra soit des différentes conjectures qu'ils

peuvent former sur la durée de l'état d'approvisionnement du marché, soit de leurs situations particulières quant à l'emploi de leur capital.

190. Quelquefois on ne peut reconnaître qu'assez difficilement si le prix exigé est réellement le prix légalement dû.

Cette difficulté de la vérification présente des inconvénients très sensibles dans l'envoi des petits paquets par les voitures publiques. On a trouvé grand avantage à charger la poste du gouvernement du transport général des petits paquets. La certitude que le paquet sera remis à son adresse, et que le prix de son transport ne sera pas surchargé, est un gage assez sûr de succès pour dispenser le gouvernement d'établir aucune prohibition contre des entreprises rivales.

191. Il est important de réunir, quand cela est possible, le nom de l'ouvrier à l'ouvrage qu'il a exécuté : cette précaution lui assure la confiance ou le blâme qu'il mérite, et diminue quelquefois le temps de la vérification. Elle a été poussée à un point remarquable dans les ouvrages littéraires publiés en Amérique : dans la traduction de la *Mécanique céleste*, par M. Bowditch, on a mentionné dans l'ouvrage non seulement le nom de l'imprimeur, mais aussi ceux des compositeurs qui ont concouru à sa confection.

192. Si l'objet d'utilité qu'on veut vendre est d'une détérioration facile, comme l'était, par exemple, une cargaison de glace de Norwége, amenée à Londres un des étés passés, alors le temps remplacera la concurrence; et que cet objet soit entre les mains d'un

ou de plusieurs détenteurs, il pourra difficilement atteindre un prix de monopole.

L'histoire des variations qu'a subies à Londres, il y a quelques années, le prix de l'huile de cajeput, offre un exemple frappant de l'influence de l'opinion sur le prix des marchandises. Au mois de juillet de l'année 1831, l'huile de cajeput se payait, abstraction faite des droits, à raison de 7 pence l'once (70 cent. pour 31 gram. environ). A cette époque le choléra, ce fléau qui avait dévasté l'est de l'Europe, parut se rapprocher de l'Angleterre, et sa proximité fit naître mille craintes. On commença a parler beaucoup de l'huile de cajeput comme d'un puissant spécifique contre cette désorganisation effrayante du corps humain; en septembre cette huile monta à 3 shillings et même 4 shillings l'once (3 fr. 50 c. à 4 fr. 60 c. le 31 grammes environ). En octobre il y eut peu ou point de ventes effectuées sur cet article; mais au commencement de novembre les spéculations sur cette substance parvinrent à leur plus haut degré de prospérité, et du 1er au 15 on réalisa les prix suivants :

3 s. 9 d., 5 sh., 6 s. 6 d., 7 s. 6 d., 8 sh.,
4 fr. 37, 5 fr. 80, 7 fr. 54, 8 fr. 60, 9 fr. 28,

9 sh., 10 sh., 10 s. 6 d., 11 sh.
10 fr. 44, 11 fr. 60, 12 fr. 18, 12 fr. 76.

Après le 15 novembre les détenteurs d'huile de cajeput craignirent d'être obligés de baisser beaucoup leurs prix. En décembre une cargaison nouvelle fut offerte, dans une vente publique, à 5 shillings (5 fr. 80 c.) l'once, et retirée sans acheteur; ensuite, par un arrangement particulier, comme on le sut, elle fut achetée à 4 shillings ou 4 schilling 6 deniers l'once (4 fr. 64 c. ou 5 fr. 22 c. les 31 grammes). Depuis ce temps on a obtenu des prix de 1 shilling 6 deniers et 1 shilling (36 et 24 sous); et une cargaison nouvelle fit baisser le prix de cette marchandise au-dessous du prix qu'elle avait en juillet 1831. Maintenant il est important de remarquer qu'en novembre 1831, c'est-à-dire au moment du *maximum* de la spéculation, toute la quantité qui était à Londres était entre les mains de peu de personnes, et qu'il se faisait des ventes fréquentes, chaque vendeur étant impatient de réaliser son bénéfice. On doit ajouter que la quantité importée depuis cette même époque a été considérable[1].

193. On peut voir parfaitement la manière dont le prix d'une marchandise s'égalise par l'accroissement du nombre des marchands, en examinant le prix des différents effets publics qui se négocient à la bourse de Londres. Comme il y a beaucoup de personnes qui spéculent sur le 3 pour 100, quiconque veut vendre du 3 pour 100 trouve toujours un acquéreur à un huitième pour 100 au-dessous du prix courant; mais ceux qui veulent négocier des actions des Banque ou d'autres effets d'une circulation plus limitée sont souvent obligés de faire une perte huit ou dix fois plus.

1. J'ai appris depuis que le prix du camphre avait éprouvé des variations semblables à la même époque. (A.)

194. Des spéculations semblables se font fréquemment sur l'huile, le suif, et d'autres denrées que se rappelleront la plupart de mes lecteurs; ces spéculations ont toutes pour objet d'acheter toute la marchandise disponible, et de s'arranger d'avance pour l'achat des arrivées les plus prochaines; ce qui prouve que les capitalistes pensent généralement que la marchandise peut se vendre à un prix moyen plus élevé, quand elle est dans les mains de peu de personnes.

195. *De la durée des marchandises.* — Beaucoup d'objets d'un usage commun dans la vie se détruisent par cet usage même : tels sont ceux qui servent à la nourriture. D'autres, une fois employés, ne peuvent plus servir au même usage : tel est le papier imprimé; mais ce papier a encore une valeur pour le vendeur de fromages et l'emballeur. Quelques objets s'usent très promptement par l'emploi qu'on en fait, comme les plumes, par exemple; d'autres ont encore une valeur après un usage prolongé de plusieurs années. Enfin il y a quelques objets, en très petit nombre il est vrai, qui ne s'usent pas du tout : de cette classe sont les pierres précieuses les plus dures, une fois qu'elles sont taillées et polies. Avec le goût du siècle, la monture d'argent ou d'or où ces pierres sont enchâssées peut passer de mode, et ainsi toutes ces montures sont exposées à être revendues à perte; mais la pierre elle-même, la pierre dégagée de son enchâssement, n'en est pas moins estimée. Le brillant qui a embelli successivement le cou de plus de cent beau-

tés, ou qui a brillé pendant un siècle sur un front patricien, est pesé par l'orfèvre, dans la même balance, avec un autre brillant, nouvel échappé de la roue du lapidaire, et est acheté ou vendu au même prix par karat. La durée de la plupart des objets d'utilité générale est intermédiaire entre ces deux extrêmes, le diamant et la plume, et chaque objet a sa période de durée plus ou moins étendue.

196. La marchandise devient *vieille marchandise* pour plusieurs causes : par sa détérioration naturelle ; par l'usure de toutes ses parties, à force d'être employée; par des perfectionnements survenus dans la fabrication des objets de même nature, ou enfin par des changements de forme exigés par les variations de la mode, et du goût changeant du jour. Dans ces deux derniers cas, l'utilité absolue de l'objet devenu *vieille marchandise* n'est guère diminuée; et comme cet objet est moins recherché par les classes qui s'en sont déjà servi, il se vend moins cher à une deuxième classe de la société, inférieure à celle des premiers acheteurs : de là vient que beaucoup de meubles très bien faits, tels que tables, chaises, etc., se voient dans les appartements de personnes qui n'auraient pu les acheter neufs. Dans les maisons les plus riches même, nous trouvons journellement des glaces qui ont changé successivement de maître, en changeant seulement de cadre, lorsque celui-ci est passé de mode; quelquefois même ce changement est omis : une couche superficielle d'or habille suffisamment ce cadre et le remet à la mode. C'est ainsi que le goût du luxe se répand dans

la société, de haut en bas : peu à peu le nombre de ceux qui ont acquis de nouveaux besoins s'accroît, et devient assez considérable pour diriger les idées du fabricant vers une réduction dans le prix de vente; et cette réduction devient pour lui la source d'un bénéfice nouveau, par l'extension de demandes qui en est la suite immédiate.

197. Les glaces présentent une particularité remarquable, comme application du principe qui fait le sujet de ce chapitre. Leur détérioration provient ordinairement des coups violents qu'elles peuvent recevoir par hasard; cependant, ainsi brisées, elles ont encore une valeur, et c'est là une particularité tout à fait étrangère à beaucoup d'autres articles de commerce. Une grande glace est-elle fêlée par accident, on la divise à l'instant en plusieurs petites glaces dont chacune est une glace parfaite; si le coup est assez violent pour la rompre en plusieurs morceaux, ces morceaux sont taillés sous une forme carrée, et deviennent des miroirs de toilette; et si l'étamage est endommagé, ou l'on réétame les morceaux de la glace, ou bien on s'en sert comme verre plat pour carreaux de vitres. Chaque année, nos fabriques versent dans le commerce environ deux cent cinquante mille pieds carrés de glaces. On apprécierait difficilement la quantité qui s'en détruit chaque année, mais elle est probablement petite; c'est par suite des additions successives dans le commerce, qu'il s'opère une diminution sensible dans le prix des glaces, et qu'on s'en sert beaucoup plus communément. Aujourd'hui les devantures des bou-

tiques un peu élégantes sont toutes ainsi vitrées. Si cette marchandise était entièrement indestructible, son prix irait constamment en diminuant, et, hormis le cas où de nouvelles demandes s'élèveraient, soit pour de nouveaux usages, soit par l'augmentation du nombre des acheteurs, une fabrique, sans débouchés à l'étranger, serait à la fin obligée de fermer ses ateliers, chassée qu'elle serait du marché par la permanence de ses propres produits.

198. Les métaux sont assez durables, quoique quelques-uns d'entre eux soient employés sous des formes telles qu'ils finissent par se détruire entièrement.

Le cuivre, après avoir été employé à un objet, sert encore beaucoup pour d'autres usages. Une partie du cuivre employé pour le doublage des navires et pour couvrir les terrasses se corrode et s'use à la longue; mais le reste peut généralement être refondu. Il s'en perd un peu dans la confection de certains petits objets de cuivre, ainsi que dans la formation de certains sels, tels que le sulfate et l'acétate de cuivre et les cendres bleues.

Il se perd de l'or quand il est employé en dorures ou en broderies; mais on en retrouve une partie en brûlant les vieux objets. Sous forme de monnaie il s'en perd aussi une petite quantité; mais, au total, c'est un métal extrêmement durable.

Quant au fer, une quantité importante s'en perd par l'oxydation des clous et autres objets exposés à l'air; par l'usure des outils et des bandes de roues, et dans la fabrication de certaines teintures ; mais une grande partie, sous forme de fonte ou de fer forgé, est susceptible de servir à d'autres usages.

Il se perd beaucoup de plomb. Celui qu'on convertit en tuyaux ou qui sert à couvrir les toits des maisons retourne en petite partie à la fonte ; mais il s'en perd de notables quantités sous forme de petit plomb et quelquefois de balles de fusil, mais surtout sous forme de litharge et de minium dans la peinture, dans la fabrication du cristal et le vernissage des faïences, enfin dans la confection de l'acétate de plomb.

L'argent est un métal bien plus durable. Il s'en perd quelque peu par l'usure de la monnaie et de la vaisselle d'argent, ainsi que dans l'art d'argenter et dans les divers ornements brodés.

Quant à l'étain, c'est dans l'étamage du fer qu'il se consomme le plus de ce métal. Il s'en perd un peu dans les soudures, et dans les dissolutions qu'utilise l'art de la teinture.

CHAPITRE XVIII

DU PRIX EN ARGENT, CONSIDÉRÉ COMME MESURE DE LA VALEUR DES CHOSES.

199. Le prix en argent, payé pour un objet quelconque, ne peut nous offrir qu'une comparaison bien inexacte des diverses valeurs de cet objet, à diverses époques ou dans divers pays; car l'or et l'argent qui servent à mesurer ce prix sont eux-mêmes sujets à des variations, comme toute espèce de marchandise, et n'offrent en aucune manière une base constante qui puisse servir à de semblables comparaisons. Cette base invariable, on avait cru la trouver dans le prix moyen de certaines espèces de produits bruts ou manufacturés; mais ici se présente une nouvelle difficulté qui tient à ce que les perfectionnements apportés dans la production de ces objets rendent leur prix en argent rapidement décroissant, même dans des périodes de temps très limitées; c'est l'effet le plus intéressant à étudier. Le tableau suivant offre un exemple frappant de l'étendue de ces variations dans une période de douze ans seulement.

Prix de différents articles à Birmingham, de 1818 à 1830.

NOMS DES OBJETS.	1818	1824	1828	1830
	fr. c.	fr. c.	fr. c.	fr. c.
Enclumes, par quintaux anglais de 50k,78.	29 00	23 00	18 56	15 08
Alènes polies de cordonnier, fabrique de Liverpool, en paquet.	2 90	2 32	1 74	1 36
Vis à bois de lit, longues de 6 pouces, en paquet.	20 88	17 40	6 96	5 80
Mors blanchis à l'étain, la douzaine.	5 80	5 80	3 75	2 90
Verrous, 6 pouces de long, la douzaine.	6 96	5 80	2 61	1 74
Crosses de charpentier, en paquet de 12, par assortiment.	10 44	4 64	4 83	4 00
Boutons d'habit, en paquet.	5 22	7 25	3 48	2 51
Petits boutons pour gilets, en paquet.	2 90	2 32	1 36	0 80
Chandeliers de 6 pouces en cuivre, la paire	3 38	2 32	1 85	1 36
Étrilles à six rangs, la douzaine.	3 20	2 90	1 65	1 07
Poêles à frire, par quintal.	29 00	24 36	20 88	18 56
Platines de fusil ordinaires, chaque.	6 96	6 00	1 35	1 74
Têtes de marteau n° 6, la douzaine.	7 81	4 35	3 48	3 36
Gonds en fonte, d'un pouce, la douzaine.	0 97	0 79	0 36	0 27
Ornements de commode, en cuivre (2 pouces de longueur), la douzaine.	4 64	4 06	1 74	1 35
Loquets de porte, la douzaine.	2 58	2 31	1 16	0 87
Serrures avec enveloppe en fer, 6 pouces de longueur.	44 08	37 12	17 40	15 66
Grosses mouleries en fonte, la douzaine.	26 10	23 20	16 24	13 34
Pelles et pincettes, la paire.	1 16	1 16	0 87	0 58
Étriers plaqués, la paire.	5 22	4 35	1 74	1 28
Cuillers étamées, en paquet.	19 72	13 40	11 60	8 12
Chaînes pour traits, par quintal.	32 48	29 00	22 62	19 14
Plateaux pour le thé (30 pouces), chaque.	5 22	3 48	2 32	1 74
Boulons, par quintal.	34 80	32 48	25 52	22 62
Fil de fer n° 6, en paquet.	1 28	1 55	1 16	0 87
Fil de cuivre, la livre de 0k,454.	18 56	15 08	10 44	8 12

200. J'ai mis assez de soin à m'assurer de l'exactitude de ce tableau : le prix de chaque objet peut bien avoir varié à diverses époques de chaque année indiquée, mais le prix inscrit au tableau peut être considéré comme une approximation assez exacte du prix moyen annuel. Dans le courant de mes recher-

ches, j'ai obtenu un autre tableau qui contient plusieurs des mêmes articles ; mais ici les prix indiqués se rapportent à des époques distantes de vingt ans. Ce tableau est extrait des livres d'une des premières maisons de Birmingham, et confirme l'exactitude des prix indiqués dans le tableau précédent, pour les articles qui se trouvent consignés dans l'un et dans l'autre.

Prix des mêmes articles en 1812 *et en* 1832.

NOMS DES OBJETS.	1812	1832	Réduction sur le prix de 1812, ESTIMÉE en tant pour 100
	fr. c.	fr. c.	pour 100.
Enclumes, par quintal	29 00	16 21	44
Alènes, acier de Liverpool, en paquet	4 06	1 16	71
Chandeliers en fer, simples	4 50	2 60	41
— à vis	7 40	4 35	41
Vis à bois de lit, de 6 pouces, à tête carrée, en paquet	8 74	5 22	40
Vis à bois de lit, à tête plate, en paquet	9 86	5 47	45
Étrilles, 6 divisions, la douzaine	4 70	1 16	75
— 8 divisions	6 31	1 64	74
— brevetées, à 6 divisions	8 36	1 61	80
— brevetées, à 8 divisions	9 93	2 12	79
Pelles et pincettes à tête de fer, n° 1	1 58	0 75	53
— — n° 2	1 74	0 82	53
— — n° 3	1 96	0 92	53
— — n° 4	2 17	1 00	53
Platines de fusil ordinaire, chaque	8 32	2 22	73
Serrures en cuivre	18 56	2 90	85
— à trois trous, chaque	2 51	0 87	65
Clous à souliers, en paquet	5 80	2 32	60
Cuillers en fer étamé, en paquet	26 10	8 12	69
Étriers blanchis à l'étain, la douzaine	8 12	3 19	61
Chaînes pour traits, le quintal	54 28	17 40	68

Prix des principaux objets employés dans les mines de Cornouailles à différentes époques, tous ces objets étant livrés sur la mine.

NOMS DES OBJETS.	1800	1810	1820	1830	1832
	fr. c.	fr. c.	fr. c.	fr. c.	fr. c.
Charbon de terre, le wey [1]......	94 70	100 00	61 88	59 00	46 40
Bois de sapin, le pied cube......	2 35	4 70	1 75	1 16	1 00
Bois de chêne, le pied..........	3 80	3 50	4 10	3 80	......
Câbles, le quintal anglais.......	76 60	97 50	56 38	46 40	46 40
Fer ordinaire, le quintal anglais..	23 80	16 84	12 76	8 12	7 65
Grosses mouleries, le quintal....	18 60	......	17 40	9 30	7 65
Pompes, le quintal........ ...	18 60 à 19 75	19 75 à 20 90	13 90 à 17 40	7 65	7 15
Poudre de mine, les 100 livres...	132 40	136 30	79 00	60 75	56 90
Chandelles.........	10 70	11 60	10 00	6 85	5 60
Graisse, le quintal...........	83 50	96 00	76 60	60 75	49 90
Cuir, la livre................	2 72	2 60	2 72	2 52	2 42
Acier, le quintal.......	......	......	58 30	51 30	45 00
Clous, le quintal............ ...	37 70	33 00	25 70	22 00	19 30

1. Le wey est des chaldrons, et pèse 13 tonnes, ou 13,200 kilogrammes.

201. Je ne puis m'empêcher d'engager, autant qu'il est en mon pouvoir, les fabricants, les marchands, les commissionnaires dans toutes nos grandes villes manufacturières ou commerçantes, à examiner l'importance extrême que peut avoir pour leurs intérêts propres, comme pour ceux de la population que leurs capitaux font travailler, la publication de tableaux semblables des prix moyens des marchandises, ainsi relevés sur les prix consignés sur leurs livres. Et peut-être ne sera-t-il pas inutile de leur indiquer que de semblables tableaux seraient encore plus précieux si les éléments en étaient réunis de points éloignés, et s'ils présentaient la quantité des marchan-

dises sur lesquelles ils ont été relevés, et la plus grande variation de leurs prix autour du prix moyen. Enfin, si un comité spécial voulait entreprendre cette tâche, l'autorité de ce comité donnerait une importance nouvelle aux renseignements recueillis. On a reproché souvent aux économistes d'employer trop peu les faits et trop les théories. Pour expliquer ce manque de faits, nous rappellerons que les savants de cabinet ne sont malheureusement pas assez familiarisés avec les admirables détails des fabriques, et qu'ils ne connaissent pas la classe manufacturière et commerçante, qui peut plus promptement et plus facilement que toute autre leur fournir les données sur lesquelles sont fondés les raisonnements d'économie politique ; et, de plus, il est hors de doute qu'aucune classe de la société n'est aussi intéressée aux conséquences qui peuvent dériver de ces raisonnements. Que l'on ne craigne pas que des conséquences erronées puissent être déduites de faits ainsi recueillis. Les erreurs qui peuvent naître du manque de faits sont bien plus nombreuses, bien plus durables que celles qui peuvent naître d'un raisonnement vicieux sur des données exactes.

202. La grande diminution dans le prix des objets rapportés plus haut peut tenir à diverses causes, qui sont : 1° *les changements de la valeur du papier-monnaie;* 2° *l'augmentation de la valeur de l'or, par suite d'un plus grand nombre de demandes pour les payements en espèces ;* la première de ces causes peut avoir exercé une légère influence ; la deuxième

peut avoir eu quelque effet sur les prix consignés dans les deux premières colonnes du premier tableau, mais nullement sur les prix des deux dernières colonnes ; 3° *la diminution de l'intérêt du capital employé :* cet intérêt peut se calculer sur le pied de 3 pour 100, aux époques indiquées; 4° *la diminution du prix des matières brutes qui servent à la fabrication des marchandises;* dans le tableau, les matières brutes sont principalement le fer et le cuivre, aussi la réduction du prix des matières brutes pourra être assez bien évaluée d'après la diminution du prix du fil de fer et du fil de cuivre, objets dans la valeur desquels le prix de la main-d'œuvre entre pour une moindre proportion que pour beaucoup d'autres; 5° *la quantité plus petite des matières brutes employées*, *et peut-être quelquefois une main-d'œuvre moins parfaite;* 6° *les procédés perfectionnés qui permettent de produire le même effet avec moins de travail.*

203. Pour offrir les moyens d'estimer l'influence de ces différentes causes, je joindrai ici le tableau suivant :

NOMS DES OBJETS.	PRIX MOYEN.					
	1812	1818	1824	1828	1830	1832
L'once d'or.	118^{f} 78^{c}	100^{f} 80^{c}	95^{f} 95^{c}	96^{f} 00^{c}	96^{f} 24^{c}	96^{f} 31^{c}
Papier, pour 100 livres sterling. .	$79^{l}5^{sh}3^{d}$	$97^{l}6^{sh}10^{d}$	100^{l}	100^{l}	100^{l}	100^{l}
Prix des consolidés 3 pour 100. .	59 3/4	78 1/4	93 5/8	86	89 3/4	82 1/2
Blé (froment), la mesure de 8 boisseaux.	157^{f} 00^{c}	109^{f} 16^{c}	$78^{f}01$	$88^{f}45$	$92^{f}62$	$72^{f}73$
Fonte anglaise en gueuse, prix de Birmingham, par tonne.	198^{f} 00^{c}	160 00	162 80	137 60	112 40	»
Fer anglais en barres, prix de Birmingham, par tonne.	. . . . . .	263 60	226 80	193 80	151 02	126 00
Fer de Suède en barres, rendu à Londres, déduction faite du droit de 4 livres à $6^{l.st}$ 10^{sh} par tonne.	519^{f} 20^{c}	440 00	352 80	361 40	347 00	320 92

Comme on pourrait peut-être déduire de ce tableau des conclusions erronées, s'il était présenté sans explication, je joindrai ici les observations suivantes, tirées de l'ouvrage de Tooke.

« Le tableau commence à l'année 1812; il montre depuis cette année une grande baisse progressive dans le prix du blé et du fer, accompagnée d'une baisse semblable dans le prix de l'or, et présente ainsi les éléments convenables pour examiner les conséquences et la cause première de ces effets. Quant à ce qui regarde le blé, cette élévation excessive de son prix en 1812 tenait à une suite de mauvaises récoltes auxquelles les importations, alors extrêmement coûteuses, ne pouvaient suppléer qu'imparfaitement. En décembre 1813, quand le prix de l'or était monté à 5 livres sterling (125 francs) l'once, le prix du blé était tombé à 73 sh. (86 francs environ) ou à 50 pour 100 au-dessous du prix qu'il avait au printemps de 1812; ce qui prouve évidemment que ces deux marchandises étaient sous l'influence de *causes opposées.*

« D'un autre côté, en 1812, le fret et l'assurance des expéditions de fer de Suède étaient beaucoup plus chers qu'à présent; et la réduction qu'ils ont éprouvée forme presque toute la différence du prix actuel de ce fer avec celui de 1812. En 1818 une spéculation immense éleva le prix de tous les fers; de sorte qu'une partie de la baisse qui suivit ne fut qu'une simple réaction, après une hausse artificielle. Plus récemment, en 1825, une grande hausse faite par spéculation sur le même objet, stimula activement l'accroissement de la production. En considérant le développement extraordinaire de cette production et le perfectionnement des machines depuis cette époque, on aura l'explication complète de l'abaissement du prix actuel. »

A ces réflexions de Tooke, j'ajouterai, d'après mes propres observations, que de toutes les causes qui peuvent influer sur la diminution des prix, la plus énergique, sans aucun doute suivant moi, c'est l'invention de procédés de fabrication plus économiques. L'extension de cette perfection toujours croissante, tout en laissant un bénéfice au fabricant, malgré la réduction des prix, est vraiment surprenante, comme on le verra par l'exemple suivant dont on peut garantir l'authenticité. Il y a vingt ans on *faisait* à Birmingham les boutons de cuivre pour serrures, et leur prix était de 13 shillings 4 pence (15 fr. 50 c.) la douzaine. Maintenant on *fabrique* le même article; il a le même poids et un fini égal ou plutôt supérieur, et ne coûte que 1 shilling 9 pence et demi (2 fr. 06 c.) la douzaine. Une circonstance particulière a contribué à cette économie surprenante de fabrication : c'est que le tour où sont finis ces boutons reçoit aujourd'hui son mouvement d'une machine à vapeur; de sorte que l'ouvrier, dispensé de cette partie du travail, peut faire dans le même temps vingt fois autant de boutons qu'auparavant.

204. De toute cette discussion il résulte qu'il n'existe aucune matière, ni même aucune combi-

naison faite avec les divers produits de l'industrie, qui puisse nous fournir une unité invariable pour établir une échelle de comparaison des valeurs d'une même marchandise à diverses époques. Malthus avait proposé de prendre le travail fait en un jour par un laboureur, pour cette unité à laquelle on devait rapporter toutes les autres valeurs. Ainsi pour comparer la valeur actuelle en Saxe de 20 yards de drap, avec la valeur d'une même longueur et d'une pareille qualité de drap fabriqué en Angleterre il y a deux siècles, nous devrions chercher le nombre de jours de travail que la fabrication de ce drap eût exigé à cette époque en Angleterre, et le comparer avec le nombre de journées nécessaire en Saxe aujourd'hui pour cette même fabrication. Malthus paraît avoir choisi le travail du journalier laboureur, parce que ce travail est de tous les pays, parce qu'il emploie un grand nombre d'individus, et aussi parce qu'il demande peu d'instruction antérieure. Au fond, ce genre de travail ne semble être purement qu'une application de la force physique de l'homme, et l'avantage unique du moteur employé, sur toute autre machine d'une force égale, tient à la faculté qu'il a de se transporter et de diriger ses efforts vers tel ou tel but, à volonté et instantanément. Peut-être serait-il utile de rechercher si l'on n'obtiendrait pas un terme moyen de comparaison plus constant, en combinant avec cette espèce de travail les métiers qui ne demandent que peu d'adresse et qui sont exercés dans tous les pays civilisés, tels que les métiers de forgeron, de charpentier, etc. Pour des comparaisons semblables, il existe encore un élément qui n'est pas rigoureusement nécessaire, mais qui jette une grande lumière sur la question ; c'est une appréciation exacte de la quantité de substances nutritives consommées ordinairement par l'ouvrier, en comparant la quantité indispensable pour sa nourriture journalière, avec celle que le payement de ses journées lui permettrait d'acheter.

205. Souvent il est avantageux aux petits producteurs et aux marchands, qu'il s'établisse entre eux une espèce de classe intermédiaire qui compose la classe des commissionnaires ; et, dans le développement successif de certaines industries, il existe certaines époques qui donnent naissance à cette classe de commerçants. Il se présente aussi des moments où cesse l'avantage de cette espèce intermédiaire, et alors finit l'habitude de s'en servir ; c'est lorsque ces commerçants intermédiaires sont devenus trop nombreux, comme il arrive quelquefois dans le commerce de détail ; alors le prix définitif se trouve augmenté, sans aucune utilité pour le producteur et le consommateur. Ainsi, dans le dernier examen de la situation du commerce du charbon de terre fait par la Chambre des communes, on voit que les cinq sixièmes de la population de Londres sont desservis par une classe de marchands intermédiaires entre le consommateur et le marchand, et qu'on appelle *marchands de charbon à la plaque de cuivre ;* ce sont des employés de forts marchands, des domestiques et d'autres indi-

vidus sans maison de commerce, lesquels ne font que transmettre la commande du consommateur au vrai marchand, qui envoie le charbon de son magasin. Ces placiers qui provoquent l'achat reçoivent une commission pour leurs soins, et cette commission est une perte pour le consommateur. C'est surtout pour obtenir une diminution de la prime payée à des intermédiaires parasites, qu'ont été établis dans les villes, pour les articles de consommation d'une absolue nécessité, les halles et marchés publics.

CHAPITRE XIX

RAPPORT DU PRIX DES MATIÈRES BRUTES A CELUI DES MARCHANDISES FABRIQUÉES.

206. Quoique, en dernière analyse, le prix d'un objet quelconque puisse être ramené au prix de la quantité de travail employée à sa production, cependant il est d'usage de désigner par le nom de *matières brutes* les matières qui n'ont qu'un premier degré de fabrication et de ne pas mêler le prix de revient de celles-ci avec celui de la marchandise fabriquée. Ainsi quand le fer, une fois extrait du minerai et devenu fer malléable, est dans un état de préparation qui le rend propre à beaucoup d'applications utiles, il se trouve être la matière brute, par rapport à ces applications, et il est l'élément dont sont formés presque tous les instruments de travail. A cette époque de la fabrication, la matière n'a exigé qu'une quantité de travail assez faible. Dans quelles proportions la *matière brute,* suivant le sens que nous venons de donner à ce terme, et, d'un autre côté, le *travail* ou la *façon*, contribuent-ils à déterminer la valeur des produits industriels ? c'est une recherche qui nous semble

intéressante, et que nous entreprendrons dans ce chapitre.

207. Les feuilles d'or se font avec de l'or battu, devenu si mince qu'il laisse passer une lumière d'un vert bleuâtre à travers ses pores. Pour 1 fr. 75 on vend un petit cahier de 25 feuilles d'or qui représentent à peu près une surface de 25 décimètres carrés. Dans ce cas, la matière brute ou l'or représente un peu moins des deux tiers du prix de l'objet manufacturé. Pour les feuilles d'argent, la proportion est inverse : le prix de la façon surpasse de beaucoup le prix de la matière brute. Un cahier de cinquante feuilles qui couvre environ 62 décimètres carrés, coûte 1 fr. 45.

208. Les belles chaînes d'or qu'on fait à Venise présentent, dans leurs différents prix et leurs différentes dimensions, un exemple de l'influence des deux causes que nous venons de signaler. La dimension des anneaux de ces chaînes se connaît par leur numéro : en 1828, les plus fines avaient le n° 1 ; les nombres au-dessus, 2, 3, 4, correspondaient à de plus grandes dimensions. Le tableau suivant présente le nombre et les prix des chaînes faites à cette époque. La première colonne contient le nombre connu qui désigne la dimension de la chaîne ; la seconde, le poids d'un pouce de longueur de chaque chaîne ; la troisième montre le nombre d'anneaux contenus dans ce pouce de longueur ; la dernière exprime le prix en francs de chaque *braccio* de

Venise, ou d'environ 2 pieds anglais de chaque chaîne, ou 61 centimètres français.

Chaînes d'or de Venise.

NUMÉROS	POIDS d'un pouce anglais (25 millimètres) de longueur.	NOMBRE d'anneaux contenus dans un pouce.	PRIX d'un braccio vénitien en France.
0	0gr028	98 à 100	60fr.
1	0 ,037	92	40
1 ½	0 ,056	88	26
2	0 ,065	84	20
3	0 ,096	72	20
4	0 ,110	64	21
5	0 ,136	64	23
6	0 ,175	60	24
7	0 ,224	56	27
8	0 ,244	56	29
9	0 ,252	56	32
10	0 ,356	50	34
24	0 ,640	32	60

Parmi ces chaînes, le n° 0 et le n° 24 ont le même prix, quoiqu'il y ait dans ce dernier numéro plus de vingt-deux fois autant d'or que dans le premier. Telle est la difficulté de faire les plus petites chaînes, que les femmes employées à ce travail ne peuvent travailler plus de deux heures de suite. A mesure qu'on s'éloigne du premier numéro, le rapport de la valeur de la façon, à la valeur de la matière, va en décroissant de plus en plus jusqu'aux nos 4 et 6, où ces deux éléments se balancent à peu près. Ensuite la difficulté du travail diminue, et la valeur de la matière augmente.

209. Le travail de ces chaînes d'or ne peut pas toutefois se comparer au travail qu'exige la fabrication de divers objets en fer. Dans les plus petites chaînes de Venise, la valeur du travail n'est pas plus de trente fois celle de l'or; elle est bien autre pour les ressorts de montre, qui coûtent 20 centimes l'un, au détail, et pèsent *chacun* $\frac{15}{100}$ de grain; or la livre du fer de la meilleure qualité, qui sert de matière première pour la confection de quarante mille de ces ressorts, se vend aussi en détail au même prix de 20 centimes. Dans ce cas, la valeur du travail est d'environ quarante mille fois la valeur de la matière première.

210. M. Héron de Villefosse, dans un Mémoire intitulé *Recherches statistiques sur les métaux en France*, a établi une comparaison entre le prix des matières brutes et des matières ouvrées : son travail est fait avec tant de soin, que nous croyons devoir en présenter un extrait. On doit se rappeler que les données de M. de Villefosse se rapportent à l'année 1825.

En France, si l'on représente par 1 le prix de la matière première, le prix de cette même matière travaillée devient :

Pour les soieries	2,37
les draperies et lainages	2,15
les toiles de chanvre et câbles	3,94
les tissus de coton, y compris les dentelles	5,00
les ouvrages en coton	2,44

Prix du métal brut en 1825.	POUR LES MÉTAUX :	Prix du métal ouvré, la valeur première étant donnée par 1.
Plomb, 52 fr. le quintal métrique.	Feuilles, tuyaux de dimension moyenne	1,25
	Blanc de céruse	2,60
	Caractères ordinaires d'imprimerie.	4,90
	Petits caractères	28,30
Cuivre, 254 fr.	Feuilles de cuivre	1,26
	Ustensiles de ménage	4,77
	Épingles blanches ordinaires en laiton étamé	3,34
	Plaqué d'argent, au vingtième du poids	3,56
	Toiles métalliques, dont le pied carré contenait 10,000 mailles	58,23
Étain, 230 fr.	Feuilles pour étamage de glaces	1,73
	Ustensiles de ménage	1,85
Mercure, 540 fr.	Vermillon de qualité moyenne	1,81
Arsenic, 60 fr.	Oxyde blanc d'arsenic	1,83
	Sulfure d'arsenic (orpiment)	4,26
Fonte de fer brute, 20 fr.	Ustensiles de ménage	2,00
	Pièces de mécanique	4,00
	Pièces de bijouterie, boucles, etc.	45,00
	Bracelets, figures, boutons	147,00
Fonte en barres, 56 fr.	Outils aratoires	31,20
	Canons de fusils de munition	9,10
	Canons de fusils doubles à rubans, tordus et damassés	238,08
	Lames de canifs de bureau	657,14
	Lames de rasoirs, acier fondu	53,57
	Lames de sabres pour cavalerie, infanterie et artillerie	de 9,25 à 16,09
	Lames de couteaux de table	35,70
	Boucles de ceinture en acier poli	896,66
	Épingles drapières	8,03

Prix du métal brut en 1825.	POUR LES MÉTAUX :	Prix du métal ouvré, la valeur première étant donnée par 1.
Fonte en barres, 56 fr.	Loquets en fer, et verrous.	de 4,85 à 8,50
	Limes, en paquet.	2,55
	Limes plates en acier fondu	20,44
	Fers à cheval	2,55
	Fers de fenderie pour clous	1,10
	Toiles métalliques en fil de fer, n° 80.	96,71
	Aiguilles	de 17,33 à 70,85
	Peignes dits *rots*, pour calicot 3/4	21,87
	Scies en acier	7,50
	Scies à bois	14,28
	Ciseaux fins.	446,94
	Poignées d'épées en acier poli	972,82
	Acier fondu.	4,28
	Tôle d'acier fondu	6,25
	Acier cémenté.	2,41
	Acier naturel	1,42
	Fer-blanc	de 2,04 à 2,34
	Fil de fer.	de 2,14 à 10,71

Ces chiffres sont un peu anciens, et il appartiendrait aux chambres de commerce de faire un travail semblable pour chaque époque et pour tout genre de produit fabriqué.

CHAPITRE XX

DE LA DIVISION DU TRAVAIL.

211. De tous les principes d'économie manufacturière, le plus important peut-être, est celui de la division du travail entre les individus qui concourent à la confection du produit manufacturé. Les premières applications de ce principe général doivent remonter à l'origine de la société humaine ; car il dut être de suite évident à tous les esprits, qu'on pouvait obtenir plus de choses utiles ou commodes à la vie en limitant le travail de l'un à faire des arcs, de l'autre à bâtir des maisons, d'un troisième à faire des bateaux, etc. Cette division première du travail, qui créa les métiers, ne fut pas une conséquence de cette opinion consacrée aujourd'hui, que la richesse de la communauté est augmentée par la division du travail. Ce fut un simple arrangement qui se fit, parce que chaque individu trouva qu'en employant son temps à une même chose, il pouvait tirer meilleur parti de son travail qu'en s'occupant d'objets variés. La société a dû faire des pas immenses avant que ce principe ait pu arriver à créer le système des ateliers ; car c'est

seulement dans les pays qui ont atteint un haut degré de civilisation, et pour les articles de vente où la concurrence est grande entre les producteurs, que la division du travail présente un système organisé dans toute sa perfection.

Les causes premières des avantages généraux qui résultent de la division du travail ont été un objet de grande discussion entre les auteurs qui se sont occupés d'économie politique; cependant il ne me semble pas que l'importance relative de l'influence de ces diverses causes ait été appréciée, dans tous les cas, avec assez de précision. Je vais donc offrir un exposé rapide de ces causes premières; ensuite j'indiquerai les considérations qui me semblent avoir été omises par ceux qui ont traité ce sujet avant moi.

212. *Du temps nécessaire pour apprendre un métier.* — On doit concevoir aisément que la quantité de temps nécessaire pour apprendre un métier dépend de sa difficulté, et que plus il entraîne de détails, plus le temps de l'apprentissage devra être long. Dans plusieurs métiers de première classe, on a fixé à une étendue de cinq ou six ans le temps nécessaire pour que l'apprenti sache passablement ce métier, et rembourse par son travail utile des dernières années, la dépense que le maître a dû supporter dans les premières. Mais si, au lieu d'apprendre toutes les opération de détail d'un métier, l'apprenti borne son attention à une seule de ces opérations; alors, sur le temps entier de son apprentissage il n'y aura qu'une petite partie de perdue en commençant; tout le reste sera

profitable au maître ; et s'il existe une concurrence un peu active entre les différents maîtres, l'apprenti pourra obtenir de meilleures conditions, et abréger le temps de son esclavage. D'un autre côté, la facilité de devenir habile dans un seul détail, et le court espace de temps après lequel on peut gagner, engageront un plus grand nombre de parents à diriger leurs enfants vers cette partie, et par là le nombre des ouvriers se trouvant augmenté, le prix de la main-d'œuvre devra diminuer en proportion.

213. *Matière perdue dans l'apprentissage.* — Il y aura toujours une certaine quantité de matière ou perdue ou employée sans profit par tout individu qui apprend un métier. A chaque détail de ce métier qu'il abordera, il perdra une certaine quantité de matière première ou de matière qui aura déjà subi divers détails de la fabrication. Mais cette perte est bien plus considérable dans le cas où chaque ouvrier apprend successivement toùs les détails du métier, qu'elle ne l'est dans celui où chacun de ces mêmes ouvriers limite son attention à un seul détail. Sous ce rapport, la division du travail diminue, comme on voit, le prix de la production.

214. *En passant d'une occupation à une autre*, *on perd toujours du temps.* — Cet inconvénient grave est évité complètement par la division du travail; quand l'homme a occupé, pendant quelque temps, sa tête ou son bras à un certain genre d'ouvrage, s'il les dirige vers une autre occupation, il ne peut en tirer instantanément tout l'effet possible. Les muscles des

membres employés dans la première opération, ont acquis une certaine flexibilité pendant leur action, tandis que ceux qui doivent agir maintenant, se sont comme engourdis dans le repos, ce qui produit de la lenteur et de l'inégalité dans les mouvements au commencement du nouveau travail. Une longue habitude donne aussi aux muscles exercés la faculté d'endurer bien mieux la fatigue produite par un genre quelconque de travail. Un résultat semblable s'observe dans les changements d'occupation de l'esprit : au commencement, l'attention ne se fixe pas aussi parfaitement sur le nouveau sujet qu'après quelques minutes d'exercice.

215. *Changement d'outils.* — Une autre cause de perte de temps en passant d'un travail à un autre, c'est l'emploi d'outils différents dans chaque espèce de travail : si ces outils sont d'une forme assez simple, si le changement d'occupation n'est pas fréquent, la perte de temps est peu sensible ; mais, dans bien des détails de plusieurs métiers, l'instrument dont on se sert est assez délicat, et doit être soigneusement ajusté avant d'être mis en usage ; dans plusieurs cas, le temps ainsi employé à ajuster l'outil, approche beaucoup du temps employé à s'en servir. Le tour, la machine à percer, la machine à diviser, doivent être disposés avec un grand soin ; c'est pour cette raison que dans des établissements assez considérables on trouve une économie sensible à tenir une machine constamment occupée à un seul genre de travail. Par exemple, un tour armé d'un mouvement de transla-

tion par le moyen d'une vis, qui fait marcher le support du burin parallèlement à lui-même, fera constamment des cylindres; un autre, dont le mouvement est réglé de manière à rendre uniforme la vitesse de l'objet au point où il passe devant le burin, sera employé uniquement à façonner des surfaces, et un troisième sera consacré à tailler des dents de roues.

216. *Habileté acquise par la répétition fréquente du même travail.* — La répétition constante de la même opération de détail donne nécessairement à l'ouvrier un degré d'habileté et de promptitude dans sa partie, que ne peut atteindre un individu obligé de s'appliquer successivement à plusieurs opérations différentes. Une circonstance contribue encore à augmenter cette promptitude d'exécution; c'est l'habitude, généralement introduite dans les fabriques où la division du travail est établie en grand, de fixer le prix de chaque opération d'après le nombre de pièces fabriquées. L'effet de cette cause particulière sur la quantité de la production peut difficilement s'estimer en nombres. Dans le métier de cloutier, suivant Adam Smith, elle va jusqu'à tripler la quantité fabriquée; car il observe qu'un forgeron qui sait faire des clous, mais qui n'est pas uniquement cloutier de son état; ne peut faire que huit cents ou au plus mille par jour; tandis qu'un ouvrier qui n'a jamais exercé d'autre métier, en peut faire plus de deux mille trois cents dans sa journée.

217. Dans une circonstance où il fallait une émission considérable de billets de banque, un employé

de la banque anglaise devait à chaque billet signer son nom, composé de sept lettres y compris l'initiale du nom de baptême, et répétait ainsi cette opération cinq mille trois cents fois pendant onze heures de travail; de plus, en même temps il arrangeait les billets signés en paquets de cinquante. L'économie de production qui résulte de cette spécialité d'occupation est nécessairement différente suivant les différents métiers; celui du cloutier peut être même considéré comme l'exemple extrême dans ce genre. Il faut encore observer que, sous un certain point de vue, cette spécialité absolue de travail n'est pas une cause d'avantage tout à fait constante : elle a bien son effet au commencement d'une fabrique nouvelle; mais chaque mois ajoute à l'habileté de tous les ouvriers, et après les trois ou quatres premières années, ceux qui auront pratiqué plusieurs branches de la fabrication ne seront guère au-dessous, comme adresse et rapidité d'exécution, de ceux qui se seront consacrés à une seule branche exclusivement.

218. *De la division du travail naît l'invention d'outils et de machines propres à exécuter chaque opération de détail.* — Quand chaque détail de la fabrication d'un objet quelconque devient l'occupation unique d'un individu, l'attention de l'ouvrier étant consacrée tout entière à une opération simple et limitée, toute espèce de perfectionnement possible dans la forme de ses outils ou dans la manière de s'en servir se présente bien plus facilement à son esprit que s'il était distrait par des opérations variées. Ce

perfectionnement dans l'outil est ordinairement le premier pas vers l'invention d'une machine. Supposons, par exemple, qu'une pièce de métal doive être burinée au tour; pour que le burinage soit net, il faut que la direction de l'outil fasse un certain angle avec l'arbre du tour; il est donc naturel que l'idée de fixer le burin suivant cet angle se présente d'elle-même à l'ouvrier intelligent. La nécessité de mouvoir l'instrument lentement et parallèlement à sa première direction a dû suggérer l'invention de la vis, et par suite du chariot du tour. De même, c'est probablement l'idée d'ajuster un ciseau dans un châssis, pour qu'il n'entamât pas le bois trop profondément, qui a fait inventer le rabot du menuisier. Quand on se sert d'un marteau pour frapper, l'expérience indique la force qu'il est nécessaire de développer. Pour passer de ce marteau à la main, au marteau monté sur un arbre de rotation et soulevé régulièrement à une hauteur constante par un moyen mécanique, il faut peut-être un degré d'invention supérieur à celui de l'ouvrier ordinaire, cependant il n'est pas difficile de concevoir que le marteau tombant toujours de la même hauteur produira toujours le même effet.

219. Quand chaque opération particulière a été réduite à l'emploi d'un instrument simple, la réunion de tous ces instruments, mis en action par un seul moteur, constitue ce que l'on appelle une machine. En général, les ouvriers sont assez heureux pour inventer des outils ou des procédés de simplification : mais pour combiner une machine avec tous les détails isolés,

il faut des connaissances bien au-dessus de leurs notions ordinaires. C'est sans doute un bon antécédent à cet effet qu'une instruction première, comme ouvrier, dans un métier spécial; mais pour pouvoir faire des combinaisons mécaniques avec quelque espoir plausible de succès, il faut posséder à la fois une connaissance étendue de la Mécanique pratique, et la faculté d'exécuter un dessin de machine. Ces deux talents sont aujourd'hui bien plus répandus qu'autrefois, et c'est à leur absence complète que tiennent probablement les nombreuses fautes qui se rencontrent dans l'histoire du commencement de beaucoup d'industries.

220. Telles sont les causes généralement reconnues des avantages qui dérivent de la division du travail. Dans l'examen que j'ai fait de cette question, il m'a semblé, comme je l'ai déjà dit, que l'on a négligé entièrement jusqu'ici des éléments qui exercent sur elle une influence très sensible, et c'est ce qui m'engage à rapporter les propres termes d'Adam Smith : « L'augmentation de la quantité d'ouvrage « qu'un nombre donné d'individus peut exécuter par « suite de la division du travail tient à trois circon- « stances différentes, qui sont : 1° le perfectionne- « ment de l'habileté de chaque ouvrier, individuelle- « ment; 2° l'économie du temps qui est ordinairement « perdu en passant d'un genre d'ouvrage à un autre; « 3° l'invention d'un grand nombre de machines qui « facilitent le travail, qui l'abrègent, et rendent un « seul homme capable de faire l'ouvrage de plusieurs

« ouvriers. » Quoique ce soient là des causes d'une grande importance, et dont chacune a son influence particulière sur le résultat, cependant je crois qu'on expliquerait imparfaitement la liaison qui existe entre l'économie des produits manufacturés et la division du travail, si l'on omettait le principe suivant :

En divisant l'ouvrage en plusieurs opérations distinctes dont chacune demande différents degrés d'adresse et de force, le maître fabricant peut se procurer exactement la quantité précise d'adresse et de force nécessaires pour chaque opération; tandis que si l'ouvrage entier devait être exécuté par un seul ouvrier, cet ouvrier devrait avoir à la fois assez d'adresse pour exécuter les opérations les plus délicates, et assez de force pour exécuter les opérations les plus pénibles[1].

221. Comme il me semble très important de faire bien entendre ce principe duquel dépend en grande partie l'économie qui résulte de la division du travail, je crois devoir l'expliquer par un exemple numérique tiré d'un genre spécial de fabrication. L'art de faire des aiguilles nous fournirait un grand nombre de détails tous différents entre eux, et sous ce rapport il conviendrait peut-être de le prendre pour exemple. Cependant, je choisirai de préférence l'art plus simple de faire des épingles, qui mérite quelque attention,

1. Ce principe s'était présenté à mon esprit après avoir visité moi-même un grand nombre de manufactures et d'ateliers de différents genres; mais depuis je l'ai trouvé énoncé d'une manière distincte dans l'ouvrage de Gioja, *Nuovo prospetto delle Scienze Economiche*. 6 vol. in-4°; Milan, 1815. Tome I, chap. IV. (A.)

comme ayant été pris par Adam Smith pour exemple de la division du travail; et dans ce choix je suis confirmé par cette circonstance particulière, que j'ai entre les mains une description exacte et très détaillée de cet art, tel qu'il était pratiqué en France il y a un demi-siècle environ.

222. La fabrication des épingles, en Angleterre, se divise en plusieurs opérations :

1° *Étirer le fil de cuivre.* — Le fabricant achète le fil de cuivre pour faire des épingles, en paquets circulaires de 32 pouces de diamètre, et dont chacun pèse environ 36 livres. Ces paquets sont décomposés en autres paquets plus petits de 6 pouces de diamètre et du poids de 1 à 2 livres. On réduit l'épaisseur du fil en l'étirant à diverses reprises dans des filières, jusqu'à ce qu'il soit à la dimension requise pour le genre d'épingles qu'on veut fabriquer. Pendant l'étirage le fil s'aigrit : pour l'empêcher de devenir cassant, il faut avoir soin de le recuire, et il faut répéter deux ou trois fois cette opération, suivant l'épaisseur à laquelle on veut réduire le fil. Les paquets sont ensuite trempés dans une dissolution faible d'acide sulfurique, pour les décaper; et on les bat sur une pierre pour enlever toute légère couche d'oxyde qui pourrait encore adhérer au fil. Ce travail est fait ordinairement par des hommes qui étirent et nettoient de 30 à 36 livres de fil de cuivre par jour. Ils sont payés à raison de 5 farthings (12 c. 5) par livre, et gagnent généralement 3 shillings 6 deniers (4 fr. 06 c.) par jour.

Perronnet a fait quelques expériences sur l'extension progressive du fil à son passage dans chaque filière. Il opéra sur un bout de fil mince de cuivre de Suède, et trouva les résultats suivants :

Longueur du fil avant l'étirage........	3 pieds	8 pouces.
Après avoir passé à la première filière..	5	5
— à la deuxième filière..	7	2
— à la troisième filière..	7	8

Alors on le fit recuire, et sa longueur devint :

Après la quatrième filière............	10 pieds	8 pouces.
— la cinquième filière...........	13	1
— la sixième filière.............	16	8
Et, enfin, après avoir passé dans six autres filières successives........	144	0

Les diamètres des filières employées dans cette expérience ne diminuaient pas suivant une proportion régulière; cette diminution exacte est en effet très difficile à obtenir dans la première exécution des filières; elle est encore plus difficile à conserver après que ces filières ont servi quelque temps.

223. 2° *Dresser le fil.* — Le paquet de fil de cuivre passe maintenant aux mains d'une femme assistée d'un petit garçon ou d'une petite fille. Cette ouvrière passe le bout du fil entre une suite de clous ou de pointes en fer, fixés suivant une ligne à peu près droite sur l'extrémité d'une table de bois de 20 pieds de long environ, et le tire ainsi jusqu'à l'autre bout de la table. Cette opération a pour but de dresser le fil, qui a pris une courbure uniforme, étant roulé en petits paquets. Le fil ainsi dressé est coupé,

et le restant du paquet est dressé de même. On emploie ordinairement sept clous ou pointes pour ce dressage, et leur arrangement demande assez d'adresse. Les trois premières pointes sont disposées de manière à donner au fil une courbure inverse de celle qu'il avait dans le paquet; puis en passant entre les deux pointes suivantes, le fil prend une autre courbure dans le sens de la première direction, mais sur un rayon plus étendu, et l'on continue ainsi jusqu'à ce que la courbure du fil se confonde sensiblement avec une ligne droite.

224. 3° *Empointage.* — Un homme placé près de là prend un paquet d'environ 300 longueurs ainsi dressées, le met dans une jauge, et par le moyen d'une paire de cisailles mues avec son pied, coupe sur un bout de chaque paquet une longueur égale à celle de six épingles. Il continue ainsi jusqu'à ce que tout le paquet soit coupé en morceaux ou *tronçons* semblables. L'opération suivante est l'aiguisage des bouts; pour cela l'ouvrier s'assoit devant une meule d'acier qui tourne rapidement, et pressant une vingtaine de tronçons entre le pouce et l'index de chaque main, il en présente le bout à la meule, en ayant soin de faire tourner chaque *tronçon* entre ses deux doigts, pour que la pointe soit bien centrée. La meule est un cylindre d'environ 6 pouces de diamètre, de 2 pouces et demi d'épaisseur, entouré d'acier taillé en forme de lime. Une autre meule est fixée sur le même axe, à une distance de quelques pouces; elle est plus fine, et sert à finir les pointes. Quand l'ouvrier a empointé

ainsi par un bout tous les morceaux, il les retourne et les empointe par l'autre bout. Cette opération demande beaucoup d'adresse, mais n'est pas nuisible pour la santé, tandis que l'opération semblable dans la fabrication des aiguilles est très dangereuse. Les morceaux ainsi empointés des deux bouts, aiguisés, sont coupés au moyen de ciseaux à la longueur précise des épingles demandées. Le morceau restant, qui ne présente plus que quatre épingles, est appointé de même, et ensuite les bouts sont coupés aux cisailles. Cette opération se répète trois fois, et le petit bout de fil de cuivre qui reste au milieu, à la fin, est jeté au rebut, pour être refondu avec la poussière qui tombe de la meule à aiguiser. Ordinairement un homme, sa femme et son enfant se réunissent pour cette série d'opérations, et sont payés à raison de 5 farthings (12 c. 5) par livre. Ils peuvent empointer de 34 à 36 livres et demie par jour, et gagner de 6 shillings 6 deniers à 7 shillings (7 fr. 54 c. à 8 fr. 12 c.), ce qui se divise ainsi : l'homme 5 shillings 6 deniers, la femme 1 shilling, et l'enfant 6 deniers (6 fr. 38 c., 1 fr. 16 c., et 58 c.).

225. 4° *Tortiller et couper les têtes.* — L'opération suivante est la fabrication des têtes d'épingles. Pour cela, un enfant prend un bout de fil de cuivre de la longueur voulue ; il le fixe sur un axe, qu'il fait tourner rapidement au moyen d'une roue et d'une courroie : ce bout de fil s'appelle le moule. Il prend ensuite un fil d'un échantillon plus petit, le passe dans l'œil d'un petit instrument qu'il tient de la main gauche, et le

fixe au pied du moule; puis, au moyen de la main droite, il fait tourner rapidement le moule, autour duquel le petit fil s'entortille, jusqu'à ce qu'il l'ait couvert sur toute sa longueur. L'enfant coupe alors le bout qui tient au bout du moule, et dégage la spirale ainsi formée. Quand il a fait une quantité suffisante de ces spirales, un homme en prend de 13 à 20 dans sa main gauche, entre le pouce et trois de ses doigts, et les présente devant une paire de ciseaux, en ayant soin qu'il n'y ait que deux révolutions de chaque spirale au-dessus du plan de ces ciseaux; l'index de cette même main, resté libre, lui sert à régler cet arrangement. Puis avec la main droite il ferme les ciseaux, et le morceau coupé tombe dans un bassin posé au-dessous; l'index de la main gauche empêchant, par sa position, que les têtes coupées ne puissent s'écarter. L'ouvrier qui coupe ainsi les têtes d'épingles gagne ordinairement 2 d. et demi à 3 d. (25 à 30 c.) par livre de têtes de grosses épingles : il est plus payé pour les petites. On paie en outre l'enfant qui tord la spirale; il reçoit 4 à 6 d. par jour (40 c. à 60 c.). Un bon ouvrier peut couper par jour de 6 à 30 livres de têtes d'épingles, suivant leur dimension.

226. 5° *Fixer les têtes.* — Ce travail est ordinairement exécuté par des femmes et des enfants. Chaque ouvrier est assis devant un petit support en acier où est pratiquée une cavité que remplirait exactement la moitié d'une tête d'épingle. Au-dessus est un marteau d'acier avec un creux correspondant à l'autre moitié

de la tête; ce marteau se lève au moyen d'une pédale mue par le pied; son poids varie de 2 à 7 livres, il n'a guère que 1 à 2 pouces de chute. De chacun de ces creux part une petite rainure pratiquée dans le marteau et dans le support, et destinée à recevoir le corps de l'épingle et à l'empêcher de s'aplatir sous le coup du marteau. L'ouvrier avec la main gauche plonge le bout empointé de l'épingle dans un paquet de têtes, et ayant passé cette pointe dans une de ces têtes, il la pousse à l'autre bout avec l'index; puis il passe l'épingle dans la main droite, place la tête dans le creux du support, lève le marteau au moyen de la pédale, et le laisse retomber sur sa tête. Ce coup fixe la tête sur la tige, que l'ouvrier retourne alors, de manière que la tête reçoive trois ou quatre coups sur diverses parties de son contour. Les femmes et les enfants qui fixent les têtes sont payés à raison de 1 shilling 6 deniers (1 fr. 75 c.) par 20 mille. Un habile ouvrier peut atteindre ce nombre en un seul jour, mais avec beaucoup de peine; le travail ordinaire s'élève à 10 ou 15 mille; les enfants en font même beaucoup moins, ce qui tient naturellement à ce qu'ils sont moins adroits. Dans cette opération, les épingles manquées sont de 1 pour 100; elles sont ramassées par les femmes, et mises au rebut général qui vient des autres opérations et qui retourne au fondeur. La forme de l'espèce de coin que représentent les têtes, et que portent le marteau et le support, varie suivant la mode des temps : les coups répétés qu'ils éprouvent, obligent toujours à les réparer après qu'ils ont servi à la confection d'environ 30 livres d'épingles.

227. 6° *Étamer les épingles.* — Maintenant vient l'étamage, qui est exécuté ordinairement par un homme aidé de sa femme ou d'un garçon. On opère ordinairement sur 50 livres d'épingles à la fois. On les place d'abord dans une dissolution de vinaigre pour enlever toute espèce de graisse ou d'ordure de leur surface, et bien décaper celle-ci ; ce qui facilite l'adhérence de l'étain dans le procédé de l'étamage. De là elles passent dans une chaudière pleine d'une eau de crème de tartre, et y sont mêlées d'une certaine quantité d'étain en petits grains. On les fait bouillir pendant 2 heures et demie ordinairement, et elles sont mises ensuite dans un tube de verre où on les agite avec un peu de son pour les nettoyer. Puis elles en sont retirées, et posées sur des plateaux de bois où elles sont fortement remuées dans du son sec, afin d'enlever l'eau qui pourrait encore y adhérer; et en donnant au plateau un mouvement particulier, les épingles sautent en l'air, et le son s'en va peu à peu, laissant les épingles seules sur le plateau. L'homme qui nettoie et qui étame, gagne ordinairement 1 pence (10 c.) par livre, et, pendant qu'il fait bouillir un paquet d'épingles, il travaille au nettoyage des paquets déjà étamés. Il peut gagner jusqu'à 9 shill. (10 fr. 44 c.) par jour; mais sur ces 9 shillings il doit payer à son aide 3 shillings (3 fr. 45).

228. 7° *Piquer les papiers.* — Ce sont des femmes ordinairement qui arrangent les épingles une à une

sur le papier. Les épingles leur viennent de l'étamage dans des espèces de tasses en bois, où elles sont placées, avec les pointes en dehors, dirigées dans tous les sens. Une femme en prend quelques-unes, les met sur les dents d'un peigne et les secoue; quelques épingles retombent dans la tasse; le reste demeure pris par la tête et suspendu entre les dents du peigne. Les épingles étant ainsi arrangées dans un même sens, la femme en prend vingt-cinq dans des espèces de tenailles qui ont un nombre correspondant de rainures pratiquées à égale distance, et ayant d'abord doublé le papier, elle le pique contre les pointes d'épingles, jusqu'à ce qu'elles aient passé dans les deux plis qui doivent les retenir; puis elle ouvre les tenailles, et et recommence sur d'autres épingles. Dans ce travail une femme gagne 1 shilling 6 deniers, environ 1 fr. 75 c. par jour : quelquefois on y emploie des enfants, qui ne gagnent que 6 pences (60 cent.) par jour, ou un peu plus.

229. Après avoir ainsi décrit sommairement les différentes opérations dont se compose la fabrication des épingles, et fixé le prix de chacune d'elles séparément, il me semble convenable de présenter un tableau récapitulatif du temps que chacune exige, du prix de ce temps et de la somme totale qui peut être gagnée par un ouvrier limité à une seule de ces opérations. Comme le salaire des ouvriers est assez variable par sa nature, comme les prix payés et les quantités n'ont pu être établis qu'entre de certaines limites, on ne doit pas s'attendre à trouver dans ce tableau le prix de

chaque opération représenté avec l'exactitude la plus minutieuse. Nous devons même annoncer que souvent ses indications ne s'accorderont pas parfaitement avec les prix que nous avons déjà notés. Cependant, comme il a été fait avec soin, il suffira parfaitement pour un exposé général, et pour la démonstration des conséquences que nous voulons en déduire. Ce tableau sera accompagné d'un autre tableau analogue, tiré d'un mémoire de Perronnet, et qui représente l'état de la fabrication des épingles en France, il y a environ 80 ans.

FABRICATION ANGLAISE.

230. Les paquets d'épingles, par *onze*, pèsent à raison de 1 livre les 5,546 épingles; pour les paquets à la *douzaine*, 6,932 épingles pèsent 20 onces, et exigent 6 onces de papier.

OPÉRATIONS.	OUVRIERS.	TEMPS nécessaire pour faire une livre d'épingl.	PRIX de fabrication d'une livre d'épingles $1^{l}=0,453$	GAIN de l'ouvrier par jour.	PRIX de chaque opération pour une épingle, exprimé en centmilliém. de centime.
		heures.			
1. Étirer le fil (222).	1 homme..	0,3636	0f 120	3f 76	225
2. Dresser le fil (223).	1 femme..	0,3000	0 0284	1 16	51
	1 pet. fille.	0,3000	0 0142	0 60	26
3. Empointer (224)..	1 homme..	0,3000	0 1775	6 10	319
4. Tortiller et couper	1 enfant. .	0,4000	0 0014	0 45	3
les têtes (225)..	1 homme..	0,4000	0 0210	6 20	38
5. Fixer les têtes (226)	1 femme..	4,0000	0 50	1 45	901
6. Blanchir les épingles (227).. ...	1 homme..	0,1071	0 0666	6 95	121
	1 femme..	0,1071	0 0333	3 45	60
7. Piquer les papiers (228).........	1 femme..	2,1314	0 3197	1 75	576
	Total...	7,6872	1 2600		2320

Nombre d'ouvriers employés : 4 hommes, 4 femmes, 2 enfants.

Total........... 10 ouvriers.

FABRICATION FRANÇAISE.

231. Prix de 12,000 épingles n° 6, chacune ayant 7 lignes 1/2 en longueur, comme on les fabriquait en 1760, avec le prix de chaque opération séparée, extrait du mémoire de Perronnet.

	OPÉRATIONS.	TEMPS nécessaire pour faire 12,000 épingles.	PRIX de la façon de 12,000 épingles.	GAIN ordinaire de l'ouvrier.	PRIX des outils et matières premières.
		heures.			
1.	Fil de cuivre......	....	....	....	2f 40
2.	Dresser et couper...	1,20	5c	0f 44c	»
3.	Empointer grossièrement.	1,20	6	1 00	»
	Tourner la meule[1]..	1,20	8,5	0 70	»
	Finir l'empointage..	0,80	3	0 91	»
	Tourner la meule...	1,20	5	0 45	»
	Couper les bouts empointés.........	0,60	3,30	0 75	»
4.	Tourner en spirale..	0,5	1,20	0 30	»
	Couper les pointes..	0,8	3,30	0 55	»
	Combustible pour recuire..........	....	....	....	0 012
5.	Fixer les têtes.....	12,0	3,30	0 41	»
6.	Tartre à nettoyer...	....	....	....	0 05
	Tartre à blanchir...	....	....	....	0 05
7.	Piquer les papiers..	4,8	5	0 20	»
	Papier.	....	....	....	0 10
	Usure d'outils.	....	....	....	0 20
		24,30	46,00		

1. Cette grande dépense pour tourner la meule paraît tenir à ce que l'ouvrier employé à ce travail restait inoccupé la moitié de son temps, pendant que l'*empointeur* changeait de paquet.

232. Cette analyse de la fabrication des épingles nous montre qu'elle occupe plus de 7 heures 1/2 du temps de 10 individus différents, travaillant successivement sur la même matière pour la convertir en une livre d'épingles, et que chaque ouvrier étant

payé en raison de son adresse et du temps employé, le prix total de la fabrication monte à peu près à 1 fr. 26. Dans le premier des deux tableaux précédents, on voit que les salaires des ouvriers varient de 45 centimes à 7 francs environ par jour, et ces nombres donnent la mesure de l'adresse requise pour chaque opération particulière. Maintenant il est évident que si un seul ouvrier devait fabriquer la livre d'épingles, il devrait avoir assez d'adresse pour gagner 6 fr. 10 par jour dans l'opération de l'empointage et du coupage des têtes en spirale, et pour gagner 7 francs quand il blanchirait les épingles ; trois opérations qui occuperaient un peu plus de la septième partie de son temps. Il est aussi évident qu'il devrait employer plus de la moitié de son temps à mettre les têtes; opération dans laquelle il ne gagnerait que 1 fr. 45 par jour, quoique son adresse bien employée eût pu dans le même temps lui produire cinq fois autant. En définitive, si l'on employait pour chaque opération l'homme qui blanchit les épingles et qui gagne 7 francs par jour de 12 heures et en supposant même qu'il pût confectionner une livre d'épingles aussi promptement qu'elle se fait actuellement, on devrait ne lui payer pour son temps que 4 fr. 48. *Autrement la façon des épingles ainsi faites coûterait trois fois trois quarts autant qu'elle coûte actuellement à l'aide de la division du travail.* En général, tout détail de la fabrication qui demande à être exécuté promptement et avec adresse devra être séparé des autres opérations, et devenir l'unique objet de l'attention spéciale d'un seul individu.

Si nous avions pris pour exemple la fabrication des aiguilles, on eût trouvé une économie bien plus sensible encore dans la division du travail; car l'opération de la trempe des aiguilles demande beaucoup d'habileté, d'attention et d'expérience, et quoiqu'on trempe à la fois trois ou quatre mille aiguilles, l'ouvrier est payé à un prix très élevé. Dans une autre opération du même genre de la fabrication, l'aiguisage à sec, qui se fait très vite, l'ouvrier gagne par jour 7, 12, 15 shillings, et même quelquefois 20 shillings (8 fr. 12, 13 fr. 90, 17 fr. 40, 23 fr. 40), tandis que d'autres opérations sont exécutées par des enfants qui sont payés à raison de 6 d. (60 c. environ) par jour.

233. L'analyse précédente nous engagera à présenter quelques réflexions importantes; mais avant de les soumettre au lecteur, nous croyons convenable de placer sous ses yeux une courte description d'une des machines avec lesquelles on fabrique aujourd'hui les épingles. Comme invention, elle est très ingénieuse, et comme économie, elle nous offrira un contraste frappant avec la fabrication des épingles à la main. Dans cette machine, un cercle de fil de cuivre ou d'acier est placé sur un axe; un bout de ce fil, passant sous une paire de laminoirs, est tiré à travers une petite filière percée dans une plaque d'acier, puis est saisi par une pince. Cela posé, supposons la machine mise en action.

1. La pince tire le fil à une distance de la filière égale à la longueur d'une épingle; un couteau d'acier

descend juste contre la filière, et coupe un bout de la longueur d'une épingle.

2. La pince qui tient ce bout continue de marcher jusqu'à ce qu'elle rencontre l'arbre d'un petit tour dont le *mandrin* s'ouvre et reçoit le bout de fil. Tandis que la pince revient prendre un autre bout de fil, le tour se meut avec rapidité et aiguise l'extrémité saillante du fil sur une meule d'acier qui s'est approchée à cet effet.

3. Après ce premier empointage grossier, le tour s'arrête, une autre pince saisit l'épingle à moitié empointée, l'enlève du *mandrin* qui s'ouvre pour l'abandonner, et la porte à un *mandrin* semblable à un autre tour qui reçoit l'épingle, et finit son empointage.

4. Cette meule s'arrête; une troisième pince conduit l'épingle entre deux jumelles en fort acier, qui portent une petite rainure pour tenir l'épingle solidement; une partie de cette rainure qui se termine à l'extrémité où doit se faire la tête, est un peu conique. Alors un petit marteau d'acier est poussé avec force contre le bout du fil ainsi saisi, et la tête se forme, en partie en comprimant le fil dans le petit trou conique.

5. Une quatrième pince reprend l'épingle et la porte à une autre paire de jumelles où la tête est achevée par un coup d'un second petit marteau dont la face frappante est légèrement concave. Chaque paire de pinces revient dès qu'elle a déchargé sa petite charge, et à chaque instant il y a toujours cinq bouts de fil qui passent par une des cinq opérations précédentes

pour arriver à l'état d'épingle parfaite. Les épingles ainsi façonnées à la machine sont recueillies dans un vase, blanchies et arrangées sur du papier à la manière ordinaire. Cette machine fait environ 60 épingles à la minute : et cette opération employant exactement le même temps, il faut une seconde pour faire une épingle.

234. Pour comparer le prix du travail d'une semblable machine avec le prix du travail à la main, il faudrait examiner successivement quels sont les défauts des épingles ainsi faites, quels avantages elles peuvent présenter sur les épingles faites à la manière ordinaire, quel est le prix d'achat de la machine, quelle est sa dépense d'entretien, enfin combien elle coûte à mettre en mouvement et à diriger.

1° Les épingles faites à la machine sont plus sujettes à n'être pas droites, parce qu'au moment où la tête est formée du fil même, il faut que ce fil soit amolli par la chaleur pour que l'opération réussisse;

2° Les épingles à la machine sont meilleures que les épingles ordinaires, parce qu'elles ne risquent pas de perdre leur tête;

3° Le prix d'achat de la machine est assez élevé;

4° Quant au prix d'entretien de cette même machine, et à son usure, l'expérience seule peut décider la question; mais on peut remarquer que les jumelles d'acier s'useront promptement si le fil n'est pas amolli au feu, et que, s'il l'est, l'épingle pliera trop facilement. On pourrait remédier à cet inconvénient en faisant en sorte que la machine tournât les têtes et les fixât à la manière ordinaire, ou bien l'on pourrait chauffer seulement le bout du fil qui doit être la tête de l'épingle : mais de là résulterait nécessairement un retard dans la suite des opérations;

5° En comparant le temps du travail à la machine à celui du travail à la main, nous trouvons qu'excepté dans l'opération du placement des têtes, la main de l'homme est plus prompte. La machine aiguise 3,600 pointes d'épingles par heure, et un homme peut en faire 15,600 dans le même temps; mais dans le placement des têtes, la machine va deux fois et demie plus vite que la main de l'homme. On doit enfin observer que l'aiguisage des pointes à la machine ne demande pas une portion de force égale à celle d'un homme; car elle exécute à la fois toutes les opérations que nous avons décrites, et un seul ouvrier suffit pour la manœuvrer.

CHAPITRE XXI

DE LA DIVISION DU TRAVAIL D'ESPRIT.

235. J'ai avancé plus haut une assertion qui a pu sembler un paradoxe à quelques-uns de mes lecteurs : c'est que le principe de la division du travail peut s'appliquer avec un égal succès aux opérations de l'esprit comme aux travaux du corps, et que là aussi de son application résulte une égale économie dans l'emploi du temps. Pour démontrer la vérité de cette assertion, je présenterai ici un exposé rapide de l'application de ce grand principe à des séries de calculs immenses, les plus étendus qu'on ait jamais effectués. Cet exposé, intéressant en lui-même, nous offrira de plus une occasion de montrer que les dispositions de l'administration intérieure des manufactures reposent sur des principes plus profonds qu'on ne l'a pensé jusqu'ici, sur des principes assez solides même pour servir de fondations au chemin des plus sublimes découvertes auxquelles puisse parvenir le génie de l'homme.

236. Dans le mouvement général des esprits qui accompagna la révolution française et les guerres dont elle fut la cause, ce besoin de gloire qui tourmentait

le peuple français, et que ne pouvait satisfaire entièrement sa fatale passion pour la renommée militaire, le porta aussi vers des conquêtes plus belles et plus durables, vers des conquêtes qui marquent l'ère de la grandeur d'un peuple, et qui sont saluées par les applaudissements de la postérité, longtemps après que ce peuple a perdu le fruit de ses victoires, ou même alors que son existence n'est plus qu'un fait consigné dans les annales de l'histoire. Parmi toutes les entreprises scientifiques que le gouvernement français ordonna à cette époque, il reconnut l'utilité de publier une collection de tables mathématiques qui pussent faciliter l'extension du système décimal déjà adopté en France; et en conséquence il appela l'attention des géomètres français sur la construction de semblables tables sur une échelle très étendue. Les savants les plus distingués répondirent à cet appel national en inventant de nouvelles méthodes pour cette tâche laborieuse, et dans un espace de temps très court parut un ouvrage qui remplissait complètement la vaste demande du gouvernement. M. de Prony, qui eut la direction supérieure de ce grand travail, s'exprime ainsi en parlant du commencement de l'opération : « Je m'y livrai avec toute l'ardeur dont j'étais capable, « et je m'occupai d'abord du plan général de l'exécu- « tion. Toutes les conditions que j'avais à remplir né- « cessitaient l'emploi d'un grand nombre de calcula- « teurs, et il me vint bientôt à la pensée d'appliquer « à la confection de ces tables la division du travail « dont les arts du commerce tirent un parti si avanta-

« geux pour réunir à la perfection de la main-d'œuvre « l'économie de la dépense et du temps. » La circonstance qui donna lieu à cette singulière application de la division du travail est si intéressante, que l'on me pardonnera sans peine de donner ici un extrait d'une petite brochure où elle est rapportée, et qui fut imprimée à Paris il y a quelques années, à l'époque où le gouvernement britannique proposa au gouvernement français d'imprimer ces tables aux frais communs de la France et de l'Angleterre. Voici l'extrait de cette brochure.

237. « C'est à un chapitre d'un ouvrage anglais justement célèbre[1] qu'est probablement due l'existence de l'ouvrage dont le gouvernement britannique veut faire jouir le monde savant.

« Voici l'anecdote : M. de Prony s'était engagé avec les comités du gouvernement, à composer pour la division centésimale du cercle des tables logarithmiques et trigonométriques, qui non seulement ne laissassent rien à désirer quant à l'exactitude, mais qui formassent le monument de calcul le plus vaste et le plus imposant qui eût jamais été exécuté ou conçu. Les logarithmes des nombres de 1 à 200,000 formaient à ce travail un supplément nécessaire et exigé. Il fut aisé à M. de Prony de s'assurer que, même en s'associant trois ou quatre habiles coopérateurs, la plus grande durée présumable de sa vie ne lui suffirait pas pour remplir ses engagements; il était occupé de cette fâ-

1. *Recherches sur la nature et les causes de la richesse des nations*, par Adam Smith.

cheuse pensée, lorsque, se trouvant devant la boutique d'un libraire, il aperçut la belle édition anglaise de l'ouvrage de Smith, donnée à Londres en 1776; il ouvrit le livre au hasard, et tomba sur le premier chapitre, qui traite de la division du travail, et où la fabrication des épingles est citée pour exemple. A peine avait-il parcouru les premières pages, que, par une espèce d'inspiration, il conçut l'espérance de mettre les logarithmes en manufacture comme les épingles. Il faisait en ce moment à l'École polytechnique des leçons sur une partie d'analyse liée à ce genre de travail, la méthode des différences et ses applications à l'interpolation. Il alla passer quelques jours à la campagne, et revint à Paris avec le plan de fabrication qui a été suivi dans l'exécution. Il rassembla deux ateliers qui faisaient séparément les mêmes calculs, et se servaient de vérification réciproque [1]. »

238. Les anciennes méthodes pour calculer les tables étaient tout à fait inapplicables à un semblable travail; en conséquence, M. de Prony résolut de s'entourer de toutes les lumières scientifiques de son pays, et associa à sa vaste entreprise cinq ou six des premiers géomètres de la France, dont il composa son premier atelier, ou sa première section.

Le travail de cette section consistait à chercher parmi les diverses expressions analytiques d'une même fonction celle qui pouvait s'adapter le plus facilement à

1. *Note sur la publication proposée par le gouvernement anglais, des grandes Tables logarithmiques et trigonométriques de M. de Prony*. De l'imprimerie de F. Didot. Décembre 1830, page 7.

des calculs numériques simples exécutés par plusieurs personnes à la fois. Elle s'occupait peu ou ne s'occupait pas du tout des calculs numériques. Quand son travail était terminé, les formules adoptées étaient remises à la deuxième section.

Celle-ci se composait de sept ou huit personnes très habituées aux mathématiques. Leurs fonctions consistaient à convertir en nombres les formules de la première section, opération qui demandait un soin tout particulier; à délivrer ces formules ainsi exprimées en nombres aux membres de la troisième section, et à recevoir de ceux-ci les calculs achevés. Enfin, ils vérifiaient ces calculs au moyen de méthodes particulières, sans être obligés de répéter ou même d'examiner l'ouvrage entier de la troisième section.

Cette dernière comprenait de soixante à quatre-vingts individus qui recevaient, comme on l'a dit, certains nombres de la deuxième section, et qui, par de simples additions ou soustractions, confectionnaient les tables demandées, et les remettaient aux membres de cette même deuxième section. Une chose remarquable, c'est que les neuf dixièmes de ces calculateurs ne savaient, en Arithmétique, que les deux premières règles, auxquelles ils étaient limités, et que ceux-là furent trouvés ordinairement plus exacts dans leurs calculs que ceux qui avaient des connaissances plus étendues sur le sujet général de l'opération.

239. Quand on saura que les tables ainsi calculées embrassent dix-sept grands volumes in-folio, on pourra se faire une idée de ce travail immense. La première

classe de coopérateurs était entièrement exempte de cette partie de calcul mécanique exécuté par la troisième classe, laquelle n'était qu'un véritable atelier où il fallait le moins d'instruction scientifique, mais le plus d'assiduité au travail. Et c'est toujours par une répartition semblable qu'un ouvrage quelconque peut s'exécuter au plus bas prix possible. Les fonctions de la deuxième classe, quoique exigeant surtout une extrême habileté dans les calculs arithmétiques, étaient cependant relevées aux yeux de ses membres par l'intérêt qui se rattachait à ces opérations, plus difficiles que celles de la troisième classe. Sans doute, dans toute autre circonstance analogue qui pourrait se représenter, la première classe n'aurait pas besoin de développer autant d'habileté, et de s'astreindre à un travail aussi pénible qu'il le fallait, au premier moment, pour créer les méthodes fondamentales; mais, aujourd'hui que l'achèvement d'une machine à calculer pourra remplacer toute la troisième classe, l'attention des analystes devra encore se diriger vers les moyens de simplifier les applications par une nouvelle discussion des méthodes propres à convertir en nombres les formules algébriques.

240. Dans l'établissement de ce système de calcul, M. de Prony a opéré exactement comme une personne habile qui veut construire une filature de coton, une fabrique d'étoffe de soie ou toute autre fabrique semblable. D'abord par son propre génie, ou avec l'aide de ses amis, il imagine des machines perfectionnées qui peuvent s'appliquer avantageusement au genre

de fabrication dont il s'occupe; il fait des dessins de ses machines, et peut être considéré comme constituant à lui seul la première section. Il s'aide ensuite de quelques mécaniciens pratiques qui peuvent exécuter ses machines, et dont quelques-uns même comprennent leur but et leurs inconvénients; ces mécaniciens composent la deuxième section. Quand un nombre suffisant de machines a été confectionné, elles peuvent être confiées à une grande quantité d'individus bien moins habiles, qui s'en servent et forment la troisième section; mais le travail de ces individus et la marche des machines doivent toujours être surveillés par les individus de la deuxième classe.

241. J'ai dit plus haut qu'il était possible d'effectuer toute espèce de calcul numérique avec une machine. Cette assertion a pu sembler un peu paradoxale à ceux de mes lecteurs qui n'ont pas des connaissances mathématiques assez étendues, et comme d'ailleurs une invention de cette nature est sensiblement dans la sphère de notre sujet, je vais tâcher de donner en quelques lignes une idée sommaire de la manière dont ce résultat peut être obtenu, et de lever ainsi en partie le voile qui couvre cette sorte de mystère.

242. Presque toutes les tables de nombres qui suivent une loi quelconque, quelle que soit sa complication, peuvent être formées sur une échelle plus ou moins étendue, par la simple combinaison d'additions et de soustractions entre les nombres qui remplissent chaque table. Ce principe général ne peut se démontrer qu'aux personnes qui savent les mathéma-

tiques; mais ceux de mes lecteurs qui ne sont pas familiers avec cette science comprendront que l'existence d'un semblable principe n'est point impossible, s'ils veulent jeter les yeux sur le tableau suivant. C'est le commencement d'un tableau bien connu, qui a été imprimé et réimprimé maintes fois dans plusieurs pays, et qui s'appelle le tableau des nombres carrés.

NOMBRES.	A Carrés.	B première différence	C seconde différence.
1	1		
		3	
2	4		2
		5	
3	9		2
		7	
4	16		2
		9	
5	25		2
		11	
6	36		2
		13	
7	49		

Tout nombre de la colonne A peut s'obtenir en multipliant par lui-même le nombre qui exprime sa distance du commencement de la colonne. Ainsi 25 est le cinquième terme depuis le commencement de la colonne, et 5 multiplié par 5 donne 25. Retranchons ensuite chaque terme de cette colonne du terme suivant, et mettons le résultat dans la colonne B, qui s'appelle la colonne des premières différences. Si nous retranchons ensuite chaque terme des premières différences du terme suivant, nous trouvons pour résultat unique le nombre 2 (colonne C), et ce nombre reparaîtra constamment dans cette colonne, que l'on appelle la colonne des secondes différences, comme pourra le voir toute personne qui voudra prendre la peine de pousser la table quelques termes plus loin. Ceci une fois admis comme démontré, il est évident que, pourvu que les premiers termes des trois colonnes A, B, C soient donnés, nous pouvons pousser cette table aussi loin que nous voudrons, uniquement par des additions successives; car on peut former la série des premières différences en ajoutant successivement la différence constante (2) au nombre 3, le premier de cette colonne, et l'on obtient ainsi la suite des nombres impairs, 3, 5, 7, etc.; et en ajoutant successivement chacun d'eux au nombre précédent de la colonne A, nous formerons tous les carrés.

243. Maintenant que j'ai jeté quelque jour, autant que je puis l'espérer, sur la partie théorique de la question, je vais passer à la partie pratique, et essayer de montrer que l'exécution d'une machine capable de produire la série de nombres du tableau précédent n'est pas aussi éloignée de nos moyens de construction ordinaires qu'elle le semble au premier coup d'œil[1]. Concevons trois horloges placées l'une à côté de l'autre sur une table, chacune ayant une seule

1. J'ai déjà pu faire assembler une portion des pièces de la machine dont la construction m'occupe depuis plusieurs années (1831). J'ai établi ainsi une machine qui peut calculer une table en trois colonnes, avec les premières et secondes différences. Les nombres de chaque colonne peuvent aller jusqu'à cinq chiffres; la réunion des quinze chiffres contenus ainsi dans les trois colonnes constitue à peu près la neuvième partie de la grande machine que j'ai projetée primitivement. La facilité et la précision du travail de la petite machine ne laissent aucun doute sur la réussite du même principe sur une échelle plus étendue. Non seulement elle peut faire des tables de carrés, de cubes, et former une partie des tables logarith-

aiguille, et portant mille divisions sur son cadran, au lieu des douze heures. Concevons de plus chaque horloge garnie d'un ressort qu'il suffise de presser pour qu'une sonnerie compte le nombre de divisions marquées par l'aiguille. Supposons encore que deux des horloges, que nous désignerons par B et C pour les distinguer, soient unies par une espèce de mécanisme tel, que l'horloge C, à chaque coup de sa sonnerie, fasse marcher l'aiguille de B d'une division. Enfin supposons que, par un semblable mécanisme, l'horloge B, à chaque coup de sa sonnerie, fasse marcher d'une division également l'aiguille de A. Dans cet état de choses, supposons que l'on mette l'aiguille de A à la

miques; elle possède aussi la faculté de calculer certaines séries dont les différences ne sont pas constantes, et elle a déjà réduit en tables des parties de séries déduites des équations suivantes :

$\Delta^3 u_x =$ les unités comprises dans Δu_x,

$\Delta^3 u_x =$ le nombre entier le plus voisin de $\left(\frac{1}{10{,}000}\,\Delta u_x\right)$.

Voici une des séries calculées par cette machine :

0	3,486	42,972
0	4,991	50,532
1	6,907	58,813
14	9,295	67,826
70	12,236	77,602
230	15,741	88,202
495	19,861	99,627
916	24,597	111,928
1501	30,010	125,116
2310	36,131	139,272.

Le terme général de cette série est :

$$u^x = \frac{x\,.\,x-1\,.\,x-2}{1\,.\,2\,.\,3} + \text{les nombres entiers compris dans } \frac{x}{10}$$

$$+\ 10x^3\left(\text{les unités comprises dans } \frac{x\,.\,x+1}{2}\right).$$

(La grande machine de Babbage n'a jamais été exécutée.)

division I, l'aiguille de B à la division III, l'aiguille de C à la division II, et que l'on fasse partir le ressort de répétition de chaque horloge dans l'ordre suivant : d'abord le ressort de C, puis celui de B, enfin celui de A.

Le tableau suivant représentera la marche successive des aiguilles, et le résultat de leurs indications.

SÉRIES de répétitions.	RESSORTS POUSSÉS.	HORLOGE A. L'aiguille est sur I.	HORLOGE B. L'aiguille est sur III.	HORLOGE C. L'aiguille est sur II.
			Première différence.	Deuxième différ.
1	A	A sonne 1.		
	B	B fait parcourir 3 divisions à l'aiguille de A.	B sonne 3.	
	C	....	C fait parcourir 2 divisions à l'aiguille de B.	C sonne 2.
2	A	A sonne 4.		
	B	L'aiguille de A parcourt 5 divisions.	B sonne 5.	
	C	....	L'aiguille de B parcourt 2 divisions.	C sonne 2.
3	A	A sonne 9.		
	B	L'aiguille de A marche de 7 divisions.	B sonne 7.	
	C	....	L'aiguille de B marche de 2 divisions.	C sonne 2.
4	A	A sonne 16.		
	B	L'aiguille de A marche de 9 divisions.	B sonne 9.	
	C	....	L'aiguille de B marche de 2 divisions.	C sonne 2.
5	A	A sonne 25.		
	B	L'aiguille de A marche de 11 divisions.	B sonne 11.	
	C	....	L'aiguille de B marche de 2 divisions.	C sonne 2.
6	A	A sonne 36.		
	B	L'aiguille de A parcourt 13 divisions.	B sonne 13.	
	C	....	L'aiguille de B parcourt 2 divisions.	C sonne 2.

Si maintenant l'on observe et l'on note les nombres indiqués par l'aiguille ou par la sonnerie de l'horloge A, on trouvera qu'ils représentent la suite des carrés des nombres naturels. Une série semblable, comme l'on voit, est limitée par la première disposition des nombres 1, 3 et 2; mais elle suffit pour donner une idée de la construction de la machine à calculer. On doit même dire que le calcul de cette même série formait l'objet du premier modèle, qu'on doit s'occuper à perfectionner[1].

244. Maintenant il doit être évident à nos lecteurs que le principal effet de la division du travail, dans les opérations du corps et de l'esprit, est de nous permettre d'obtenir facilement et d'appliquer à chaque détail spécial, la quantité précise d'habileté et d'instruction que ce travail demande. D'un côté, nous évitons de détourner une partie du temps de l'homme qui trempe des aiguilles, et peut gagner ainsi 10 francs à 11 fr. 50 c. par jour, pour l'employer à tourner une roue, travail qui se paie à raison de 6 pence (58 c. par jour); et de l'autre, nous évitons également la perte qui a lieu en employant l'esprit d'un savant mathématicien aux opérations les plus simples de l'arithmétique.

245. Le principe de la division du travail ne peut s'employer avec succès qu'autant que le produit fabriqué est l'objet de demandes multipliées, et son appli-

1. Voy. à MACHINES A CALCULER, dans le *Dictionnaire des Arts et Manufactures*, la machine de Thomas, le planimètre d'Oppikofer, la machine de Scheutz, la machine à équations de Stamm.

cation aux arts industriels demande toujours une mise première de fonds considérable. C'est peut-être dans l'horlogerie qu'il a été mis en pratique sur l'échelle la plus étendue. Dans une enquête faite devant la chambre des communes, il a été constaté qu'il existe cent deux branches distinctes de cet art, dans chacune desquelles un enfant, mis en apprentissage, y apprend uniquement le détail que fait son maître et se trouve, à la fin de son apprentissage, complètement incapable de travailler dans aucune autre branche de l'horlogerie, à moins qu'il n'en fasse une nouvelle étude spéciale. Le monteur de montres, qui assemble toutes les pièces d'une montre fabriquées séparément, est le seul, sur les cent deux ouvriers employés à cette fabrication, qui puisse travailler dans une branche quelconque de l'horlogerie différente de la sienne.

246. Dans un art qui présente de grandes difficultés, dans l'exploitation des mines, de grands progrès ont résulté d'une sage distribution des fonctions des divers employés. Par suite des modifications qui se sont graduellement introduites, le système entier de la mine et de son administration est placé sous le contrôle des employés suivants :

1° A la tête est un directeur, qui a la connaissance générale de tout ce qu'il faut faire, et qui peut être aidé par une ou plusieurs personnes habiles.

2° Des gouverneurs des travaux de la mine donnent les directions convenables, et commandent aux ouvriers mineurs.

3° Un employé, teneur de livres et caissier, dirige la comptabilité.

4° Un ingénieur mécanicien est chargé de la construction des machines et de la surveillance des machinistes.

5° Un surveillant en chef des puits est chargé des pompes et de tout l'appareil des puits d'extraction.

6° Un gouverneur de surface reçoit, avec ses aides, les minerais extraits, et dirige leur triage, opération nécessaire pour les rendre vendables.

7° Le maître charpentier dirige plusieurs genres de constructions.

8° Le maître forgeur commande les travaux de forge et tout ce qui concerne les outils.

9° Le garde-magasin choisit, achète, reçoit et livre tous les objets dont on a besoin.

10° Le cordier est chargé des câbles et des cordages de toute espèce.

CHAPITRE XXII

DES CAUSES QUI DÉTERMINENT LA CRÉATION DES GRANDS ÉTABLISSEMENTS INDUSTRIELS, ET DES CONSÉQUENCES QUI DÉRIVENT DE CETTE CRÉATION.

247. En examinant l'analyse détaillée de la fabrication des épingles que nous avons donnée dans le chapitre XXI, on a vu que la fabrication d'une épingle occupe successivement dix individus employés à diverses opérations, et que le temps exigé pour chacune de ces opérations était très différent de l'une à l'autre. Quoi qu'il en soit, pour rendre plus simple le raisonnement qui suit, nous supposerons que chacune de ces opérations exige des quantités égales de temps. Ceci admis, il est de suite évident que, pour diriger d'une manière profitable une fabrique d'épingles, il faut employer toujours un nombre d'ouvriers multiple de dix. Car un petit fabricant à qui ses capitaux trop limités ne permettraient d'employer que la moitié de dix ouvriers, ne pourrait toujours les occuper individuellement au même détail de fabrication; ou encore, si un grand manufacturier employait un nombre d'ouvriers qui ne fût pas un multiple exact de dix, ce

même défaut de spécialité d'occupation se reproduirait pour une partie de ces ouvriers. Cette observation se présente constamment à l'esprit quand on examine une fabrique bien organisée. Dans celle de M. Mordan, une salle est consacrée à l'application de ses procédés pour la fabrication des plumes d'acier. Six presses à volants y sont continuellement en action. Dans la première, l'ouvrier place une feuille mince d'acier sous l'emporte-pièce, qui à chaque coup découpe une pièce plate de métal de la forme voulue pour la plume. Deux autres ouvriers sont occupés à placer ces petits morceaux sous deux autres presses qui pratiquent la fente avec un taillant d'acier. Trois autres ouvriers travaillent aux autres presses, où les morceaux ainsi préparés reçoivent leur forme demi-cylindrique. Comme il faut quelque temps pour ajuster ces petites pièces, ces deux dernières opérations s'exécutent moins rapidement que la première ; et un seul ouvrier, employé à découper les morceaux plats d'une feuille d'acier, fournit assez de matière pour occuper deux ouvriers qui fendent, et trois qui plient ces mêmes morceaux. Si donc il devenait nécessaire d'augmenter cette fabrication, il est clair qu'on ferait marcher douze ou dix-huit presses semblables avec plus d'économie que tout autre nombre de presses qui ne serait pas un multiple de six.

Le même raisonnement s'applique à toutes les fabriques dirigées d'après le principe de la division du travail, et nous arrivons ainsi au principe suivant : *Quand, d'après la nature spéciale des produits de chaque espèce de manufactures, l'expérience a fait reconnaître à la fois et le nombre le plus avantageux d'opérations partielles dans lequel doit se diviser la fabrication, et le nombre des ouvriers qui doivent y être employés, tous les établissements qui n'adopteront pas pour le nombre de leurs ouvriers un multiple exact de ce nombre fabriqueront avec moins d'économie.* Ce principe devrait être toujours le point de mire des grands établissements industriels, quoiqu'on doive convenir qu'il est impossible de s'y conformer rigoureusement dans la pratique, même avec le meilleur système possible pour la division du travail.

Le premier objet qui fixe l'attention dans cet examen de la répartition du travail, est la proportion du nombre d'ouvriers habiles employés, avec le nombre total des ouvriers. Sous ce point de vue, le rapport exact qui convient à une fabrique où sont employés cent ouvriers, peut ne pas convenir parfaitement à une autre qui en emploie cinq cents, et probablement toutes deux peuvent recevoir quelques changements dans leur organisation intérieure, sans augmenter sensiblement le prix de la fabrication. Mais il est certain qu'un seul individu, et même que cinq individus, dans le cas particulier de la fabrication des épingles, ne peuvent rivaliser avec un grand établissement. C'est là une des causes de la dimension colossale des établissements industriels qui ont pris un si grand développement avec le progrès de la civilisation. Mais d'autres circonstances encore contribuent à ce grand résultat;

elles dérivent toutes de la même cause fondamentale, *la division du travail.*

248. Les matières premières qui servent à la fabrication, doivent successivement passer d'un atelier à celui qui le suit immédiatement dans l'ordre de fabrication, et ce transport doit s'exécuter avec la moindre dépense possible, ce qui fait réunir tous les ateliers dans le même établissement. Ainsi dans une fabrique de papiers des Vosges, M. Bichelberger avait établi les machines préparatoires dans des étages supérieurs, la pâte de papier et l'eau descendaient de ces étages aurez-de-chaussée où se trouvaient les machines, sans frais de transport. Quand les matières premières sont pesantes, ce poids devient une nouvelle raison bien forte pour appuyer ce que nous venons d'avancer; mais dans le cas même où ces matières sont légères, l'inconvénient grave de les changer souvent de place engage fréquemment le propriétaire de la fabrique à réunir dans un seul bâtiment toutes les diverses opérations. Cette remarque s'applique, par exemple, à l'art de tailler et polir les glaces; tandis qu'au contraire plusieurs opérations de la fabrication des aiguilles se font dans les logements des ouvriers. Ce dernier mode, qui présente des avantages spéciaux pour les familles d'ouvriers, ne peut évidemment être adopté que dans un cas, celui où le maître a des moyens sûrs et prompts de vérifier la qualité du travail exécuté, et de reconnaître si la matière première livrée à l'ouvrier a été employée en totalité.

249. Bien souvent, par le seul développement dû à l'habileté personnelle du fabricant, le nombre des demandes de l'objet fabriqué augmente et fait naître l'idée d'inventer des machines pour le produire. Avec l'introduction des machines, la production s'accroît, et peu à peu se forme l'idée de créer de grands établissements. Ces principes sont parfaitement éclaircis par l'exemple suivant, que présente l'histoire de la fabrication du tulle.

Les premières machines à fabriquer le tulle coûtaient fort cher de premier achat, de 1000 à 1200 ou 1300 livres st. (de 25000 à 30000, et même 32500 fr.). Chaque fabricant, possesseur d'une de ces machines, trouvait bien qu'il fabriquait davantage, mais comme leur travail était limité à huit heures par jour, il ne pouvait, quant au prix, lutter avec l'ancienne méthode de fabrication. Ce désavantage provenait de la somme considérable consacrée au premier établissement de la machine. Mais bientôt les fabricants s'aperçurent qu'avec la même dépense de capital primitif, et une petite addition à leur fonds de roulement, ils pourraient faire travailler ces mêmes machines pendant vingt-quatre heures. Les bénéfices qu'ils réalisèrent ainsi engagèrent d'autres personnes à diriger leur attention sur les moyens de les perfectionner; de sorte que leur prix d'achat éprouva une réduction considérable en même temps que le tulle se faisait plus vite et en plus grande quantité. En faisant travailler les machines pendant vingt-quatre heures, il devenait nécessaire d'avoir la nuit un surveillant spécial pour faire entrer les ouvriers au moment où les ateliers se relèvent, et le repos de ce surveillant, qui était le portier de la maison ou tout autre individu, était également troublé, qu'il fît entrer un ouvrier seul ou vingt à la fois. Parfois aussi il devenait nécessaire de réparer ou d'arranger la machine; travail qui était mieux exécuté par un ouvrier accoutumé à confectionner des machines de ce genre, que par celui qui en dirigeait seulement le mouvement. Maintenant, comme la régularité du travail des machines et leur durée dépendent presque entièrement du soin qu'on met à corriger à l'instant la moindre secousse irrégulière, la moindre imperfection qui peut se manifester dans chacune de ses parties, il devient évident qu'en établissant un ouvrier sur le lieu même, la dépense des réparations et l'usure des machines se trouveront sensiblement réduites. Mais ce moyen serait trop dispendieux pour un seul métier à tulle; d'où résulte cette conséquence immédiate, que son emploi ne peut s'appliquer qu'à un établissement composé d'un nombre de métiers tel, que tout le temps d'un ouvrier puisse se trouver occupé à les mettre en ordre et à faire les réparations accidentelles qu'ils pourront exiger. En suivant le même principe d'économie dans toute son extension, nous arriverons à la nécessité de doubler ou de tripler le nombre des machines pour employer tout le temps de deux ou trois ouvriers habiles dans ce genre de travail.

250. Quand une grande partie du travail consiste dans le développement d'une certaine quantité de

force physique de la part de l'ouvrier, comme il arrive dans les tissages, le fabricant comprend promptement que si les métiers étaient mis en mouvement par une machine à vapeur, le même ouvrier pourrait en surveiller deux à la fois et même plus; et puisque nous avons supposé qu'il avait un ou deux ouvriers mécaniciens, il doit régler le nombre de ses métiers de manière à ce que l'entretien en bon état de ces métiers et de la machine à vapeur puisse occuper tout le temps de ces ouvriers. L'introduction de la machine à vapeur, qui fait du bas prix de la houille un élément de succès, aura de suite deux effets : l'un, que les métiers marcheront deux fois plus vite qu'avec la force de l'homme; l'autre, que chaque homme, dispensé de son travail physique, pourra, comme nous venons de le dire, surveiller deux métiers à la fois; d'où il résultera que chaque homme fera autant d'ouvrage que quatre en faisaient auparavant. Toutefois, dans les commencements, l'avantage des machines n'était pas aussi considérable; car la rapidité du mouvement des diverses parties d'un métier dépend de deux choses : de la force du fil, d'une part, et, de l'autre, du degré de vitesse convenable pour éviter les ruptures lors de la mise en mouvement, ce qui limite la vitesse. Mais bientôt vint une invention qui permit de commencer le mouvement lentement, et de l'accélérer ensuite progressivement, de manière à obtenir, en définitive, une vitesse considérable, qu'on ne pourrait sans danger communiquer instantanément au métier. Avec cette invention, la vitesse des métiers a été portée jusqu'à cent ou cent vingt coups par minute.

251. Tout ce qui a été dit relativement à la division du travail entre les ouvriers, s'applique également aux machines dont la réunion constitue les manufactures, comme aux puissants appareils des usines qui utilisent les forces physiques et chimiques, aux hauts fourneaux des forges, aux chambres de plomb des fabriques de produits chimiques, etc. Approfondissons la question en traitant plus spécialement des machines.

252. *Succession des machines.* — Lorsqu'une machine vient à être inventée pour effectuer un détail d'une fabrication, le principe de la division du travail vient s'appliquer à cet élément nouveau et transformer l'usine. Bien souvent cette machine donne occasion, par les grands bénéfices qu'elle procure, à la mise en manufacture du produit dont elle facilite la production, et bientôt résulte, de cette fabrication sur une grande échelle, la possibilité d'employer de nouvelles machines pour des opérations accessoires ; on n'aurait pas eu cette idée et ces machines n'eussent pas produit de bénéfices dans une fabrication sur une petite échelle. La succession des diverses machines, les rapports de leur nombre, en raison de la rapidité de leur production, constituent ce qu'on appelle l'*assortiment.* Ainsi dans une filature de coton il faudra, pour fabriquer par jour un poids déterminé de coton, un nombre proportionnel bien déterminé de cardes,

de peigneuses, de bancs à broches, de métiers à filer, de métiers à tisser.

253. *Automatisme.* — Le point culminant du système est celui qui a été défini sous le nom d'automatisme, dans lequel la matière à élaborer passant successivement d'une machine à une autre, traversant les divers organismes, partant de l'état de matière première arrive à celui de marchandise vendable, comme si un grand automate, travaillant utilement, et non simple chef-d'œuvre de mécanique, comme ceux de Vaucanson, était venu saisir une substance naturelle pour en faire, en quelque sorte spontanément, un produit utile pour la satisfaction de nos besoins.

C'est depuis que l'on est entré dans cette voie, qu'il est juste de dire que les utilités ne sont nullement produites en raison de la fatigue du travailleur. Dans l'antiquité, il en était ainsi et les citoyens riches possédaient de nombreux esclaves, astreints à un pénible travail, produisant au profit du maître, un excédant notable sur ce que coûtait leur misérable entretien. Aussi Aristote, analysant parfaitement les conditions d'existence de la société grecque et prophétisant en quelque sorte l'avenir, écrivait que l'*esclavage ne serait détruit que quand la bobine et le fuseau marcheraient seuls.* C'est précisément ce qui a été réalisé de nos jours.

C'est surtout quand la matière première peut facilement être fournie d'une manière continue, que la fabrication automatique s'applique le plus facilement.

Ainsi, dans la fabrication des pointes, la matière première étant un fil de fer enroulé autour d'une grosse bobine, les pinces de la machine pourront saisir ce fil pour l'attirer dans la partie de la machine où il est coupé, appointi, la tête refoulée; puis l'opération recommencera par traction sur le restant du fil dont une petite partie aura été détachée.

De même dans les filatures, aussitôt que les fibres ont été réunies de manière à faire un boudin régulier, les opérations d'étirage et de torsion s'effectuent d'une manière continue pour produire le fil le plus fin, enroulé finalement autour d'une canette propre à être portée au métier mécanique à tisser.

254. Depuis les grands succès de la filature, c'était vers l'automatisme absolu des fabrications, que les inventeurs de machines portaient principalement leurs efforts; mais on s'est aperçu depuis, et c'est surtout l'industrie américaine qui s'est distinguée dans cette voie, qu'il y avait peu d'inconvénients à multiplier les machines diverses, quand la difficulté de se rapprocher de la continuité en faisait une nécessité, toutes les fois que l'on pouvait disposer le corps à travailler de manière à le replacer facilement sur les machines successives. C'est, par exemple, ainsi que l'on procède dans la fabrication mécanique des armes. Cette facilité de fabrication des pièces principales par des machines convenables, des pièces accessoires par des machines spéciales, a permis de monter la fabrication manufacturière d'articles qui, par l'effet d'une main-d'œuvre habile, à bon marché, semblaient

appartenir à certaines contrées. Les succès de l'industrie américaine, dans la fabrication des armes à feu, des serrures, etc., prouvent la puissance d'un système qui n'a pas dit son dernier mot, et fait en même temps comprendre les difficultés que l'on rencontre à lutter contre une fabrication ainsi organisée. Il ne suffit pas de voir le produit, de connaître même les machines principales, il faut réinventer le plus souvent aussi les appareils employés pour les divers détails, pour obtenir chaque élément, l'*outillage spécial*, souvent multiple et difficile à retrouver, les producteurs ayant soin de ne pas le faire connaître.

C'est par l'ingénieuse combinaison d'un semblable outillage que s'explique la supériorité que certains établissements ont su longtemps conserver; nous citerons, par exemple, la célèbre fabrique de blancs de montres créée par Japy, en Franche-Comté; n'ayant pas besoin d'ajouter que le succès même de semblables fabriques et l'importance de leur production, rendent encore plus difficile la concurrence d'établissements nouveaux. Supposons qu'il s'agisse, par exemple, de monter cette fabrication de blancs de montres; il faudra monter des découpoirs, découpant sans bavures et avec grande précision le cuivre laminé à épaisseur convenable, percer à travers les plaques les trous correspondant aux axes des diverses roues, c'est-à-dire percer des trous d'une précision parfaite, comme celle des tiges d'acier qui devront s'y loger après avoir reçu les formes convenables, étirer le cuivre propre à former les ponts repliés portant les autres pivots, les découper sans altérer leurs formes, les percer, tourner et tailler toutes les roues d'engrenage, les monter sur leurs axes, etc... On voit, par ces quelques lignes, le nombre considérable de petits outils de précision, de tours à forets glissants et autres systèmes de tous genres, qui seront indispensables pour obtenir les nombreuses pièces de précision dont on a besoin; et qui cependant, une fois bien combinés, les produiront avec une extrême facilité et à très bon marché.

C'est là le but auquel tend toute manufacture bien organisée, et l'on comprend la puissance de production, la supériorité qu'elle peut acquérir lorsqu'un grand nombre de petites inventions de détail viennent s'accumuler pour effectuer les diverses opérations; aussi dans les beaux ateliers Japy, tout ouvrier est sollicité à améliorer son mode de travail et le moindre progrès signalé par lui est généreusement payé par la direction; c'est, en effet, sur des éléments semblables que repose le succès de l'établissement.

255. Parmi les causes qui tendent à réduire le prix de production, on peut citer l'attention toute particulière qu'on met dans les grandes fabriques à ne rien laisser perdre des matières premières, les déchets devenant utilisables en raison de leur plus grande quantité: cette attention engage souvent à réunir dans un même établissement deux genres d'industrie qui naturellement auraient dû être tout à fait séparés. C'est ainsi que M. Houzeau, de Reims.

a montré aux fabricants de lainage de cette ville, à fabriquer du gaz avec les matières grasses provenant du dégraissage des laines.

Pour présenter un exemple frappant de ce genre d'économie, il me suffira de faire l'énumération des différents arts dans lesquels on se sert de la corne des bestiaux. Le tanneur qui achète les peaux en sépare les cornes, et les vend aux fabricants de peignes et de lanternes. La corne se compose de deux parties : d'une partie extérieure, qui est une espèce d'enveloppe en corne proprement dite, et d'une partie intérieure, formée d'une matière de forme conique, intermédiaire en quelque sorte entre les os et les cheveux durcis. La première opération consiste à séparer ces deux parties en frappant la corne contre un bloc de bois; puis, au moyen d'une scie, on débite l'enveloppe de corne en trois parties :

1° La partie inférieure, qui est à la racine de la corne, subit diverses opérations qui ont pour but de l'aplatir, et elle est façonnée en forme de peignes;

2° La partie du milieu, aplatie à l'aide de la chaleur, et rendue plus transparente par l'immersion dans l'huile, est coupée par couches minces, et sous cette forme elle remplace le verre dans les lanternes communes;

3° Le bout de la corne sert à faire des manches de couteaux ou des toupies d'enfants, ou autres objets semblables;

4° L'intérieur ou le cœur de la corne est bouilli

dans l'eau : beaucoup de graisse s'élève à la surface ; on la met de côté, et on la vend aux fabricants de savon commun ;

5° Cette même eau s'emploie comme une autre sorte de colle ; elle est achetée par les apprêteurs pour gommer la toile ;

6° Les matières qui restent sont broyées sous une meule, et vendues aux fermiers comme engrais.

En outre, les rognures que fait le fabricant de peignes sont vendues aussi comme engrais, au prix de 1 shilling le boisseau. Cet engrais produit peu d'effet l'année même où il est étendu sur la terre ; mais son influence est sensible sur les quatre ou cinq années suivantes. Les rebuts du fabricant de lanternes sont composés de morceaux beaucoup plus minces ; une partie est découpée en diverses figures qu'on peint, et qui servent de jouets aux enfants à cause de leur propriété hygrométrique qui les fait courber par la chaleur de la main ; mais la plus grande partie se vend aussi comme engrais, et étant sous une forme très divisée, elle produit son effet complet sur la première récolte.

256. Un autre résultat de l'emploi des grands capitaux, c'est de détruire cette classe intermédiaire de demi-négociants qui se trouvaient jadis interposés entre le manufacturier et le marchand. Ce résultat a déjà eu lieu depuis longtemps, au moins pour un genre particulier d'industrie, la fabrication de la toile de coton. Autrefois, quand le calicot se fabriquait dans les maisons des ouvriers, il existait une

classe d'individus uniquement occupés à voyager pour acheter, en grande quantité, les pièces fabriquées, et les vendre ensuite au marchand qui les exportait dans d'autres pays. Ces individus intermédiaires étaient obligés d'examiner chaque pièce, pour reconnaître si elle était bien confectionnée et à la mesure. Car bien qu'en général ils pussent avoir confiance dans le plus grand nombre des ouvriers, il suffisait qu'un petit nombre de ceux-ci cherchassent à tromper, pour rendre l'examen indispensable. Mais aujourd'hui cet examen rigoureux n'est plus nécessaire avec les grandes fabriques, parce que la valeur d'une bonne réputation, toute précieuse qu'elle peut être dans toutes les circonstances de la vie, n'est jamais aussi bien sentie par le petit capitaliste que par celui qui engage dans le commerce de vastes capitaux. Chaque ouvrier dans son logement peut espérer, si sa fraude est découverte par un acheteur, que ce fait passera ignoré de tous les autres; tandis que plus un négociant opère sur de fortes sommes, plus sa réputation, comme exactitude dans ses fournitures, est scrutée et épluchée par ses concurrents. De là résulte qu'une réputation intacte tient lieu d'un capital additionnel, puisque le marchand, en achetant du grand manufacturier, économise les frais de vérification, sachant bien que ce manufacturier serait ruiné par la perte de sa réputation commerciale, et qu'une simple tache seulement sur cette réputation, entraînerait immédiatement pour lui une perte pécuniaire bien plus forte que le profit qu'il pourrait réaliser sur une seule affaire.

257. Cette masse de confiance bien établie, fondée sur la réputation de ses manufacturiers et de ses commerçants, est un des principaux avantages qu'une nation depuis longtemps manufacturière possède sur toutes ses rivales, car la bonne fabrication est toujours, à la fin, une cause de fortune, pour les particuliers comme pour les nations.

258. Dans une expédition à l'embouchure du Niger, il s'est présenté un exemple de manque de bonne foi de la part du fabricant, qui a été cause de difficultés assez sérieuses.

« Nous avions apporté avec nous d'Angleterre, dit « M. Lander, environ cent mille aiguilles de diverses « grandeurs, et, entre autres, beaucoup de paquets « désignés sous le titre suivant : *White chapel sharps;* « *garanties pour être de la première finesse, et pour* « *ne pouvoir casser à l'œil.* Ce dernier point avait « été l'objet d'observations spéciales de notre part, « et nous croyions que ces aiguilles seraient excel- « lentes; mais quelle fut notre surprise quand un « grand nombre de naturels, à qui nous en avions « vendu, nous les rapportèrent quelque temps après, « en se plaignant que toutes les aiguilles n'avaient « pas de trou : de sorte qu'en effet *elles ne pouvaient* « *casser à l'œil*, et que nous fûmes obligés de payer « la tromperie indigne du fabricant. En examinant « ensuite tous les paquets des *white chapel sharps*, « nous les trouvâmes tous formés d'aiguilles non « percées, et nous fûmes obligés de les jeter pour « sauver notre crédit. »

259. A l'époque du blocus continental, établi par Napoléon, on a vu un exemple bien remarquable de la confiance que peut inspirer une réputation bien établie. Un des plus grands établissements d'Angleterre était dans l'habitude de faire beaucoup d'affaires avec une maison du centre de l'Allemagne. Mais, à cette époque, tous les ports du Continent furent fermés aux produits des manufactures anglaises, et toute contravention aux décrets de Milan et de Berlin fut menacée des peines les plus sévères. Cependant le fabricant anglais continua à recevoir des commandes de la maison d'Allemagne, dans des lettres qui lui indiquaient à quelle personne l'envoi devait être remis, ainsi que l'époque et le mode de payement. Ces lettres étaient écrites par une personne dont le fabricant anglais connaissait l'écriture, et portaient pour toute signature le nom de baptême du demandeur, quelquefois même elles ne portaient aucune signature. Les commandes furent exécutées, et jamais il n'y eut la moindre irrégularité dans les payements.

260. Plusieurs grands établissements des districts manufacturiers emploient certaines matières qui se tirent de contrées éloignées, et qui, souvent même, ne se trouvent qu'en certaines localités particulières. Découvrir un point inconnu où ces matières existent abondamment, est un objet de la plus haute importance pour un établissement qui en fait une grande consommation; aussi des fabricants ont-ils jugé quelquefois convenable d'envoyer dans des pays assez éloignés, des agents chargés de découvrir et de recueillir de

semblables produits, et la dépense de ces voyages s'est trouvée amplement payée par le résultat. C'est ainsi que les montagnes neigeuses de la Suède et les rochers brûlants de la Corse ont été dépouillés d'une de leurs productions végétales par les agents d'une de nos plus grandes fabriques de teinture. Dans ce cas, comme dans les tentatives pour trouver de nouveaux débouchés, le fabricant doit toujours se régler sur la quantité du capital engagé dans son établissement et sur l'échelle de ses opérations, afin de juger si ses recettes lui permettent d'envoyer des agents pour examiner les besoins et le goût des pays éloignés, et de faire des expériences avantageuses aux grandes fabriques, mais qui seraient très nuisibles aux petites, dont les ressources sont plus limitées. Cette opinion est développée dans le rapport du comité nommé en 1806 par la Chambre des communes, pour l'examen du commerce des laines, et je ne crois pas pouvoir terminer mieux ce chapitre que par un extrait de ce rapport, qui résume les avantages des grands établissements.

« Votre commission, dit le rapporteur, a la satisfaction de voir que les craintes souvent conçues contre les grandes fabriques, non seulement partent d'un principe vicieux, mais sont même erronées en pratique, à tel point que des principes tout à fait opposés peuvent être soutenus avec beaucoup de raison. Certes, il ne serait pas difficile de prouver que les fabriques d'un ordre élevé, au moins à l'époque actuelle, sont indispensables à la prospé-

« rité de notre système manufacturier intérieur, en « lui donnant certains éléments de succès qui lui « manquent encore aujourd'hui. Car il est évident « que le petit manufacturier ne peut pas se détermi- « ner, comme celui qui possède un capital considé- « rable, à faire les essais nécessaires, à courir les « risques, à éprouver les pertes qui ont toujours lieu « dans les premiers moments de l'invention et du « perfectionnement de nouvelles espèces de produits, « ou lorsqu'on porte à un degré de perfection supé- « rieur une fabrication déjà connue. Le petit manu- « facturier ne peut pas connaître, par son examen « personnel, les besoins, les habitudes, les arts, les « fabriques, les perfectionnements des pays étran- « gers. Le soin, l'économie, la prudence, telles doi- « vent être ses qualités, et non l'invention, le goût « et le génie de l'entreprise, qui pourraient lui être « très nuisibles s'il s'y abandonnait; car la chance « du succès ne pourrait compenser pour lui la perte « d'une petite partie de son capital. Il marche dans « une route sûre, il suit le chemin battu ; mais il ne « peut s'en écarter d'un côté ou d'autre pour entrer « dans les sentiers de la spéculation. Le grand ma- « nufacturier, au contraire, étant ordinairement en « possession d'un fort capital, et ayant à sa disposi- « tion immédiate tous les ouvriers qu'il emploie, se « trouve en position de faire des expériences, de ten- « ter des spéculations, d'inventer des moyens d'exé- « cution plus abrégés ou plus parfaits, enfin de per- « fectionner les anciennes méthodes; et, en pro-

« menant ainsi d'objets en objets son goût ou son « imagination, lui seul élève nos fabriques à cet état « de perfection qui les rend capables de soutenir dans « d'autres pays la concurrence des fabriques étran- « gères. Il existe un fait digne d'attention, et qui est « confirmé complètement par l'expérience; c'est « qu'une fois le succès de ces nouveaux genres « de fabrication ou de ces nouvelles inventions « bien constaté par l'expérience, ils se répandent « dans toutes les fabriques du même genre; en « sorte qu'en définitive celles d'un ordre moins élevé, « qui ne travaillent que pour l'intérieur, profitent des « essais de ces grandes fabriques qui ont d'abord été « l'objet de leur jalousie. Cette vérité est démontrée « complètement par l'histoire de presque toutes nos « grandes manufactures, dont les perfectionnements « récents n'ont été obtenus qu'avec des frais énormes, « et après quantité d'expériences infructueuses. »

Le développement des filatures et des tissages de Roubaix et de Reims, après les succès de Ternaux, de Paturle et autres grands fabricants, démontre bien la vérité de cette conclusion.

CHAPITRE XXIII

DES CENTRES D'INDUSTRIE MANUFACTURIÈRE.

261. Dans chaque pays il existe certaines localités autour desquelles viennent se grouper les grands établissements industriels. Dans les premiers temps de l'histoire de toute commmunauté manufacturière, avant l'introduction générale des moyens économiques de transport, presque toujours on trouve chaque espèce d'article de commerce travaillé près du lieu où la nature a placé la matière première. Il en est ainsi ordinairement pour les objets pesants de peu de valeur, pour ceux dans le prix desquels la matière première entre pour la plus grande part; les briques, par exemple, ne s'exportent jamais au loin. Presque tous les minerais, qui sont très lourds et mélangés avec des quantités considérables de matières pesantes et inutiles, doivent être soumis à la fusion près de leur lieu d'extraction primitive. Pour cela il faut du combustible et de la force, et la première chute d'eau trouvée dans le voisinage est immédiatement employée à bocarder le minerai, à souffler les fourneaux, à marteler et laminer le fer. Il se présente cependant des

circonstances particulières qui modifient cet arrangement général. On rencontre assez souvent le charbon de terre et la pierre à chaux dans la même localité où se trouve le minerai de fer; mais le gisement d'autres métaux ne présente pas cette réunion heureuse du combustible avec le minerai. En général, d'après les notions de la géologie, les terrains les plus riches en minerais métalliques sont différents de ceux où se rencontre le charbon de terre. Ainsi le comté de Cornouailles renferme des filons de cuivre et d'étain, et n'offre aucune couche de houille. Le minerai de cuivre, qui exige pour sa réduction des quantités considérables de combustible, est porté par mer jusqu'aux exploitations de houille du pays de Galles, et fondu à Swansea. Les bâtiments qui le chargent, prennent en retour des chargements de charbon pour les machines à vapeur qui épuisent les mines, et pour les fourneaux à fondre l'étain qui sont sur le lieu même d'extraction, le traitement de ce métal exigeant moins de chaleur que la réduction du cuivre.

262. Les rivières qui traversent les pays riches en charbon et en minerais, sont les premières grandes routes qui servent au transport des matières pesantes jusqu'aux lieux où se présentent les circonstances convenables pour faciliter le travail des hommes sur ces matières; puis viennent les canaux, qui concourent au même résultat; enfin l'application de la vapeur à la locomotion sur les chemins de fer, tracés dans de bonnes conditions de planimétrie, procure presque les mêmes avantages d'un facile transport à des localités

qui en étaient privées à jamais par la nature. L'industrie, le commerce, la civilisation, suivent toujours les lignes de communication les plus économiques. Il y a soixante ans le Mississipi roulait le vaste volume de ses eaux au travers de plusieurs milliers de lieues de pays où se montraient à peine quelques tribus errantes et sauvages. La force du courant semblait défier les efforts de l'homme et lui défendre de remonter son cours; et pour lui ôter mieux tout espoir, des arbres énormes, arrachés des forêts voisines, étaient fixés au fond du lit, tantôt formant ainsi des barrières, tantôt devenant le noyau d'un banc, et réunissant sur le même point les dangers d'un bas-fond et d'un écueil, que le hasard seul pouvait faire éviter. Au bout de quatre mois d'un travail continu, à peine une petite barque, avec son équipage épuisé de fatigue, se trouvait-elle remontée à 3,000 kilomètres de son point de départ. Maintenant ce même espace est parcouru en quelques jours par de grands bâtiments mus par la vapeur, et portant des centaines de passagers qui jouissent de tous les agréments et de tout le luxe de la civilisation. Au lieu de la hutte indienne, au lieu de la baraque bien plus rare du planteur, des villages, des villes, des cités, se sont élevés sur les bords de ce fleuve immense; et cette même machine, qui dompte la force de ses puissantes eaux, finira par extirper de son lit tous les obstacles qui gênent la navigation, et l'ont rendue si longtemps dangereuse.

263. *Des frais de transport.* — Le prix du trans-

port, du lieu de production au lieu de consommation, s'ajoutant à celui de la marchandise, limite l'étendue du champ où celle-ci peut trouver un acquéreur. De là résulte la détermination de l'endroit où peut avantageusement être fondée une manufacture, en raison de l'achat des matières qu'elle transforme et de la vente des produits fabriqués. Supposons qu'une tonne se transporte, par le moyen le plus économique, à 0 fr. 05 par kilomètre, soit 0 fr. 50 pour 10 kilomètres, 1 franc pour 20 kilomètres; s'il s'agit d'une substance à bas prix, d'argile, de fumier, etc., valant 8 ou 10 fr., on voit qu'à une distance de 100 kilomètres, son prix serait augmenté de moitié, et par conséquent invendable dans un pays où l'on fabrique des produits analogues; c'est pour cela que tous les produits pesants, les briques, les pierres, ne peuvent se transporter qu'à de petites distances. Qu'il s'agisse, au contraire, d'un piano d'une valeur de 1,000 francs et pesant moins de 1,000 kilogrammes, le prix du transport sera insignifiant, et l'exportation pourra s'en faire à toute distance, s'il est fabriqué par un artiste de talent.

C'est surtout à propos de la houille que les questions de transport ont été le plus agitées, l'absence de combustible minéral venant rendre presque impossible l'existence de nombre de genres de fabriques loin des mines; forçant à déplacer celles anciennement fondées, à moins que les moyens de transport ne puissent être radicalement améliorés, de manière à en réduire considérablement les frais.

C'est la richesse des houillères, leur proximité de la mer, la facilité du cabotage, qui ont le plus contribué à la richesse de l'Angleterre, et, en France, malgré les sacrifices faits pour les canaux, ce n'est que depuis la construction des grandes lignes de chemins de fer que les plus grands obstacles au développement de l'industrie ont été levés. On espérait bien par des canaux obtenir des transports à des prix de moins d'un centime par tonne et par kilomètre, mais la plupart des canaux construits aux frais de l'État, à travers trop d'obstacles, n'ont jamais rien rapporté et n'ont jamais donné un service régulier; pendant ce temps, les chemins de fer, largement rémunérateurs du capital engagé, du fait du transport des voyageurs et des marchandises chères, sont devenus susceptibles de faire des transports économiques, en ne les grevant pas de frais généraux déjà payés.

Le chemin de fer du Nord, transportant la houille du Nord de la France et de la Belgique par trains de 400 tonnes, parcourant 5 ou 600 kilomètres, touche 5,000 fr. par train, à raison de deux centimes et demi par tonne. Avec le moindre encouragement de l'État, sans moins gagner peut-être par suite du développement du trafic, il pourrait les transporter à un centime. Nul doute que les résultats qui seraient obtenus ainsi, par une assurance contre les pertes et au plus par des sacrifices de courte durée, ne fussent bien supérieurs à ceux que l'on obtiendra de la construction de la plupart des nouveaux canaux qui n'ont d'autres sources de recettes que le transport des marchandises qui peuvent impunément rester longtemps en route. Les questions d'économie des chemins de fer relèvent d'une théorie aussi complexe que l'économie des manufactures; on a déjà accompli des merveilles en fait d'exploitation, et le succès doit conduire à faire mieux encore. Ce que nous proposons revient à rentrer dans les voies de Colbert qui donnait 1,200 francs par métier à Van-Robais pour établir ses manufactures de lainage, système qui dans l'avenir pourra bien être repris pour faire prospérer des manufactures nouvelles.

264. Les conditions de prospérité d'une manufacture étant réunies dans un endroit déterminé, il y naît naturellement nombre d'établissements semblables: les forges, par exemple, les sucreries de betteraves près des houillères. Leur réunion dans un pays a pour effet naturel d'y attirer des acheteurs de diverses contrées; il devient un *marché* pour une nature d'objets, qui a bientôt sa vie propre, sa population expérimentée, et qui va grandissant en puissance et en habileté pour la création d'un genre de fabrication. Manchester, Birmingham, Sheffield, en Angleterre; Paris, Lyon, Reims, en France, sont des exemples bien connus de centres industriels d'une grande puissance. La multiplication des fabriques produit une émulation qui est la cause d'incessants progrès, auxquels ne participent pas les fabriques isolées, qui ont la plus grande peine à recruter un personnel capable, à remplacer un ouvrier habile. C'est dans ces centres que s'accumulent, avec leurs

qualités et leurs défauts, les populations qui différencient le plus les nations modernes de celles qui les ont précédées, celles qui jouent le plus grand rôle dans les révolutions.

Comme puissance d'action de ces centres, nous prendrons pour exemple Manchester, où l'industrie du coton et la fabrication des textiles en général, a pris un développement considérable, et où la fabrication des machines est représentée par des ateliers admirables, comme perfection de construction et comme puissance de production. Non seulement la ville va croissant sans cesse, est devenue une ville de 500,000 âmes, s'embellit de parcs, de jardins, voit se multiplier les écoles, les *méchanic's instituts ;* mais encore, dans la voie économique, elle domine l'industrie du coton, elle a vu naître l'école de Manchester, dont Cobden fut le plus habile représentant, qui a formulé la théorie économique du libre échange, l'a fait adopter par l'aristocratie anglaise malgré ses répugnances, et l'a prêchée dans le monde entier, comme étant la loi de l'ordre et du progrès.

Lors de la disette du coton produite par la guerre d'Amérique, les fabricants de Manchester ont propagé la culture de la plante qui leur faisait défaut, on peut dire dans le monde entier : l'Égypte a été couverte de cotonniers et le coton a été amené des parties les plus reculées de l'Asie aux fabriques de Manchester. Comment des fabricants isolés auraient-ils pu entreprendre et réussir des œuvres semblables ? Ce n'était évidemment que la tête d'une riche et puissante cité, d'une métropole industrielle qui pouvait le tenter et y réussir.

265. Quand un capital considérable a été employé en machines ou en bâtiments, quand les habitants des alentours sont habitués à travailler avec ces machines, il faut des motifs bien graves pour déterminer le déplacement d'une industrie ainsi établie. Toutefois il existe des exemples de changements semblables, et la commission nommée pour examiner les variations du travail des ouvriers employés dans les manufactures, indique ces changements comme une chose éminemment contraire à l'établissement d'un taux uniforme dans le prix de leur salaire. Aussi est-il d'une importance toute spéciale pour les ouvriers de connaître la véritable cause qui a déplacé certaines industries manufacturières de leur position primitive.

« L'émigration ou le déplacement d'une industrie « manufacturière, est-il dit dans le rapport de la « commission, provient quelquefois de l'invention de « nouveaux perfectionnements mécaniques qui ne « peuvent se mettre en pratique dans la localité où « est établie cette industrie. Telle semble avoir été « la cause du déplacement de la fabrication des « draps, qui a quitté presque entièrement les comtés « d'Essex, de Suffolk, et les autres comtés du midi, « pour se porter au nord de l'Angleterre, où le « charbon nécessaire aux machines à vapeur est « beaucoup moins cher. Mais quelquefois aussi, ce « déplacement est occasionné ou au moins accéléré

« par la conduite imprudente des ouvriers, qui « s'obstinent à refuser une réduction raisonnable « dans leurs salaires, ou qui s'opposent opiniâtrément « à l'introduction d'une nouvelle machine ou d'une « nouvelle modification dans le travail; car, pendant « la dispute, une autre localité accueille ces nou- « veaux perfectionnements, et enlève à la première « son rang commercial. Toute tentative violente des « ouvriers contre la propriété de leurs patrons, toute « association déraisonnable de leur part, est, sans « doute, ce qu'ils peuvent faire de plus contraire à « leurs propres intérêts. »

C'est ainsi que la construction des grands navires a disparu de la Tamise devant les exigences des ouvriers charpentiers, et s'est concentrée sur la Clyde en Écosse.

266. Quand les fabriques existent depuis longtemps, ces déplacements ont les conséquences les plus graves, parce qu'autour de la fabrique s'est élevée une population proportionnée à ses besoins. L'association d'ouvriers du Nottinghamshire, connue sous le nom d'association des *Luddites*, chassa de ce pays une grande quantité de métiers à tulle, et fit naître des fabriques semblables dans le Devonshire. Quand un fabricant porte ainsi son industrie dans une autre localité où cette industrie n'existe pas, ce déplacement n'a pas seulement pour effet de le mettre à l'abri des associations d'ouvriers qu'il a fuies : si ce fabricant réussit dans son nouvel établissement, son exemple engagera très probablement, après

quelques années, d'autres capitalistes de cette localité à mettre des fonds dans le même genre d'industrie; et ainsi, quoiqu'une seule fabrique soit sortie du premier pays où les associations d'ouvriers ont occasionné ce déplacement particulier, ces ouvriers ne perdent pas seulement le travail que leur procurait cette fabrique; ils sont obligés, de plus, de baisser en général le prix du salaire de leur travail, par suite de la rivalité du nouveau centre d'industrie qui s'est formé.

267. Une autre circonstance a son influence propre sur cette question; c'est la nature des machines. Les machines lourdes, telles que les presses à imprimer les toiles, les machines à vapeur, etc., ne peuvent être déplacées aisément, et, pour les transporter, il faut toujours en démonter les différentes pièces; mais quand tout le matériel de la fabrique se compose d'une multitude de petites mécaniques séparées, complètes chacune en elle-même, et toutes mises en mouvement par une seule force motrice, par une roue d'eau ou une machine à feu, le déplacement devient beaucoup moins difficile. C'est ainsi que les métiers à bas, à tulle, à toile, peuvent, avec un petit démontage, être transportés facilement dans des localités plus avantageuses.

268. Il serait très important que les hommes les plus intelligents de la classe ouvrière pussent examiner la justesse des observations que je viens de présenter; car la masse générale des ouvriers n'ayant jamais fixé son attention sur un semblable sujet, se

laisse souvent diriger par quelques meneurs obstinés à conserver une ancienne coutume, en apparence favorable, mais en réalité tout à fait contraire à leurs intérêts bien entendus. Je l'avouerai, j'ai quelque espoir que ce livre tombera dans les mains d'ouvriers plus capables peut-être que moi-même de raisonner sur un sujet qui demande simplement du bon sens, et qu'en le lisant, leur intelligence sera excitée par l'importance de ce sujet, pour le bonheur de leur vie. En dirigeant leur attention vers les considérations précédentes, et vers celles que je pourrai présenter encore sur la même question, je crois n'avoir sur eux qu'un seul avantage : c'est que je n'ai jamais eu dans le cours de ma vie, et que je n'aurai jamais, suivant toute probabilité, le plus léger intérêt pécuniaire dans aucune affaire qui puisse de loin ou d'avance influencer en aucune manière mon opinion. Cette opinion, je l'ai formée d'après les faits, à mesure qu'ils se sont présentés à moi.

CHAPITRE XXIV

DE L'ENQUÊTE PRÉLIMINAIRE QUI DOIT PRÉCÉDER TOUTE TENTATIVE DE FABRICATION.

269. Avant d'entreprendre la fabrication d'un objet commercial quelconque, on doit toujours faire une enquête préliminaire sur certains points nécessaires à connaître, et dont les principaux sont : la dépense d'achat des outils, des machines, des matières premières, et de tout l'agencement nécessaire pour produire, l'étendue des demandes dont on peut être assuré, le temps nécessaire pour recouvrer le capital ainsi risqué, enfin le temps plus ou moins long après lequel l'article nouveau remplacera dans l'usage les articles analogues actuellement employés.

270. Il est assez difficile de déterminer la dépense de nouvelles machines et de nouveaux outils, s'ils sont très différents de ceux déjà connus. Mais telle est la variété des instruments ou des machines employés constamment dans nos diverses fabriques, qu'il doit se rencontrer peu d'inventions mécaniques dont l'exécution ne présente pas dans ses détails beaucoup d'analogie avec une machine dejà établie. Il est moins

difficile de déterminer la dépense des matières premières; cependant il existe plusieurs cas où il devient important d'examiner si l'on est sûr de s'en procurer une quantité suffisante à un prix convenable. Tel est celui où la consommation ordinaire de ces matières est assez restreinte. Alors les demandes d'une nouvelle fabrique peuvent faire hausser momentanément le prix de ces matières, quoiqu'en définitive l'accroissement des demandes doive, par la suite, faire réduire ce même prix.

271. Celui qui projette l'établissement d'une nouvelle manufacture doit examiner surtout avec soin quelle sera, suivant toute probabilité, la quantité consommée du nouvel article de commerce qu'il veut produire. Comme mon but n'est pas ici d'instruire les fabricants, mais de donner un exposé général du sujet, je présenterai quelques éclaircissements sur la manière dont les hommes pratiques envisagent cette question, dans l'espoir que ces éclaircissements pourront être utiles à mes lecteurs. Dans ce but, j'ai tiré de l'enquête faite sur les ouvriers et les machines, devant une commission de la Chambre des communes, l'extrait suivant qui montrera l'étendue de la consommation d'objets insignifiants en apparence, et l'attention toute particulière que doit leur donner le manufacturier.

La commission avait appelé devant elle M. Ostler, fabricant de grains de colliers en verre et d'autres jouets d'enfants à Birmingham. Quelques articles de sa fabrique étaient placés sur la table, pour être soumis à l'examen de la commission, qui tenait sa séance dans une des salles ordinaires.

Question. « Avez-vous quelques renseignements « à nous donner sur votre genre d'industrie ?

Réponse. « Les objets déposés sur cette table peu- « vent sembler des objets tout à fait insignifiants à « des gens du monde ; mais peut-être ces mêmes « personnes seraient-elles assez étonnées en appre- « nant le fait que je vais rapporter. Il y a environ « dix-huit ans, à mon premier voyage à Londres, je « rencontrai à la Bourse un homme bien mis qui me « demanda si je pourrais lui fournir des *yeux d'émail* « pour des poupées. Je fut assez sot pour m'*offenser* « presque de la proposition, trouvant que c'était déro- « ger à ma nouvelle dignité de fabricant, que de faire « une pareille niaiserie. Alors il me mena dans une « chambre aussi large et peut-être deux fois aussi « longue que celle-ci, dans laquelle était ménagé un « petit passage entre des amas énormes de diverses « pièces de poupées entassées jusqu'au plafond. Il n'y « a ici que les bras et les jambes, me dit mon guide, « les corps sont dans la pièce au-dessous. Mais j'en « voyais assez pour me convaincre qu'il avait besoin « en effet d'une grande quantité d'yeux d'émail. « Comme cet article était tout à fait dans le genre de « ma fabrication, je lui demandai une certaine com- « mande pour essayer, et il me montra alors divers « échantillons. Il divisa sa commande en diverses « quantités de diverses qualités et de diverses dimen- « sions. Je l'écrivis, et à mon retour à l'hôtel de

« Tavistok où je demeurais, je trouvai que la « commande totale montait à 500 livres sterling « (12,500 fr.). Je me rendis chez moi, et j'essayai de « *faire des yeux-d'émail*. J'avais alors dans ma « fabrique les ouvriers les plus habiles du royaume « pour la confection des jouets de verre ; mais dès que « je leur eus montré mes échantillons, ils se mirent « à branler la tête et à me dire qu'ils avaient bien vu « autrefois des échantillons semblables, mais qu'ils « n'en savaient pas faire. Je leur donnai quelque « argent pour les encourager : ils essayèrent, et « après avoir perdu trois ou quatre semaines en tra- « vail inutile, je fus obligé de renoncer à mes tenta- « tives. Bientôt après j'entrepris une autre affaire, « une fourniture de chandeliers de verre, et je ne « m'inquiétai plus des yeux d'émail. Au bout d'un « an et demi cette niaiserie me revint à la tête : je me « déterminai à m'attacher à cette affaire sérieuse- « ment, et après une huitaine de mois, je tombai par « hasard sur un pauvre diable que l'ivrognerie avait « réduit à l'indigence, et qui se mourait d'une mala- « die de consomption, dans la dernière misère. Je « lui montrai dix souverains, et il me dit qu'il m'ap- « prendrait le moyen de faire des yeux d'émail. Il « était dans un tel état, qu'il ne pouvait souffrir l'odeur « de sa lampe, et, après qu'il m'eut expliqué son « *secret*, quoique je fusse très familier avec la partie « manuelle de mon industrie, quoiqu'il parlât de « choses que je voyais tous les jours, je sentis que je « ne ferais rien de bon par cette description seule. Je

« rapporte ce fait pour montrer combien il est difficile « de transmettre, par une simple description, des « procédés de fabrication. Alors il me mena dans son « galetas, où je trouvai l'économie poussée à un tel « point, qu'il se servait, au lieu d'huile, de graisse « achetée au marché, bien que la concurrence eût « fait baisser considérablement le prix de l'huile à « cette époque. Au bout d'un instant, avant qu'il « n'eût fait trois yeux d'émail, je sentis que j'en pour- « rais faire aisément, et la différence de son mode « d'opérer avec celui de mes ouvriers était si légère, « que j'en fus étrangement surpris.

Question. « Et maintenant vous savez faire des yeux d'émail?

Réponse. « Oui sans doute. Comme la commande « dont je viens de parler remontait à dix-huit ans, « j'ai craint qu'un renseignement semblable ne vous « parût pas assez sûr pour baser le prix de ce genre « d'article, et je me suis informé hier au soir du prix « actuel des yeux d'émail. Ce prix a éprouvé une « forte diminution, et n'est pas même la moitié du « prix d'alors. J'ai supposé ensuite que chaque enfant « n'avait pas de poupée avant l'âge de deux ans, n'en « voulait plus à sept, et en usait une par an. Avec « ces données, j'ai calculé que les yeux d'émail pou- « vaient donner lieu à une circulation de plusieurs « mille livres sterling dans le commerce. En soumet- « tant à la Commission tout ce détail, mon but a été « de lui montrer l'importance de choses qui semblent « des niaiseries, et de lui prouver, d'après ma con-

« viction, qu'il n'y a que des communications directes « et personnelles qui puissent transmettre à l'étran- « ger un procédé quelconque de fabrication. »

272. Dans beaucoup de cas, il est très difficile d'estimer à l'avance le débit probable d'un nouvelle article de commerce, ou l'effet probable d'une nouvel machine. Il faut alors se livrer à des recherches statistiques difficiles à cause du manque de matériaux, le plus souvent. On comprend alors la reconnaissance que l'on doit aux hommes laborieux, aux sociétés, aux chambres de commerce, qui réunissent des chiffres exacts sur les questions d'ordre économique. Je rapporterai ici un exemple qui s'est présenté dans une enquête récente, quoique cette enquête n'ait pas, il est vrai, une relation bien immédiate avec l'objet qui nous occupe en ce moment : car elle n'avait pas pour but d'examiner le débit probable d'un produit industriel; mais elle peut être très utile comme modèle dans des recherches de cette nature. Une commission fut nommée par la Chambre des communes pour examiner les droits auxquels on devait soumettre les machines locomotives à vapeur, qui devaient parcourir nos routes à péage; c'était une question d'une solution assez difficile en apparence, et sur laquelle s'étaient formées des opinions très opposées, si l'on en juge d'après la différence des droits établis sur ces machines par les inspecteurs des différentes routes. En établissant les principes généraux qui devaient diriger son enquête, la commission reconnut « que, pour fixer con-

« venablement le tarif des droits à percevoir sur une « route publique, il fallait nécessairement partir de « ce principe, que ce tarif devait produire une somme « suffisante pour payer la dépense primitive de con-« struction, et pour maintenir la route dans un bon « et suffisant état d'entretien, en supposant la con-« struction et les réparations dirigées avec une sage « économie. » La commission chercha d'abord à déterminer, par des renseignements tirés de personnes compétentes, l'influence des changements atmosphériques sur la détérioration d'une route bien construite ; ensuite elle chercha à comparer entre elles les quantités partielles de détérioration qui pouvaient provenir de l'action des pieds des chevaux ou de celle des roues des voitures. M. Macneill, inspecteur de la route de Holyhead sous M. Telford, fut appelé à ce sujet, et proposa de prendre pour base de cette comparaison la quantité usée des fers de chevaux et des bandages de roues. D'après une note qu'il avait entre les mains sur les réparations annuelles des fers de chevaux, et les bandages des roues pour une des diligences de Birmingham, il estima que les routes étaient endommagées trois fois plus par les pieds des chevaux que par le passage des roues. En prenant 100 livres sterling, ou 2,500 francs comme prix de la réparation annuelle d'une route parcourue par une diligence faisant par heure dix milles anglais ($16,000^{m}$), ou par des charrettes allant à trois milles anglais (5 kilomètres) à l'heure, M. Macneill divise comme il suit le dommage total que cette route éprouve :

RÉPARATIONS provenant des causes suivantes.	ROUTE parcourue par la diligence.	ROUTE parcourue par les charrettes.
Changements atmosphériques..	20	20
Roues..................	20	35,50
Pieds des chevaux..........	60	44,50
Total...........	100	100

La commission, pourvue de ce tableau, supposa que les roues des machines locomotrices ne doivent pas endommager les routes plus que celles d'autres voitures de même poids, marchant avec la même rapidité, et elle se trouva alors en état de déterminer approximativement le tarif des droits qu'on devait percevoir sur ces nouvelles machines [1].

273. Je joindrai ici une note qui se lie à ce sujet, et qui présente des résultats précieux sur des points très discutés avant que des expériences directes eussent décidé la question : elle est extraite d'un rapport de M. Telford sur l'état des routes d'Holyhead et de Liverpool. L'instrument employé comme terme de comparaison avait été inventé par M. Macneill, et les expériences furent faites sur une partie de la route de Londres à Shrewsbury.

Quand une charrette pesant 21 quintaux anglais (1050 kil.) parcourt différentes sortes de routes, l'ef-

1. M. Macneill a trouvé, par ses calculs, que chaque diligence de Londres à Birmingham répand environ 11 livres de fer sur la route qui unit ces deux villes.

fort nécessaire à sa traction est représenté par les nombres suivants :

Sur une route bien pavée.....	par	33 lbs..	16 p.	100 du poids.
Sur une route en cailloutis, ou en silex cassés...........		65	30	—
Sur une route en gravier......		147	72	—
Sur une route en cailloutis, avec fondation en blocs.........		146	20	—
Sur une surface de cailloutis, avec une fondation formée d'un mélange de ciment romain et de gravier...............		46	20	—

Le tableau suivant indique les quantités de force nécessaires pour mettre en mouvement, sur des routes de pentes très variées, une diligence du poids de 18 quintaux anglais (820 kil.), déduction faite de ses voyageurs.

TAUX de la rampe.	FORCE nécessaire à raison de 6 mil. à l'heure.	FORCE nécessaire à raison de 8 mil. à l'heure.	FORCE nécessaire à raison de 10 mil. à l'heure.
	liv. angl.	liv. angl.	liv. angl.
1 sur 20.........	268	296	318
1 sur 26.........	213	219	225
1 sur 30.........	165	196	200
1 sur 40.........	160	166	172
1 sur 60.........	111	120	128

274. Quand on crée un nouveau genre d'industrie, on doit faire entrer en ligne de considération le temps qui devra s'écouler avant qu'on ait pu vendre les objets qu'on veut fabriquer, et qu'on ait réalisé quel-

ques profits par cette vente; on doit aussi examiner le temps qui se passera avant que le nouvel article ait remplacé l'objet de même nature dont on se sert actuellement. Si ce nouvel objet de fabrication est de la nature de ceux qui se détériorent par l'usage, il sera beaucoup plus facile de le mettre en vogue. Ainsi les plumes d'acier ont remplacé promptement les plumes ordinaires, et une nouvelle forme de plume qui aurait quelque nouvel avantage remplacerait aussi aisément les plumes d'acier. Au contraire, un genre nouveau de serrure, quoique sûr et économique, se répandra plus difficilement dans le public. Si cette nouvelle serrure coûte moins que les anciennes, on l'emploiera dans les nouvelles constructions; mais bien rarement on déplacera de vieilles serrures pour l'y substituer, et, fût-elle parfaitement sûre, son succès sera encore assez lent.

275. Il existe encore un autre élément que nous ne devons pas omettre dans l'examen de cette question, c'est l'opposition que peuvent élever contre la nouvelle industrie les intérêts qu'elle attaque ou qu'elle peut sembler attaquer, et l'extension probable de l'influence que peut acquérir cette opposition. Cet inconvénient n'est pas toujours prévu, ou bien on l'évalue avec trop peu de soin. Quand on pensa pour la première fois à établir des bateaux à vapeur entre Margate et Londres, les entrepreneurs de diligences qui desservaient cette route adressèrent à la Chambre des communes une pétition, où ils attaquaient les bateaux à vapeur comme la cause certaine de leur ruine.

Le temps prouva que leur crainte était imaginaire; car en peu de temps le nombre des diligences sur la route de Margate prit un développement considérable, et ce développement fut produit, suivant toute apparence, par l'établissement même de ces bateaux à vapeur qui semblaient lui être tout à fait contraires, et qui augmentèrent la circulation des voyageurs au delà de toute prévision. Plus tard s'est propagée la crainte que l'extension des chemins de fer et la multiplication des locomotives ne laissât sans travail un grand nombre de chevaux ; cette crainte était aussi chimérique que celles des entrepreneurs de la route de Margate. Peut-être cet effet a-t-il eu lieu sur quelques lignes particulières; mais, en fait, le nombre de chevaux employés au transport des voyageurs et des marchandises, affluant sur les grandes lignes de chemins de fer, s'est trouvé beaucoup plus considérable que le nombre employé autrefois au même travail sur les routes ordinaires.

CHAPITRE XXV

DES CIRCONSTANCES CONVENABLES POUR L'EMPLOI DES MACHINES.

276. Fabriquer à bon marché, tel est le premier objet de l'emploi des machines : à cette qualité qu'elles possèdent éminemment, se lie l'extrême utilité dont elles peuvent être dans l'industrie. Partout où il est besoin de fabriquer une grande quantité d'objets tous exactement de même nature, il faut de suite faire des outils ou des machines pour mettre cette fabrication en manufacture. Supposons qu'il ne fallût que quelques paires de bas de coton dans une localité assez pauvre pour que les habitants ne pussent généralement en acheter ; ce serait une dépense absurde de temps et de capital que de construire un métier à bas, quand, pour quelques sous, on achèterait quatre aiguilles avec lesquelles on pourrait les tricoter parfaitement. Mais si l'on a besoin de plusieurs milliers de paires de bas, le temps et le capital consacrés à construire un métier seront payés et au delà par l'économie du temps nécessaire pour fabriquer ce grand nombre de bas avec des aiguilles. Ce même raisonnement s'applique également au cas où il s'agit

de copier une lettre : s'il en faut seulement trois ou quatre copies, la main de l'homme, aidée de la plume, est le moyen le plus économique ; mais si l'on en désire des centaines de copies, on a recours à la lithographie, et s'il en faut des centaines de mille, l'imprimerie les délivre de la manière la plus économique qu'on puisse imaginer.

277. Cependant il existe certains cas où il est nécessaire de fabriquer des machines ou des outils pour une opération unique, et où l'économie de production n'est qu'une considération secondaire dans cette fabrication. Ainsi, lorsqu'on doit exécuter quelques objets d'un genre particulier, tels que certains produits *étalonnés*, c'est-à-dire qui doivent être identiques avec un modèle voulu, ou certaines pièces de machines qui exigent une précision extrême ou une conformité parfaite entre elles, ces conditions sont impossibles à remplir à l'aide de la main de l'ouvrier seul, quelque habile qu'il puisse être, et il faut fabriquer des outils particuliers pour ce travail, quoique souvent la fabrication de ces outils coûte plus que celle de l'objet qu'ils doivent servir à fabriquer.

278. Il se présente encore un autre cas où les machines sont convenablement appliquées, même avec un surcroît de dépense ; c'est celui où la valeur de l'objet qu'on veut produire dépend pour beaucoup du temps employé à sa production : tels sont les journaux qui rapportent les discussions de la Chambre des communes. Souvent ces discussions se prolongent dans la nuit jusqu'à trois ou quatre heures, de ma-

nière à laisser très peu d'heures disponibles pour leur insertion dans la feuille qui doit paraître le matin. Il faut que chaque discours soit écrit par le sténographe, qu'il soit porté par lui au bureau du journal, à la distance d'un ou deux milles peut-être; qu'il soit transcrit en écriture ordinaire; qu'il soit composé; que l'épreuve soit corrigée; que la feuille soit imprimée et distribuée, avant que ce discours puisse être lu par le public. La plupart des journaux sont tirés à dix mille exemplaires; en supposant qu'on dût les tirer à quatre mille seulement, et qu'on pût imprimer sur un côté cinq cents exemplaires par heure, ce qui est le nombre le plus grand que deux ouvriers, aidés d'un enfant, puissent faire avec les anciennes presses à bras, il faudrait seize heures pour le tirage complet; de sorte que les nouvelles seraient déjà vieilles avant d'arriver aux abonnés qui seraient servis les derniers. Pour remédier à cet inconvénient, il fallait souvent autrefois doubler ou même tripler la composition; mais aujourd'hui telle est la perfection des machines à imprimer, que des milliers de feuilles sont imprimées à l'heure.

279. L'imprimerie du *Times* est une véritable manufacture qui offre un exemple admirable de la division du travail et de l'organisation intérieure d'une grande fabrique. Les milliers de personnes qui lisent ce journal dans toutes les parties du globe pourraient difficilement s'imaginer le spectacle d'ordre et d'activité que présente cette manufacture pendant la nuit entière, et la quantité de talent et d'a-

dresse mécanique qui est mise en action pour leur instruction et leur amusement [1]. Près de cent personnes y sont employées, et, pendant la session du parlement, douze sténographes au moins sont attachés constamment à la Chambre des communes et à celle des lords; chacun d'eux à son tour, après une heure environ de travail, se retirant pour transcrire en écriture ordinaire le discours qu'il a entendu et sténographié. Pendant la séance cinquante compositeurs

1. L'auteur a eu dernièrement l'occasion de visiter cette fabrique intéressante, avec un de ses amis, à minuit, et pendant qu'une discussion très importante s'agitait à la Chambre des communes. Tout le local était éclairé au gaz, et l'on y voyait clair comme en plein jour. Aucun bruit étranger ne s'y faisait entendre, et notre visite fut reçue avec une attention si calme et si polie, que ce fut seulement après nous être retirés que nous sentîmes l'inconvénient de semblables visites au moment du *coup de feu*, et alors seulement aussi nous pûmes concevoir que cette tranquillité admirable était le résultat d'une occupation régulière et sérieuse. Pour indiquer l'effet nuisible de toute interruption dans le courant du travail, il suffira de rappeler que quatre mille feuilles sont imprimées par heure sur un côté, et que chaque minute perdue empêche le tirage de soixante-six feuilles. Ainsi le quart d'heure de suspension qu'un étranger peut trouver raisonnable de réclamer pour gratifier sa curiosité, ce quart d'heure, qui n'est pour lui qu'un instant, peut empêcher le tirage d'un millier d'exemplaires, et tromper de la manière la plus désagréable l'attente d'un millier d'abonnés de plusieurs villes éloignées, qui doivent recevoir chaque jour leurs numéros, expédiés de Londres par les départs du matin et les voies les plus rapides.

En ajoutant cette note, j'ai voulu indiquer en général aux curieux, et surtout aux étrangers, qui veulent visiter nos grandes fabriques, la principale cause des difficultés qui s'opposent souvent à leur introduction dans l'intérieur de ces fabriques. Quand un établissement est considérable, quand les divers détails en sont habilement organisés, l'entrée en est interdite aux curieux, non par un effet de jalousie ou par un désir vague et souvent absurde de tenir cachés les procédés de fabrication, mais par suite de l'inconvénient réel et de la perte de temps qui résulteraient d'interruptions, même très courtes et accidentelles, au milieu de l'enchaînement d'opérations parfaitement combinées. (A.)

sont constamment à l'ouvrage; de sorte que le commencement du discours d'un orateur se trouve déjà composé en partie, ou entre les mains d'un compositeur, tandis que le milieu voyage de la Chambre au bureau du journal dans la poche du sténographe empressé, et que la péroraison, dans ce même instant, peut-être excite les applaudissements des auditeurs, et fait vibrer les murs de Saint-Stephen. Les caractères, disposés par les divers compositeurs, passent immédiatement dans d'autres mains, jusqu'à ce que les fragments détachés de la discussion, réunis au reste des matières et formant alors quarante-huit colonnes, reparaissent en ordre sur la plate-forme de la presse à imprimer. Alors la main de l'homme devient un agent trop lent pour satisfaire aux demandes de la curiosité de ce même homme; la force de la vapeur vient à son secours. Un mécanisme admirable encre rapidement les caractères : quatre aides-imprimeurs présentent successivement le bord de larges feuilles de papier blanc à la ligne de jonction de deux grands cylindres, qui semblent les dévorer avec un appétit insatiable; d'autres cylindres les portent aux caractères encrés, mettent successivement les deux côtés en contact avec les caractères, et délivrent de suite aux quatre aides les feuilles complètement imprimées par cet attouchement instantané. De cette manière, déjà en 1830, en une heure on imprimait d'un côté quatre mille feuilles; et le tirage de douze mille exemplaires qui contiennent chacun plus de trois cent mille caractères, était livré au public en moins de six heures. Aujourd'hui avec des clichés, des machines cylindriques et du papier continu, le tirage atteint 10,000 exemplaires, grand format, à l'heure.

280. L'application des machines à l'impression des publications périodiques de toute nature permet d'introduire, dans leur distribution, une économie d'une haute importance pour la propagation des lumières, et les procédés qui sont la base de cette économie de production méritent un examen attentif. Nous prendrons pour exemple le *Chamber's Journal*, qui se publie à Édimbourg, et dont chaque numéro coûte trois demi-pence (trois sous). Dès que ce journal parut, en 1832, le nombre des abonnés en Écosse monta à trente mille, et on le réimprima pour fournir aux demandes de Londres; mais les frais d'une nouvelle composition absorbèrent les profits de cette réimpression, et l'on était près de renoncer à l'édition de Londres, lorsque le propriétaire du journal imagina de le stéréotyper à Édimbourg, et de fondre deux séries de planches semblables. Cette opération se fait maintenant près de trois semaines avant l'époque où le journal doit paraître; on envoie une des séries de planches stéréotypes à Londres, où le tirage s'exécute à la presse à vapeur, et l'agent de Londres se trouve avoir le temps nécessaire pour expédier ses envois aux grandes villes par les moyens les plus économiques, et faire partir le reste dans les paquets de chaque libraire pour les villes de seconde classe. De cette manière on économise le déboursé d'un capital considérable, et de Londres, comme d'un centre,

partent vingt mille exemplaires destinés à toutes les parties de l'Angleterre.

281. Dans le transport des lettres, l'économie du temps est d'une telle importance, qu'elle pourrait justifier une dépense considérable consacrée à l'établissement de nouvelles machines destinées à accélérer ce service. La vitesse du cheval a une limite naturelle que ne peuvent dépasser tous les perfectionnements possibles dans l'amélioration des races, et cette limite était depuis des années atteinte dans l'état parfait de nos routes. Si l'on réfléchit à la dépense énorme de temps et d'argent qu'exigent ordinairement les derniers perfectionnements d'un art quelconque, on pouvait dire que l'époque était arrivée où l'on devait essayer d'appliquer de nouveaux moyens mécaniques au sujet dont nous venons de parler. C'est le progrès que la locomotive a réalisé; c'est ce qui était très bien compris, dès 1829, avant la construction des chemins de fer et exposé avec beaucoup de netteté dans le passage suivant, extrait du rapport du comité de la Chambre des communes sur les voitures à vapeur :

« Un des avantages principaux de la vapeur, c'est qu'elle peut s'employer avec une égale économie à un degré de vitesse plus ou moins sensible. En cela surtout elle est supérieure aux chevaux, dont le travail devient de plus en plus coûteux à mesure que leur vitesse est augmentée : car la puissance du tirage d'un cheval diminue même plus rapidement que ne croît la vitesse de sa marche. »

Les chemins de fer ont permis la réduction des ports de lettres, et l'adoption du timbre-poste a simplifié leur distribution. Le transport par tubes pneumatiques et surtout le télégraphe électrique ont depuis permis encore de dépasser, dans une proportion incommensurable, la vitesse de la poste pour le transport des nouvelles.

282. Le choix d'un moteur est souvent une question intéressante d'ordre économique. J'en citerai un exemple assez curieux :

Un ingénieur hollandais, Rennequin, avait construit, sous Louis XIV, la célèbre machine de Marly, pour envoyer les eaux de la Seine à Versailles, pour faire mouvoir les pompes élévatoires à l'aide de roues hydrauliques mues gratuitement par le courant du fleuve. Lorsque, sous le premier empire, il fallut songer à la remplacer, les bois de son énorme charpente tombant de vétusté, on parla de lui substituer une machine à vapeur. Est-ce la meilleure machine, avait demandé l'Empereur qui, sur une réponse affirmative, ne voulant qu'un oui ou un non, ordonna son exécution. Or, si la nouvelle solution du problème était admissible au point de vue mécanique, elle était déplorable au point de vue économique. Les dépenses journalières de combustible ont forcé de rétablir des roues hydrauliques sur la Seine pour mouvoir les pompes sans frais.

Lorsque les objets fabriqués sont d'un transport difficile et de formes très variables, les machines s'y appliquent mal. J'ai vu un charpentier ruiné pour avoir monté, à Paris, un superbe atelier mécanique pour le travail des bois. Le travail mécanique des pierres de taille n'a jamais pu se développer surtout à cause de cette difficulté d'ordre économique.

283. *Plan incliné d'Alpnach.* — Dans les forêts qui couvrent les flancs des hautes montagnes de la Suisse, on trouve des bois de la plus belle qualité dans des positions tout à fait inaccessibles. Quand il serait possible de construire des routes pour y arriver, la dépense de cette construction détournerait les habitants des alentours de chercher à employer ce moyen de tirer parti de ces richesses naturelles. Mais, placés comme ils le sont, à une hauteur considérable au-dessus du point où leur emploi peut être utile, ils se trouvent précisément dans des circonstances convenables pour des applications de mécanique qui utilisent la force de la gravité, et l'emploient à soulager l'homme d'une partie de son travail. Des plans inclinés qui ont été établis dans diverses forêts, et qui guident le bois dans sa descente jusqu'aux cours d'eau, ont dû exciter l'admiration de tous les voyageurs. Non seulement ils ont le mérite de la simplicité, ils ont encore celui de l'économie, étant construits en entier avec les matériaux qui se trouvent sur le lieu même.

Entre tous ces chefs-d'œuvre de charpente, le plan incliné d'Alpnach était le plus remarquable et par son étendue et par la position inaccessible des hauteurs où il prenait naissance. Voici la description de cet immense travail, extraite des Annales de Gilbert 1819, et traduite dans le second volume du journal de Brewster.

Pendant longtemps les flancs sauvages et les profondes gorges du mont Pilat restèrent couverts de forêts impénétrables qui croissaient et périssaient sans la moindre utilité pour l'homme, quand un étranger, conduit dans ces retraites sauvages par le désir de chasser le chamois, fut étonné de cet abandon, et attira l'attention de plusieurs propriétaires suisses sur ces bois si étendus et d'une qualité si supérieure. Mais les plus intelligents et les plus habiles reculèrent devant la difficulté, et renoncèrent à l'idée de tirer parti de ces richesses inaccessibles. Ce fut seulement en novembre 1816 que M. Rupp et trois propriétaires suisses, plus hardis dans leurs espérances, achetèrent de la commune d'Alpnach une certaine étendue de ces forêts pour 36,000 francs, et commencèrent la construction du plan incliné, qui fut achevé au printemps de 1818.

Le plan incliné d'Alpnach est formé entièrement de vingt-cinq mille grands pins dépouillés de leur écorce, et assemblés d'une manière très ingénieuse, sans aucun emploi de fer. Cent soixante ouvriers environ y travaillèrent dix-huit mois, et il coûta à peu près 100,000 francs. Il a trois lieues de long, et aboutit au lac de Lucerne. Il présente la forme d'une caisse à deux pans, de six pieds de large sur trois à six pieds de profondeur. Le fond est composé de trois arbres : celui du milieu porte une rainure pratiquée dans le sens de sa longueur et destinée à recevoir de petits filets d'eau qui sont amenés de différents points, pour diminuer l'effet du frottement. L'ensemble du plan incliné est soutenu sur deux mille supports; et à certains endroits il est attaché de la manière la plus ingénieuse à des blocs escarpés de granit. Sa direction est quelquefois en ligne droite : elle fait aussi quelques zigzags; sa pente varie de 18 à 10 degrés. Souvent il est jeté sur les côtés de petits monticules ou sur les flancs de rochers abruptes; quelquefois il passe sur leur sommet. Une fois il passe sous terre, et plus loin il est suspendu sur des gorges profondes par des échafaudages de cent vingt pieds de haut.

La hardiesse de cet ouvrage, ainsi que la disposition ingénieuse et savante de toutes ses parties ont excité l'admiration de tous ceux qui ont pu le voir. Avant de commencer les travaux, il fallut couper plusieurs milliers d'arbres pour frayer un passage dans ces fourrés impénétrables. A mesure que les ouvriers avançaient, des hommes étaient postés de distance en distance pour leur indiquer le chemin à leur retour, et pour découvrir dans les ravins les points où ont été établis depuis les piliers de bois qui porteraient le plan incliné. M. Rupp lui-même fut obligé plus d'une fois de se suspendre à des cordes pour descendre dans des précipices de quelques centaines de pieds; et dans les premiers mois de son entreprise il fut surpris d'une fièvre violente qui l'empêcha de surveiller ses ouvriers; mais rien ne put diminuer son infatigable persévérance. Chaque jour il se faisait porter sur un brancard jusqu'à la montagne, pour diriger le travail, ce qui était absolument nécessaire, puisqu'il comptait à peine deux bons charpentiers parmi ses ouvriers; le reste ayant été ramassé au hasard, et n'ayant aucune des connaissances nécessaires pour l'exécution d'une entreprise aussi gigantesque. De plus, M. Rupp eut à combattre les préjugés des paysans, qui le croyaient en relation avec le diable, l'accusaient d'hérésie, et se faisaient un jeu de mettre toute espèce d'obstacles à son entreprise, qu'ils regardaient comme absurde et impraticable. Néanmoins toutes ces difficultés furent vaincues, et, à la fin, M. Rupp eut la satisfaction de voir les arbres descendre de la montagne avec la rapidité de l'éclair. Les plus grands pins, qui avaient 100 pieds de long et 10 pouces d'épaisseur à leur petit bout, parcouraient cet espace de trois lieues en deux minutes et demie, et semblaient, dans leur trajet, n'avoir que quelques pieds de long. Cette opération était disposée de la manière la plus simple. Depuis le bas du plan incliné jusqu'au sommet d'où les arbres étaient lancés, des ouvriers étaient postés à des distances régulières; et, dès que tout était prêt, l'ouvrier le plus bas criait à celui immédiatement au-dessus : *Lâchez !* Ce cri se répétait de station en station, et arrivait au sommet du plan incliné en trois minutes. Alors les ouvriers placés au sommet criaient à l'ouvrier posté immédiatement au-dessous d'eux : *Il vient !* et de suite l'arbre était lancé, précédé par le cri répété de poste en poste. Dès que l'arbre était arrivé au bas et avait plongé dans le lac, on répétait le cri de *lâchez* comme auparavant, et un autre arbre était lancé de la même manière. Par ce moyen, un arbre descendait toutes les cinq ou six minutes, pourvu qu'il n'arrivât pas d'accident dans la charpente du plan incliné, ce qui arrivait assez souvent, il est vrai ; mais les réparations étaient exécutées à l'instant même.

Pour montrer l'extrême force que les arbres acquéraient par la rapidité de leur descente, M. Rupp s'arrangea pour en faire sauter quelques-uns hors du plan incliné : ils entrèrent par leur extrémité la plus forte jusqu'à 18 et même 24 pieds en terre ; et un de ces arbres ayant par hasard frappé contre un autre, celui-ci fut fendu du haut en bas, comme s'il avait été frappé par la foudre.

Quand les arbres étaient au bas du plan incliné, ils étaient réunis en radeaux sur le lac et conduits à Lucerne ; de là ils descendaient la Reuss, puis l'Aar jusqu'à Brugg ; ensuite ils arrivaient par le Rhin à Waldshut ou à Bâle, et ils allaient jusqu'à la mer si on le jugeait convenable.

Pour ne perdre aucune partie de ses bois, M. Rupp établit dans ses forêts de grandes charbonnières. Il éleva des hangars pour abriter le charbon ainsi fabriqué, et fit construire des tonneaux pour y mettre ce charbon et le porter dans les villes. Dans l'hiver, quand le plan était couvert de neige, ces tonneaux descendaient sur des espèces de traîneaux. Le bois qui n'était pas propre à être carbonisé était mis en tas et brûlé ; les cendres étaient recueillies et expédiées également pendant l'hiver.

Quelques jours avant que l'auteur de cette description ne visitât le plan incliné, un inspecteur des constructions navales était venu sur les lieux pour examiner la qualité du bois : il déclara qu'il n'avait jamais vu de bois aussi beau, aussi fort, et d'une pareille dimension. Il passa de suite un marché très avantageux pour un millier d'arbres.

Telle est la description d'un ouvrage entrepris et exécuté par un seul individu, et qui a excité un vif intérêt dans toute l'Europe. Nous ajoutons avec regret que cet édifice magnifique n'existe plus, et qu'on en voit aujourd'hui à peine une trace sur les flancs déserts du mont Pilat. Des circonstances politiques diminuèrent la source principale de demandes qui avait fait naître cette exploitation, et comme on ne trouva pas de débouché facile pour la vente, on dut cesser l'abatage et le transport des bois[1].

Les grandes constructions des travaux publics se rattachent indirectement aux machines, parce qu'elles diminuent beaucoup les résistances; elles font ainsi disparaître des obstacles physiques, qui paraissaient insurmontables, et sont la gloire d'un siècle. Le percement du mont Cenis et surtout l'exécution du canal de Suez sont des modèles éclatants de ce genre.

1. Aux mines de Bolanos, dans le Mexique, un plan incliné semblable à celui d'Alpnach conduit le bois des montagnes voisines jusqu'à la mine même. Le constructeur de cet ouvrage, M. Floresi, connaissait la Suisse et les chefs-d'œuvre de charpente qu'elle renferme. (A.)

CHAPITRE XXVI

DE LA DURÉE DES MACHINES, DE LEUR EXPORTATION ET DE LEUR EMPLOI SECRET.

284. Le temps pendant lequel une machine reste en état d'effectuer son travail d'une manière continue, demeure un capital, dépend surtout de la perfection de sa construction primitive, du soin que l'on prend de l'entretenir en bon état et de corriger tous les petits chocs, les petits jeux que l'on remarque dans le mouvement des axes de rotation ; enfin, de la masse et de la vitesse des parties en mouvement. Tout ce qui ressemble à un coup, tout changement brusque de mouvement, est directement contraire à la durée des machines. Celles qui produisent de la force, telles que les moulins à vent, les machines à vapeur, surtout celles à basse pression et vitesse modérée, durent ordinairement assez longtemps[1].

285. Les principaux perfectionnements qui se sont introduits dans les machines à vapeur se rapportent non seulement à la construction de la machine, mais

1. On évalue généralement la rente que doit payer une machine à vapeur employée comme force motrice, à 10 pour 100 de son prix d'achat.

aussi à celle de la chaudière ou du foyer. Le tableau suivant présente le travail des machines à vapeur du comté de Cornouailles pendant plusieurs années ; il indique les pas faits successivement dans l'art de construire et de diriger ces machines, et démontre l'importance de mesurer continuellement les effets généraux des agents mécaniques.

Tableau du travail exécuté par les machines à vapeur dans le comté de Cornouailles, où l'on voit le travail moyen de la totalité de ces machines, et celui des meilleures d'entre elles, relevé d'après les rapports mensuels de chaque année.

ANNÉES.	NOMBRE de machines.	TRAVAIL MOYEN de toutes les machines.	TRAVAIL MOYEN des meilleures machines.
1813	24	19,456,000	26,400,000
1814	29	20,534,232	32,000,000
1815	35	20,526,160	28,700,000
1816	32	22,907,110	32,400,000
1817	31	26,502,259	41,600,000
1818	32	25,433,783	39,300,000
1819	37	26,252,620	40,000,000
1820	37	28,736,398	41,300,000
1821	39	28,223,382	42,800,000
1822	45	28,887,216	42,500,000
1823	45	28,156,162	42,122,000
1824	45	28,326,140	43,500,000
1825	50	32,000,741	45,400,000
1826	48	30,486,630	45,200,000
1827	47	32,100,000	59,700,000
1828	54	37,100,000	76,763,000
1829	52	41,220,000	
1830	55	44,350,000	
1831[1]	55	44,700,000	

1. Ces cinquante-cinq machines consommaient moyennement, en 1831, 81,867 boisseaux de charbon par mois, ce qui fait 1,488 boisseaux par machine.

286. Tel a été l'avantage de ces tableaux du travail des machines à vapeur, que les propriétaires d'une des mines les plus importantes, où plusieurs machines étaient établies, ont trouvé une économie sensible à rétribuer un employé spécial pour dresser un relevé journalier de leur travail. Ce rapport est remis à une certaine heure, chaque jour, et les chauffeurs sont toujours impatients de connaître la note relative à l'état de la machine qu'ils dirigent. Comme les rapports généraux ne se font que tous les mois, il arriverait, si cette note de l'état de chaque machine n'était pas dressée chaque jour, qu'un tuyau d'une chaudière pourrait s'engorger par accident, et que l'on continuerait à faire marcher la machine pendant deux ou trois semaines avant que la diminution de son travail devînt assez sensible pour faire reconnaître la cause de cette diminution. Dans quelques mines on assigne à chaque machine une certaine quantité de travail qu'elle doit exécuter, et si elle dépasse cette limite, l'excédant vaut une récompense au chauffeur. Cette récompense est un puissant stimulant pour exciter son activité.

287. Les machines destinées à produire des objets d'un usage très répandu durent rarement jusqu'à ce qu'elles soient usées, dans l'état progressif de l'industrie. Bien avant ce moment, elles sont remplacées par de nouvelles inventions plus parfaites, qui exécutent le même travail ou mieux ou plus vite. En général, dans le calcul de l'avantage d'une nouvelle machine, il faut supposer qu'elle devra s'être payée

elle-même dans l'espace de cinq ans, et que, dans dix ans, elle sera remplacée par une machine supérieure. « Si un fabricant de coton avait quitté Manchester il y a sept ans, et qu'il revînt dans cette ville aujourd'hui, ne connaissant que les procédés pratiqués à l'époque de son départ, il ne pourrait soutenir la concurrence avec ses confrères, qui, étant restés toujours dans cette ville, ont profité de tous les perfectionnements divers introduits dans la fabrication pendant cette durée de sept ans. » Cette assertion, qui donne une idée des progrès rapides de nos filatures, a été avancée par un fabricant de Manchester devant une commission de la Chambre des communes.

288. Les nouveaux perfectionnements mécaniques accroissent accidentellement la production par une cause qui peut s'expliquer comme il suit. Un fabricant qui fait un bénéfice ordinaire avec son capital placé en métiers ou autres machines en bon état, et qui lui coûtent une centaine de livres sterling (2,500 fr.), découvre un nouveau perfectionnement, de telle nature qu'il ne peut s'adapter à ses machines actuelles. Par un calcul, ce fabricant trouve qu'au prix auquel il vend ses produits, chaque nouvelle machine paiera en trois ans le prix de sa fabrication, plus l'intérêt ordinaire du capital. L'expérience qu'il a de son commerce lui apprend aussi que son perfectionnement ne sera pas adopté généralement par ses confrères avant ces trois ans : de là résulte qu'il a intérêt à vendre ses machines actuelles, même à perte, et à construire les nouvelles qu'il a imaginées. Celui

qui achète ces vieilles machines pour 50 livres sterling (1,250), se trouve avoir un capital d'établissement aussi considérable que le vendeur, et en produisant autant que lui avec les vieilles machines, il gagnera plus que l'autre ne gagnait. De là viendra une baisse dans le prix de l'objet fabriqué, par suite de l'économie introduite dans la fabrication par les nouvelles machines, et du travail plus avantageux des vieilles machines achetées au rabais. Toutefois ce changement du prix de vente ne sera que passager; car, au bout d'un certain temps, les vieilles machines, même bien entretenues, deviendront hors d'état de servir. Ainsi, depuis quelques années, des perfectionnements si importants et si nombreux se sont introduits dans la fabrication des tulles, qu'une machine bien entretenue, qui avait coûté dans l'origine 1,200 livres sterling (30,000 fr.), se vendait, quelques années après, 60 livres sterling (1,500 fr.). Dans le moment où cette industrie excitait vivement les spéculateurs, les perfectionnements se succédaient avec tant de rapidité, que des machines sont restées non achevées dans les mains de leurs constructeurs, devancés qu'ils étaient par des inventions plus heureuses pour atteindre le même but.

289. Les montres ordinaires durent fort longtemps quand elles sont bien faites. Le comité de la Chambre des communes nommé pour examiner l'horlogerie, s'en vit présenter une qui avait été faite en 1660, et qui avait une marche régulière. La compagnie des horlogers en a d'autres qui sont de même d'une date

très ancienne et qui marchent encore actuellement. En 1798, le nombre de montres fabriquées pour la vente intérieure était de cinquante mille environ par année. Si toutes ces montres se vendaient dans l'Angleterre seule, elles étaient réparties entre dix millions et demi de consommateurs.

290. Dans certains genres d'industrie, on loue des machines moyennant une certaine somme que l'on paie à leur propriétaire, et qui en constitue la rente; il en est ainsi dans la fabrication des bas. M. Henson, en indiquant le prix payé ordinairement pour se servir d'un métier à bas, déclare que la rente payée au propriétaire lui donne non seulement un fort intérêt de son capital primitif, mais lui rembourse même ce capital au bout de neuf ans. Cette rente toutefois n'est pas exorbitante, si l'on considère la rapidité avec laquelle les perfectionnements se succèdent. Quelques métiers à bas, ainsi loués, ont travaillé treize ans, avec peu ou point de réparations; mais souvent certaines circonstances accidentelles les mettent hors de service, pour un temps ou pour toujours. Il y a quelques années, il s'est introduit dans le commerce un article nouveau qui a diminué de beaucoup le prix des métiers à bas. D'après les réponses de M. Rawson, on voit que, par le changement introduit dans la fabrication, un métier a pu faire le travail de deux; de sorte que beaucoup de métiers furent sans emploi, et leur valeur se trouva réduite de trois quarts.

291. Il est de la plus haute importance pour les maîtres et les ouvriers que leurs conventions mu-

tuelles soient simplifiées, et qu'ils discutent ensemble, sans passion, l'influence de tout règlement proposé. Sans cette précaution, ils tombent dans de graves erreurs, également funestes aux uns et aux autres, comme il arriva en 1811 dans l'industrie des tulles. L'histoire de cette crise commerciale est si bien décrite dans l'*évidence* de M. Allen, l'un des fabricants de bas les plus intéressés à la pétition présentée à la Chambre des communes, que j'en ai extrait le passage suivant, qui satisfera complètement mes lecteurs :

« Je demande à dire quelques mots sur les loyers « des métiers. Jusqu'en 1805, on payait pour chaque « métier à tulle un loyer de 1 shilling 6 deniers « (1 fr. 75) par semaine; jusque-là aucun individu « étranger à cette partie n'était tenté d'acheter des « métiers pour les louer. Mais, à cette époque, une « ou deux maisons firent une tentative pour réduire « les prix payés aux ouvriers, par suite d'une lutte « entre elles et une autre maison considérable. « Comme il existait peu de différence entre les prix « des différentes maisons, je fus choisi par les ou- « vriers pour essayer de conjurer l'orage. Nous con- « sultâmes séparément les deux parties et nous les « trouvâmes inflexibles : les deux maisons détermi- « nées à réduire le prix du travail dirent qu'elles « voulaient ou réduire le prix du travail ou aug- « menter le loyer des métiers. Entre ces deux propo- « sitions, il y avait une grande différence pour les « ouvriers; ils devaient moins souffrir immédiate-

« ment dans leur travail en profitant du crédit qu'on « leur accordait pour le payement du loyer du métier, « qu'en consentant à une réduction dans le prix de « ce même travail. Ils acceptèrent donc alors la pro- « position qui leur semblait la moins désavantageuse; « mais malheureusement le résultat trompa complète- « ment leurs prévisions. Dès que le loyer des métiers « se paya à raison de tant pour cent de leur prix de « fabrication, cette circonstance engagea différents « petits capitalistes à placer leur argent en achat de « métiers; ils les mirent entre les mains d'ouvriers « qui travaillèrent pour eux dans les magasins, et « qui, étant généralement obligés de payer un prix « de location très élevé, furent amenés en réalité à « acheter des propriétaires du métier leur viande de « boucherie, leur sel, leur poivre, et même leurs « habits. De tout cela résulta un encombrement de « ces métiers qui pesa tout entier sur les ouvriers, « parce qu'à chaque ralentissement qu'éprouvait la « fabrication, ils étaient obligés de travailler pour « *rien*, par la crainte d'être poursuivis par le pro- « priétaire du métier. Le mal s'accrut ainsi de jour « en jour, jusqu'à ce que d'autres maux accessoires « s'y étant joints, l'industrie des tulles a été réduite « à néant. »

292. Ce défaut d'une juste appréciation de la valeur relative de l'instrument employé, ou du travail exécuté pour un objet quelconque de fabrication, l'absence de conventions parfaitement nettes, simples et définies, entre le maître et l'ouvrier, entraînent les plus graves

inconvénients. Les ouvriers ont beaucoup de difficulté à prévoir exactement le produit probable de leur travail, et souvent les deux parties en viennent à conclure des arrangements qu'elles rejetteraient toutes deux, après un examen plus attentif, comme offrant un résultat trop incertain pour leurs intérêts bien entendus.

293. A Birmingham, comme au faubourg Saint-Antoine à Paris, on loue de la force motrice : des machines à vapeur sont placées dans de grands bâtiments composés de divers ateliers, où chacun peut s'établir en louant une force d'un, de deux ou plusieurs chevaux, suivant son genre d'industrie. Par le progrès des moyens de transmettre la force à des distances considérables, sans que les frottements en absorbent une grande quantité, et en admettant qu'on puisse en même temps mesurer d'une manière facile la quantité employée en chaque point différent, une révolution importante se manifesterait dans quelques parties du système manufacturier. On établirait à certains points de nos grandes villes quelques machines qui deviendraient des centres de production de travail ; chaque ouvrier louerait la quantité de force qui lui serait nécessaire, et qui lui serait transmise dans son habitation ; de sorte qu'en certains cas, si on le trouvait convenable, on pourrait revenir du système des grandes manufactures au système de la fabrication à domicile.

L'invention des petits moteurs, des moteurs de famille, utilisant la distribution d'eau ou de gaz des grandes villes, marchant sans surveillant spécial, a beaucoup avancé la solution de cet intéressant problème, dans les cas où elle est applicable.

294. *De l'exportation des machines.* — Longtemps, en Angleterre, la loi a défendu l'exportation à l'étranger de la plus grande partie des machines qui se trouvent employées dans les fabriques. Pour justifier cette prohibition, on a allégué la crainte que les étrangers ne s'emparassent des perfectionnements mécaniques les plus avantageux, et n'élevassent une concurrence redoutable aux manufactures nationales.

Les défenseurs de ces prohibitions prétendaient qu'il est possible et utile d'empêcher la transmission des inventions nouvelles d'un pays à l'autre, et en cela ils me semblent avoir considéré sous un point de vue beaucoup trop restreint la possibilité ou même la probabilité des nouveaux perfectionnements qui peuvent s'introduire dans la mécanique pratique.

295. Pour examiner cette question, supposons deux fabricants d'un même objet de commerce, l'un placé dans un pays où la main-d'œuvre est à bas prix, mais où les machines sont mauvaises et les moyens de transport lents et dispendieux; l'autre établi dans un pays manufacturier, où la main-d'œuvre est chère, mais où les machines sont excellentes et les moyens de transport rapides et économiques. Supposons que ces deux fabricants envoient leurs produits au même lieu de vente, et que chacun d'eux, par la vente de sa marchandise, retire de son capital l'intérêt ordi-

naire que doit rapporter l'argent dans son pays. Les premiers perfectionnements dans les machines se feront certainement dans celui des deux pays qui se trouve le plus avancé en civilisation, parce qu'en admettant même qu'il y ait autant d'esprit d'invention des deux côtés, les moyens d'exécution seront totalement différents pour l'un et pour l'autre. Tout perfectionnement nouveau, exécuté dans le pays riche, fera immédiatement baisser le cours de l'objet, sur la place où se présenteront les deux concurrents. Cette baisse sera un premier avertissement au fabricant du pays pauvre, et il s'efforcera de compenser la diminution de son bénéfice par un nouvel accroissement d'industrie et d'économie dans son travail. Mais bientôt il s'apercevra que ce n'est là qu'un moyen précaire de remédier au mal, et que le prix du marché commun continue à baisser. Alors il en viendra à examiner les produits de ses concurrents, espérant découvrir dans ces produits mêmes le secret qui permet de les fabriquer à plus bas prix. Si ses essais sont infructueux, et il en arrive ordinairement ainsi, il faudra qu'il cherche à perfectionner de lui-même ses machines ou à obtenir des renseignements exacts sur les nouveaux perfectionnements introduits dans les fabriques du pays riche. Après avoir peut-être tenté en vain d'obtenir ces renseignements par correspondance, il partira pour visiter les fabriques de ses rivaux; mais de semblables établissements ne sont pas aisément accessibles à un fabricant étranger et à un concurrent, et plus l'invention qu'il veut voir sera nouvelle, moins il pourra en approcher. Aussi, ce qu'il aura de mieux à faire sera de s'adresser aux ouvriers qui travaillent à la fabrication des machines ou qui en font usage, pour en tirer les renseignements qu'il désire. Privé de dessins, et ne pouvant examiner par lui-même les nouvelles machines, il aura beaucoup de peine à obtenir quelque résultat précis : il risquera d'être trompé par certains ouvriers rusés qui s'en font un jeu, et sera exposé à mille chances d'erreur. Mais supposons qu'il revienne chez lui avec des dessins et des renseignements parfaitement exacts; alors il faudra qu'il commence à construire ces machines nouvelles, ce qu'il ne fera jamais avec autant de perfection ou d'économie que ses concurrents de l'autre pays. Supposons cependant qu'après un certain temps ses machines soient achevées et mises en travail, et cherchons dans quelle situation se trouvera à cette époque le fabricant du pays riche.

296. Ce fabricant, au début de sa nouvelle machine, aura réalisé un bénéfice notable en vendant à l'intérieur, au prix ordinaire, une marchandise qui lui coûte moins à produire ; ensuite il en aura réduit le prix dans son pays et sur les marchés étrangers, afin de donner plus d'extension à sa vente : et c'est alors que le fabricant du pays pauvre a ressenti les premiers effets de la concurrence. Maintenant, si nous supposons que depuis la première application du nouveau perfectionnement dans le pays riche, jusqu'au commencement de son introduction dans le pays pauvre, il s'écoule deux ou trois ans seulement ; si nous admet-

tons même que le fabricant inventeur est resté stationnaire durant cet intervalle, il n'en est pas moins vrai qu'à cette époque, où les procédés de la fabrication seront semblables de part et d'autre, s'il n'a pu améliorer encore quelques détails, ce qui a lieu bien souvent, le fabricant inventeur aura recouvré une portion si considérable du déboursé nécessité par son invention, qu'il pourra faire une plus grande réduction sur le prix de sa marchandise, et qu'il rendra ainsi le profit de son rival bien inférieur à celui qu'il s'est acquis par sa propre industrie.

297. En admettant qu'il soit désirable d'empêcher l'exportation de certaines sortes de machines; il sera toujours de la plus complète évidence que dans un pays où l'on permet l'exportation libre de différentes sortes d'objets, il est impossible d'empêcher l'exportation par contrebande de l'objet prohibé : cette exportation se trouvera seulement grevée d'un risque plus ou moins grand, que le contrebandier sait estimer à sa juste valeur.

298. D'autres considérations portent à penser que, dans le cas de l'exportation libre, les nouveaux perfectionnements ne sont pas exportés à l'étranger aussi immédiatement qu'on pourrait le croire, et le principe puissant de l'intérêt personnel tourne les idées des fabricants de machines vers une direction différente. Lorsqu'un constructeur aura inventé quelque nouvelle machine propre à effectuer une certaine opération, ou quand il aura fait quelque perfectionnement remarquable sur les machines actuellement en

usage, à qui s'adressera-t-il d'abord pour vendre ses nouvelles machines? Sans aucun doute, dans la majeure partie des cas imaginables, il fera part de sa découverte à ses clients les plus voisins et les meilleurs, aux personnes qu'il peut voir immédiatement et par lui-même, et dont il connaît le mieux la solvabilité. Il entrera en relation avec eux, leur offrira de recevoir leurs commandes pour la nouvelle machine, et ne pensera pas à informer de sa découverte aucun de ses correspondants étrangers, tant qu'il trouvera à l'intérieur assez de commandes pour utiliser toute la force productive de ses ateliers. Ainsi le constructeur de machines est lui-même intéressé à réserver toujours à ses compatriotes les premiers avantages des perfectionnements qu'il peut inventer.

299. La classe qui fabrique les machines est plus habile, et gagne plus que la classe qui ne fait que s'en servir. Si l'exportation des machines est libre, la première et la plus importante de ces deux classes doit prendre un grand accroissement. Malgré le haut prix de la main-d'œuvre, il n'existait pas de pays ou l'on pût fabriquer des machines avec autant de perfection et d'économie qu'en Angleterre, avant les exigences des *Trades-Unions* et la réduction des heures de travail; elle pouvait fournir des machines au monde entier, avec un avantage évident pour tous. A Manchester et dans ses environs, plusieurs milliers d'hommes travaillent uniquement à faire des machines, qui donnent elles-mêmes du travail à plusieurs cent milliers d'hommes uniquement occupés à s'en

servir. Mais l'époque n'est pas encore bien éloignée où le nombre entier de ceux qui se servaient de machines à Manchester ne surpassait pas le nombre de ceux qui les fabriquent aujourd'hui. Conséquemment, plus l'Angleterre devient un centre d'exportation de machines, pour le monde entier, plus augmente chez elle une classe nombreuse d'ouvriers très habiles et très bien payés; et quoiqu'elle puisse avoir par suite de l'exportation des machines un moins grand nombre de fabriques dans les autres genres d'industrie, ces fabriques auront encore un avantage inappréciable, celui de profiter les premières de tous les perfectionnements nouveaux introduits dans le mécanisme de la fabrication. Dans un pays ainsi converti en un vaste atelier de construction, les progrès mécaniques dus toujours, en grande partie au moins, aux constructeurs des machines, seraient plus rapides que dans tout autre, ce qui tendrait à assurer la supériorité à son industrie, et toute diminution notable des commandes extérieures porterait sur une classe plus capable de résister que cette classe malheureuse qui vit au jour le jour, et qui souffre aujourd'hui à chaque refroidissement subit qu'éprouve la consommation des produits industriels ; car cette dernière travaillerait en général pour la consommation intérieure, et ne sentirait plus que l'effet de crises beaucoup adoucies.

300. *Emploi secret des machines.* — On prétend qu'en permettant l'exportation des machines, les fabricants étrangers pourraient de suite nous faire une

concurrence ruineuse en nous achetant des machines aussi parfaites que les nôtres. La réponse qui se présente de suite à l'esprit, c'est la citation du principe général dont ce livre n'est que le développement : *Pour réussir dans toute entreprise manufacturière, il faut non seulement avoir de bonnes machines, mais il faut aussi que l'économie intérieure de la manufacture soit organisée avec la plus scrupuleuse attention dans tous ses détails.*

Ce n'est donc pas une ou deux machines qu'il s'agit d'imiter; c'est un ensemble, une organisation entière dont tous les détails, souvent très multipliés, ont tous leur importance. Ce sont ces détails qu'il faut tenir secrets autant que possible; il n'en résulte pas, sans doute, un mystère impénétrable, mais les concurrents n'acquérant qu'une connaissance imparfaite d'un ensemble complexe, sont longtemps à le retrouver, pour peu surtout qu'ils fassent fausse route en quelque point.

Ces détails comprennent souvent des petites machines, propres quelquefois à la fabrication de la machine opératrice, un outillage *spécial* très multiplié (comme il a été dit chap. XXII), profitable en raison même de la grandeur de la vente et qui, peu important souvent comme invention, l'est beaucoup comme application. C'est cet outillage spécial qu'il faut surtout tenir secret.

301. Il est certain que les progrès des méthodes de fabrication, des outillages spéciaux assurent longtemps, mais non indéfiniment, la supériorité sur des

rivaux intelligents. La vitesse des progrès se ralentit à mesure qu'une fabrication devient plus parfaite, plus automatique, et bientôt les intervalles entre les nations industrieuses diminuent, que l'exportation des machines soit ou non permise. L'inutilité de cette prohibition est alors bientôt démontrée par les faits.

L'état dont nous parlons est un *maximum* de perfection difficile à dépasser. En effet, les pas qui se font aujourd'hui dans la carrière des perfectionnements sont bien petits en comparaison des pas de géant qui les ont précédés. Mais je ferai remarquer que ces petits perfectionnements de détail ne peuvent naître que dans les pays qui possèdent un grand nombre de machines déjà en activité, et alors ils peuvent exercer un effet immense sur le pouvoir total de production. D'ailleurs, en admettant que certaines espèces particulières de machines puissent arriver, après une longue période de temps, à un degré de perfection désespérant pour les futurs inventeurs, il serait absurde d'étendre cette supposition à toute espèce de machines. En réalité, la mécanique pratique est loin de cette limite de perfection, excepté dans quelques fabrications jusqu'ici très peu nombreuses.

CHAPITRE XXVII

L'INTRODUCTION DES MACHINES DANS UN GENRE D'INDUSTRIE A-T-ELLE POUR EFFET DE DIMINUER LA QUANTITÉ DE MAIN-D'ŒUVRE QUI S'Y TROUVE EMPLOYÉE ?

302. On a soulevé une objection assez forte contre l'usage des machines; on leur a reproché de supprimer le travail d'une grande quantité de bras auparavant occupés, et en effet, une machine ne peut parvenir à être adoptée généralement dans l'industrie, qu'autant qu'elle diminue le travail nécessaire pour confectionner un objet quelconque de fabrication. Mais si elle produit ce résultat, celui qui la fait travailler baisse de suite son prix de vente au-dessous de celui de ses concurrents, pour donner plus d'extension à la vente de ses produits, et retirer tout l'avantage possible de sa position. Dès lors ces concurrents eux-mêmes doivent se servir de la nouvelle machine : par suite de cette rivalité commerciale, la fabrication augmente, et le prix de l'objet fabriqué baisse graduellement jusqu'à ce que le capital employé dans le nouveau système de fabrication ne rende pas plus

qu'il ne rendait dans l'ancien système. Ainsi l'introduction des machines a bien une première tendance à supprimer une certaine quantité de main-d'œuvre; mais comme en même temps cette introduction réduit le prix de l'objet fabriqué et augmente la consommation, cet accroissement de consommation absorbe immédiatement, en partie et quelquefois même en totalité, ce travail manuel, qui, autrement, aurait dû se déplacer et se porter vers un autre genre d'industrie. Si la consommation de l'objet fabriqué augmente difficilement, la partie du capital, employée autrefois à son achat, devient disponible et vient alimenter le travail dans d'autres directions.

303. Pour bien faire comprendre que l'effet de toute nouvelle machine est de diminuer le travail nécessaire pour la production d'une même quantité de denrées manufacturées, concevons une société dans laquelle le travail ne serait pas divisé comme dans les sociétés civilisées, de sorte que chaque individu fabriquât lui-même les objets qu'il consommerait. Supposons que chacun travaillât dix heures par jour, et qu'une de ces heures fût employée à faire des souliers. S'il se trouvait qu'on inventât un outil ou une machine dont l'usage permît à chacun de faire ses souliers en une demi-heure, il est évident que chaque membre de la société jouirait des mêmes avantages que précédemment, en travaillant seulement neuf heures et demie par jour.

Maintenant, si nous voulons prouver que l'introduction des machines ne diminue pas la quantité totale du travail produit en général, nous devons recourir à quelque autre principe tiré de notre propre nature, à cette cause, quelle qu'elle soit, qui excite l'activité de l'homme, et qui agit sur lui avec plus d'énergie quand il se trouve obtenir la même quantité de jouissances avec moins de travail. Alors, tout le temps devenu disponible peut être employé à inventer de nouveaux outils pour d'autres branches du travail habituel. Ainsi, dans la société que nous avons prise pour exemple, celui qui travaillait ordinairement dix heures par jour, emploiera la demi-heure économisée par la nouvelle machine, à chercher les moyens de contenter ses autres besoins; et comme chaque nouvelle machine lui permettra de se satisfaire plus aisément, il se créera de nouveaux besoins d'agrément, qu'une jouissance prolongée changera indubitablement pour lui en besoins de première nécessité.

304. Dans les pays où les occupations sont séparées et la division du travail organisée en système, les perfectionnements mécaniques ont généralement pour résultat définitif d'augmenter la demande d'ouvriers propres à une fabrication. Souvent, à l'époque de son introduction, le nouveau mode d'opérer exige plus d'adresse et d'habileté que l'ancien mode n'en demandait, et malheureusement les ouvriers, qui connaissaient l'ancienne manière, n'ont pas toujours les qualités requises pour la nouvelle; il doit donc s'écouler un certain temps avant que le développement de la production puisse fournir du travail à toute cette classe réformée. Cette suppression instantanée d'une

portion du travail manuel produit une gêne plus ou moins longue dans la classe ouvrière considérée dans son ensemble; aussi est-il très important pour son bonheur qu'elle connaisse bien cet effet de l'introduction des machines, et qu'elle puisse le prévoir à l'avance, de manière à affaiblir autant que possible le mal qu'elle peut en éprouver.

305. On peut se poser ici une question importante : *Est-il plus avantageux dans l'intérêt de la classe ouvrière, que la nouvelle machine soit assez parfaite pour rendre toute concurrence du travail manuel entièrement impossible, de sorte que les ouvriers perdent leur métier à l'instant même de l'introduction de cette machine; ou vaut-il mieux pour eux être forcés graduellement à changer de métier, par les progrès lents et successifs du nouveau système?*

Une transition brusque produit une souffrance plus intense, sans doute, mais aussi moins prolongée que celle qui résulte d'un passage plus lent d'un état à un autre : et si l'ouvrier conçoit de suite qu'il n'a aucun espoir de soutenir la concurrence, à l'instant il se mettra à apprendre quelque autre branche de son métier. D'un autre côté, si les machines exigent plus d'habileté chez ceux qui les construisent et les réparent, et chez ceux qui surveillent leur mouvement, il existe de nombreux exemples de cas où elles permettent à des enfants, à des ouvriers d'une adresse ordinaire, d'exécuter un ouvrage qui demandait d'abord beaucoup plus d'habileté. Dans des circonstances semblables, non seulement l'augmentation de la consommation produite par la diminution du prix de vente donne promptement de l'occupation à tous les individus précédemment employés, mais la diminution de l'habileté nécessaire doit ouvrir un champ plus étendu à la concurrence qui s'établit alors entre tous les ouvriers, plus ou moins rapprochés du même genre d'industrie.

On doit reconnaître, en général, que la suppression du travail manuel n'est pas une conséquence invariable de la première introduction des machines. Suivant même des personnes très à portée de se former une opinion sur ce sujet, jamais l'introduction des machines n'a produit de réduction dans le travail manuel. La vérification de ce principe, établi théoriquement par Bastiat, dépend de faits qui malheureusement n'ont pas encore été recueillis en nombre suffisant, et cette absence des données nécessaires pour l'examen complet d'un sujet aussi essentiel, mérite tout à fait l'attention des personnes qui s'occupent de recherches statistiques. En général, dans l'examen de toutes les questions qui regardent la classe ouvrière, il faudrait qu'on pût avoir des états qui présentassent, pour diverses époques, le nombre d'individus engagés dans des branches diverses d'industrie, le nombre des machines qu'ils emploient, et le salaire qu'ils peuvent recevoir par semaine.

306. Comme exemple de cette recherche que je viens de proposer, je joindrai ici quelques remarques sur les faits que je puis connaître, en regrettant seulement de manquer en général de données numériques

propres à confirmer mes observations. Quand la machine à écraser le minerai supprima en Cornouailles et dans d'autres pays de mines, l'occupation d'un grand nombre de jeunes femmes qui travaillaient péniblement à briser le minerai avec des massettes plates, il n'en résulta aucune conséquence fâcheuse; ce qui tient à ce que les propriétaires des mines pouvant disposer d'une portion de leur capital, par suite de l'économie considérable de l'écrasage à la machine, trouvèrent avantageux de porter un plus grand nombre de bras sur d'autres opérations. Les femmes qui n'étaient plus utiles à l'écrasage furent alors employées avantageusement à trier les minerais; opération qui demande de l'habileté et du jugement pour faire un choix convenable.

307. Le tableau suivant indiquera l'accroissement de production qui résulte de changements dans les machines ou dans la manière de s'en servir. Il présente les produits, à diverses époques, de la machine à étirer qui est en usage dans les filatures de coton, et qu'un seul homme met en mouvement.

Années.	Livre de coton filé.	Prix de l'opération par vingt livres.		Gain de l'ouvrier, par semaine.	
1810	400	1 sh.	3 pence ½	25 sh.	10 pence.
1811	600	0	10	25	0
1813	850	0	9	31	10 ½
1823	1000	0	7 ½	31	3

Telle est la marche graduelle que la production a suivie, pendant une période de vingt-deux ans, dans ce genre d'industrie, et au bout de cette longue période, il s'est trouvé que la même quantité de travail manuel pouvait exécuter trois fois autant de travail qu'au commencement. Le salaire de l'ouvrier, par semaine de travail, n'a pas éprouvé de fortes variations, et se trouve même en définitive augmenté. Mais il serait imprudent de pousser trop loin des raisonnements basés sur un exemple particulier.

308. Une *Mull-Jenny*, à 480 broches, a produit à différentes époques :

Années.	Pelotons de 40 à la livre.	Prix du travail par mille.
1806	6668	9 sh. 2 pence.
1823	8000	6 3
1832	10000	3 8

309. Voici un tableau des ouvriers occupés à Stockport au tissage des toiles par des métiers mus à bras d'hommes ou par la force de la vapeur, dans les années 1822 et 1832. Ce tableau a été dressé d'après un relevé des machines travaillant dans soixante-cinq fabriques : il a été présenté à une commission de la Chambre des communes.

	1822.	1832.	
Ouvriers travaillant aux métiers à bras	2800	800	2000 en moins
Ouvriers travaillant aux métiers mus par la vapeur	657	3059	2402 en plus.
Ouvriers travaillant à ourdir la trame	98	388	290 en plus.
Total des ouvriers employés.	3555	4247	692 en plus.
Nombre de métiers mus par la vapeur	1970	9177	8207 en plus.

Dans cet espace de dix années, le nombre des

métiers à bras a diminué de plus des deux tiers. Le nombre des métiers mus par des machines à vapeur s'est élevé à plus de cinq fois sa valeur en 1822. Le nombre total des ouvriers s'est accru d'un tiers ; et en supposant que chaque métier à vapeur ne fît que le travail de trois métiers à bras, la somme des produits fabriqués est devenue trois fois et demie plus considérable.

310. En examinant cette augmentation du nombre d'ouvriers, on doit reconnaître que les deux mille ouvriers qui ont perdu leur travail, ne sont pas précisément de la même classe que les individus occupés par les métiers mus par la vapeur. Un tisseur à la main doit avoir une force corporelle qui n'est point indispensable à celui qui travaille avec les nouveaux métiers. Des femmes et des jeunes gens des deux sexes, de quinze à dix-sept ans, peuvent travailler dans les fabriques mues par des machines. Mais cette considération est bien secondaire dans l'examen des avantages qui sont résultés de l'introduction d'une force étrangère pour mouvoir les métiers. La construction de nouvelles fabriques et de nouvelles machines, l'application des machines à vapeur pour leur communiquer le mouvement nécessaire, les perfectionnements divers apportés à la confection des métiers, enfin l'organisation du service de chaque établissement, ont excité et développé un genre d'habileté d'un ordre bien supérieur à l'espèce d'habileté de détail qui est devenue inutile; et si nous possédions quelque moyen de mesurer ce nouveau genre d'habileté générale, nul

doute qu'il ne produisît une quantité numérique bien plus forte que l'autre. Sous ce point de vue, nous ne devons pas oublier ce fait remarquable, que, bien que le nombre des métiers à bras eût augmenté sans l'invention des métiers mus par la vapeur, cependant, c'est l'économie apportée par ces derniers dans la production de l'objet manufacturé qui seule a pu donner une telle extension à l'industrie des toiles, et occuper un si grand nombre de bras. Il est constant qu'en 1830 le nombre des métiers à tisser à la main, en Angleterre et en Écosse, montait à 240,000; il y en avait à peu près le même nombre en 1820; tandis que le nombre des métiers mus par la vapeur, de 14,000 en 1820 était monté à 55,000 en 1830, et est de plus de 300,000 aujourd'hui. Si l'on observe que chaque métier mù par la vapeur fait autant d'ouvrage que trois métiers à la main, on trouvera que la quantité excédante d'ouvrage, produite en 1830, était déjà égale au produit de 123,000 métiers à la main. Pendant ces dix années, les tisseurs à la main sont restés dans une condition bien précaire et de gain et de travail.

311. Le développement de l'intelligence de la classe ouvrière peut seul la mettre en état de prévoir quelques-uns de ces perfectionnements susceptibles de modifier la valeur de son travail. Les Caisses d'épargne, les caisses de secours formées entre les ouvriers, sont des créations utiles pour diminuer les effets désastreux de ces révolutions dans l'industrie, et leurs avantages ne peuvent être trop souvent et trop fortement rap-

pelés à l'attention des ouvriers; mais il me semble aussi convenable de leur apprendre que la différence des métiers chez les membres d'une même famille, est un préservatif encore plus sûr contre ces grands changements, et qu'elle peut de plus adoucir d'une manière sensible les privations accidentelles qu'ils éprouvent par suite des oscillations fréquentes dans le prix de leur travail.

CHAPITRE XXVIII

DE L'EFFET DES IMPOTS ET DES RESTRICTIONS LÉGALES SUR L'INDUSTRIE.

312. La création de tout impôt qui frappe une marchandise a pour effet direct, d'exciter ceux qui la fabriquent et ceux qui en font usage à chercher quelques moyens d'échapper à la nouvelle exigence du gouvernement; et souvent ils en trouvent qui n'ont rien d'illégal. Aujourd'hui le papier à écrire est frappé d'un droit de 10 pour 100 : de là résulte qu'on fabrique généralement du papier très mince, afin de réduire autant que possible le poids d'un nombre donné de feuilles. Le premier impôt établi sur les fenêtres était réglé sur leur nombre et non sur leurs dimensions : dès qu'il fut mis en vigueur, les nouvelles maisons eurent moins de fenêtres qu'auparavant, mais ces fenêtres eurent des dimensions plus grandes. Les escaliers furent éclairés par des fenêtres extrêmement longues qui embrassaient trois ou quatre étages. Quand on augmenta l'impôt, et qu'on limita la dimension des fenêtres devant être considérées comme n'en constituant qu'une seule, on prit encore

bien plus d'attention à diminuer le nombre de fenêtres, et l'on chercha à éclairer les maisons par des ouvertures pratiquées à l'intérieur.

Un impôt sur les fenêtres présente l'inconvénient de prohiber l'air et la lumière, et sous ces deux rapports il est insalubre. On n'apprécie pas assez l'importance de la lumière pour la conservation de la santé : dans les pays froids ou d'une température variable, cette importance est beaucoup plus grande que dans les pays chauds.

313. Les impôts dont le gouvernement frappe nos manufactures intérieures sont souvent une cause d'inconvénients graves, et arrêtent sensiblement la marche naturelle que suivraient les perfectionnements de l'industrie. Pour augmenter le revenu de l'État, on force le fabricant à se munir d'une autorisation, et on l'oblige à travailler suivant certaines règles et sur des quantités fixées à chaque opération. Quand ces quantités de matières travaillées sont considérables, comme il arrive fréquemment, le fabricant, ainsi gêné, n'ose plus faire aucun essai avec de nouvelles matières; il répugne même à tenter de perfectionner sa méthode d'opération par des expériences très simples. Ainsi, quand on a voulu faire des essais pour trouver la qualité du verre la plus convenable aux instruments d'optique, l'impôt sur la fabrication du verre présentait un obstacle à la facilité de ces essais. Il fallut obtenir une permission spéciale pour que les expériences fussent faites par des personnes capables, sans opposition de la part de l'autorité. Rappelons-nous cepen-

dant qu'on abuserait de semblables permissions si elles étaient souvent accordées. Le meilleur préservatif contre un abus de confiance semblable serait de s'en rapporter à la décision de la science pour éclairer l'opinion publique; par ce moyen l'administration supérieure, peu familière généralement avec les détails des arts, se trouverait à portée de juger du plus ou moins de convenance de la permission demandée, d'après la réputation de ceux qui proposeraient de l'accorder.

314. L'enquête faite en 1808 devant le comité de la Chambre des communes, *sur la distillation du sucre et des mélasses*, a montré que, par un nouveau mode d'opérer un peu différent de celui prescrit par l'administration, on pouvait extraire vingt mesures d'eau-de-vie d'un poids donné de grain qui n'en donne que dix-huit par le procédé ordinaire. Tout le changement consistait à étendre la *dissolution*, ce qui permet à la fermentation d'acquérir un plus grand développement. Mais on trouva que ce changement introduirait de grandes difficultés dans la perception de l'impôt. Le règlement de l'impôt sur le charbon de terre produisait un effet plus fâcheux encore sur cette industrie. D'après l'enquête faite à ce sujet par la Chambre des communes, on voit qu'une quantité considérable de charbon était détruite inutilement sur le lieu d'exploitation. Cette quantité variait d'une mine à l'autre, mais quelquefois elle s'élevait jusqu'au tiers de la quantité totale extraite de la mine.

315. Les droits sur l'importation des produits fa-

briqués à l'étranger présentent des effets aussi curieux. En voici un exemple singulier. Le fer en barres payait, il y a quelques années, un droit de 140 pour 100 sur sa valeur, à son entrée dans les États-Unis, tandis que le fer façonné, les articles de quincaillerie, ne payaient que 25 pour 100 : de là est résulté qu'on a importé en Amérique des quantités considérables de barres de fer converties en *rails* de chemin de fer et qui sont entrées sous le nom de fer façonné. La différence de 115 pour 100 sur le droit était plus que suffisante pour couvrir la dépense de la conversion du fer en *rails* avant son importation.

L'établissement de droits considérables ou de prohibitions sur des objets étrangers est une mesure à la fois nuisible et sans effet réel; car, excepté le cas où les articles prohibés sont d'une grande dimension, il s'établit constamment un prix clandestin pour leur entrée en contrebande. Quand le gouvernement crée de nouveaux droits et modifie les droits anciens, il est toujours utile d'examiner l'extension que la contrebande a pu prendre, quel prix est demandé par les contrebandiers pour introduire les articles prohibés.

316. Souvent le procédé suivi dans la fabrication est modifié par la manière dont se trouve établi l'impôt sur la matière première ou sur l'objet fabriqué. Les verres de montre sont faits en Angleterre par des ouvriers qui achètent dans les verreries des globes de 5 à 6 pouces de diamètre; ils appliquent sur ces globes un verre de montre modèle, et, en passant tout autour de ce verre un morceau de faïence très chaud,

ils détachent de chaque globe cinq verres de montre; puis ils les liment et les polissent sur les bords. Dans le Tyrol, ce sont les verreries mêmes qui fournissent les verres de montre bruts : l'ouvrier verrier applique un anneau de verre froid sur chaque globe dès qu'il est soufflé, et en détache de suite un morceau de la dimension d'un verre de montre; puis il brise le reste du globe et le remet au creuset. Ce mode d'opérer ne pouvait pas s'employer en Angleterre avec la même économie, l'impôt frappant sans distinction tout le verre une fois sorti du creuset.

317. Est-il d'une bonne politique de donner des primes de fabrication intérieure et d'augmenter les droits d'entrée pour certaines marchandises qui peuvent être produites plus économiquement à l'étranger? c'est une question très douteuse; et, excepté le cas où l'on veut introduire une nouvelle espèce de manufacture dans un pays où l'esprit commercial et manufacturier est peu développé, ce système n'est guère susceptible d'une défense raisonnable. On ne peut trop blâmer tous ces moyens indirects d'imposer une classe de la société, celle des consommateurs, pour soutenir une autre classe, formée de certains manufacturiers, qui, autrement, cesseraient d'employer leurs capitaux dans l'industrie qu'ils exercent. Le prix de la marchandise ainsi produite se compose de deux parties : l'une comprend les frais de fabrication et l'intérêt ordinaire du capital; l'autre peut être regardée comme une espèce de charité faite au manufacturier pour l'engager à continuer un emploi

désavantageux de son capital, afin de donner de l'occupation à ses ouvriers. Dans plusieurs cas, si l'on connaissait bien le montant exact de cette dernière partie du prix, ceux même qui défendent le consommateur seraient étonnés de l'énormité de la somme totale qu'il paie, uniquement par suite des droits ou des prohibitions d'entrée, et les deux parties resteraient convaincues qu'on doit renoncer à employer des capitaux dans ces genres d'industrie tout à fait improductifs.

318. Limiter les articles fabriqués dans une manufacture à une seule nature de produits et même à certaines dimensions déterminées, est une mesure très utile pour l'économie de la fabrication. Il faut alors moins d'outils différents et moins de changements dans la manière de s'en servir. La marine présente un exemple frappant de ce genre d'économie. Les bâtiments étant divisés en plusieurs classes dont chacune comprend des navires de mêmes dimensions, les manœuvres fabriquées pour un bâtiment peuvent s'appliquer également à tout autre de la même classe.

319. Souvent la suppression d'un monopole amène des résultats d'une grande importance. Jamais, peut-être, les effets d'une suppression semblable n'ont été plus remarquables que dans l'industrie des tulles, en 1824 et 1825 ; il est vrai que la manie frénétique des spéculations qui régnait en ces temps y contribua pour beaucoup. A cette époque, une des patentes prises par M. Heathcote, pour la machine à faire du tulle, appelée *tulle-bobin*, venait d'expirer, et une

autre, pour un perfectionnement dans une espèce particulière de ces machines, appelé un *turn-again*, était près de toucher à sa fin. M. Heathcote avait cédé à plusieurs maisons le droit de se servir de la première patente, à raison de 5 livres sterling par an, par chaque quart d'yard de largeur dans la fabrication ; de sorte qu'un métier à six quarts, qui fait du tulle d'un yard et demi de large, lui payait par année 30 livres sterling (600 fr.). La seconde patente était abandonnée depuis août 1823, parce qu'elle avait été éludée de différentes manières.

Il ne fut pas étonnant de voir, au moment où le principal brevet expira, une foule de personnes se jeter dans une industrie qui jusque-là avait donné des résultats très avantageux. D'ailleurs la machine à faire du tulle occupe peu d'espace ; circonstance qui la rend tout à fait propre au travail à domicile. Comme celles qui existaient déjà se trouvaient toutes entre les mains des grands fabricants, une sorte de rage d'en avoir de pareilles s'empara des esprits, et, sous l'influence de cette espèce d'épidémie, une foule d'individus qui pouvaient risquer un petit capital, tels que des bouchers, des boulangers, de petits fermiers, des employés des contributions, des domestiques, quelquefois même des membres du clergé, ne pensèrent plus qu'à se procurer des machines à faire le tulle.

Quelques métiers se placèrent à loyer ; mais généralement l'ouvrier acheta sa machine, en remettant des acomptes de 3 à 6 livres sterling par semaine pour un métier à six quarts. Un grand nombre des nouveaux ouvriers, ne sachant point se servir des machines ainsi achetées, se firent instruire par ceux qui les connaissaient déjà, et payèrent cette instruction jusqu'à 50 ou 60 livres sterling (1250 à 1500 fr.). Le succès des premiers amena des imitateurs; de sorte que les constructeurs de machines se trouvèrent surchargés de commandes pour des machines à tulle. Il s'était répandu une telle fureur d'en avoir, que beaucoup de personnes remirent d'avance aux constructeurs une partie du prix ou même tout le prix de la machine, pour être sûres d'être servies promptement; de là résulta, comme on pouvait s'y attendre, une augmentation dans le prix des journées des ouvriers employés à la construction de ces machines; et l'effet de cette augmentation se ressentit même à une distance éloignée de Nottingham, qui était le centre de cette manie singulière. De tous côtés vinrent des ouvriers peu habitués à finir les pièces, qui gagnèrent de 30 à 42 shillings (de 37 à 50 fr.) par semaine; tandis que l'ouvrier habile gagna de 3 à 4 livres sterling (de 75 à 100 fr.). Un bon forgeron gagnait de 5 à 6 livres sterling (de 125 à 150 fr.) par semaine : quelques-uns même obtinrent jusqu'à 10 livres sterling (250 fr.). Pour faire les *parties dans œuvre* on payait chèrement les ouvriers horlogers qui venaient de toutes les villes des environs, et qui gagnèrent de 3 à 4 livres sterling (de 75 à 100 fr.) par semaine. Les ajusteurs qui réunissaient ensemble les diverses parties des machines recevaient 20 livres sterling (500 fr.) pour leur travail ; et une machine à six quarts pouvait se monter en deux ou trois semaines environ.

320. Les bons ouvriers étant ainsi engagés, sur tous les points, à quitter des branches moins lucratives pour satisfaire à cette quantité extraordinaire de demandes, leurs anciens maîtres s'aperçurent bientôt que leurs ouvriers les quittaient tous, mais sans connaître immédiatement la cause de cette sorte d'émigration. Cependant quelques-uns des plus intelligents s'en doutèrent, et vinrent à Nottigham pour examiner les circonstances extraordinaires qui avaient dépeuplé leurs ateliers de tous les ouvriers horlogers ; ils reconnurent de suite que les ouvriers qui, en faisant des horloges à Birminghan, gagnaient 25 shillings (30 fr.) par semaine, pouvaient gagner 2 livres sterling (50 fr.) à Nottingham en travaillant à la construction des métiers à tulle.

En examinant un genre de travail aussi lucratif, les maîtres horlogers s'aperçurent qu'une partie des métiers à tulle, celle qui porte les bobines, pouvait se faire aisément dans leurs ateliers ; aussitôt ils passèrent des marchés avec les fabricants de machines qui ne pouvaient travailler assez vite pour les commandes, et s'engagèrent à leur fournir les porte-bobines à un prix tel, qu'en retournant à Birmingham ils purent élever le salaire de leurs ouvriers, et les retenir chez eux en leur faisant gagner de bonnes journées. Cet arrangement offrit une nouvelle facilité pour la construction des métiers à tulle. Ces métiers se multiplièrent donc ; une quantité énorme de tulle fut versée dans le commerce, et immédiatement on vit baisser le prix du tulle et la valeur des métiers. Parmi tous ces nouveaux fabricants de tulle qui débutèrent à cette époque, les premiers firent pendant quelque temps de bonnes affaires ; mais la masse générale fut tout à fait trompée dans ses espérances, et plusieurs spéculateurs furent ruinés complètement. Cependant la vente s'augmenta par le bas prix de la marchandise, et en même temps par sa légèreté et sa beauté ; et de nouvelles machines perfectionnées diminuèrent encore la valeur des premières, recherchées d'abord avec tant d'enthousiasme.

321. Je pense qu'une description rapide de la situation de l'industrie des tulles aura quelque intérêt pour mes lecteurs.

Les métiers à tulle les plus parfaits fabriquent des pièces d'une largeur de 2 yards, et peuvent, en marchant jour et nuit, produire 620 *racks* par semaine. La rack est une mesure qui comprend 220 points ; et comme, dans le métier dont nous parlons, 3 racks font 1 yard (91 cent.), il produira par an 21 493 yards carrés de tulle. Ce métier occupe continuellement trois hommes qui sont à la pièce, et qui gagnaient, en 1830, 25 shillings chacun par semaine. Pour monter les bobines on emploie deux enfants qui ne travaillent que de jour, et qui gagnent de 2 à 4 shillings, suivant leur adresse. 36 yards carrés de tulle ainsi fabriqué pèsent 2 livres 3 onces ; de sorte que chaque yard carré pèse un peu plus de 3/4 d'once.

Pour donner une description concise et nette de la situation de cette industrie en 1831, je profiterai d'une brochure de M. William Jelkin de Nottingham, qui a pour titre : *Faits et Calculs relatifs à l'état actuel de la fabrication des tulles.*

On estime que le capital employé dans les fabriques où l'on prépare le coton, dans celles où l'on fait le réseau, et les divers détails de cette fabrication, s'élève à 2,000,000 livres sterling (50,000,000 de francs); et que le nombre des personnes occupées par cette fabrication monte à environ 200,000.

Comparaison de la valeur des matières brutes importées, et de celle des matières fabriquées en Angleterre pour l'industrie du tulle et de la dentelle.

On emploie chaque année en Angleterre 1,600,000 livres de coton, qui représentent une valeur de 120,000 livres sterling (3,000,000 de fr.). On en fait du fil de coton qui pèse 1,000,000 livres, et qui vaut 500,000 livres sterling (12,500,000 fr.).

On emploie aussi 25,000 livres de soie brute qui coûtent 30,000 liv. sterl. (750,000 fr.) ; cette soie étant doublée par le tordage, vaut 40,000 livres sterling (1,000,000 fr.).

La quantité et la valeur du tulle fabriqué avec ces matières premières, se trouvent indiquées dans le tableau ci-après.

MATIÈRES BRUTES.	PRODUITS FABRIQUÉS.	QUANTITÉ fabriquée en yards carrés.	VALEUR de l'yard carré.	VALEUR totale.
Coton, 1,600,000 liv.	Tulle fabriqué avec des métiers mis en action par l'eau ou la vapeur....	6,750,000	1f 50c	10,546,900f
	Tulle au métier à bras..........	15,750,000	2 05	31,453,125
	Tulle de fantaisie.	150,000	4 10	656,250
Soie, 25,000 l.	Soieries........	750,000	2 05	1,540,625
		23,400,000		46,296,890

Le tulle brut qui se vend à Nottingham est enlevé en partie par les agents de douze ou quinze des plus grands fabricants. Cette partie monte à 250,000 livres sterling (6,170,000 fr.) par an ; le reste, qui représente une valeur annuelle de 1,050,000 livres sterling (25,125,000 fr.), passe dans les mains d'environ deux cents commissionnaires ou commis qui l'expédient dans les divers magasins de vente.

La moitié de ces tulles est exportée à l'étranger sans être brodée. Cette exportation est dirigée principalement sur Hambourg pour le Hanovre, aux foires de Leipsig et de Francfort ; sur Anvers et sur le reste de la Belgique : il en passe aussi en France par contrebande; une certaine quantité est expédiée en Italie et dans les deux Amériques du Nord et du Sud. Quoique ce soit un article d'un usage assez général, on n'en a expédié que des quantités insignifiantes au levant du cap de Bonne-Espérance. Les trois huitièmes de la fabrication se vendent à l'intérieur sans être brodés;

le dernier huitième se vend brodé, et sa valeur augmente dans la proportion suivante.

BRODERIE.	AUGMENTATION DE VALEUR.	VALEUR TOTALE.
Sur tulle fabriqué avec des métiers mis en action par la force de l'eau ou de la vapeur.	3,296,000f	13,812,900f
Sur tulle fabriqué aux métiers à bras.	30,146,500	64,599,625
Sur tulle de fantaisie............	1,968,750	2,625,000
Sur tulle de soie...............	2,759,375	4,100,000
Total, comprenant le prix de la broderie et le gain du fabricant....	38,150,625f	85,467,525f

Ainsi dans cette industrie, qui n'existait pas quelques années auparavant, une valeur primitive de 3,000,000 de francs de coton est transformée en une valeur définitive de 85,467,526 fr.

CHAPITRE XXIX

DE L'ABONDANCE DU TRAVAIL.

322. Le principe de la division du travail en raison de la valeur intellectuelle et par suite du prix de la journée des ouvriers qui l'effectuent, a fait grand honneur à Babbage qui a su l'établir et il a été adopté depuis lui dans tous les ouvrages des économistes.

Nous souhaiterions qu'il en fût de même de celui que nous allons essayer de formuler, et que nous définissons le principe de l'abondance de travail.

Les économistes ne se préoccupent pas assez, en général, des causes de prospérité ou d'arrêt de l'industrie, d'insuffisance de travail pour les masses laborieuses; j'en donnerai pour exemple une citation du cours d'Économie politique de J.-B. Say, où il reproduit un passage curieux d'un ouvrage anglais (Thompson 's inquiry in to the distribution of wealh) que je reproduis ici : « Comment se fait-il « qu'une nation (l'Angleterre) qui, plus qu'aucune « autre est pourvue de matières premières, de ma« chines et d'outils, d'habitations et de denrées; « qu'une nation qui abonde en producteurs actifs et

« intelligents, et qui semble pourvue de tous les « moyens de bonheur, se trouve (du moins pour ce « qui regarde le plus grand nombre de ses enfants), « exposée à plus de privations que d'autres nations « beaucoup moins opulentes en apparence? Comment « se fait-il que les fruits de son travail, d'un travail « opiniâtre et fructueux, lui soient mystérieusement « et constamment ravis, sans convulsions dans la « nature, sans qu'on ait aucun reproche à lui faire? « L'amour du travail, l'esprit d'entreprise, les con- « naissances nécessaires se trouvent chez elle, tout, « hors l'abondance. D'où vient ce contresens dans « les affaires humaines? Que des tribus sauvages sans « industrie, vouées à la paresse, manquent de tout, il « n'y a rien là qui doive surprendre; mais qu'une so- « ciété hautement productive soit privée de tout, c'est « certainement un fort étrange spectacle. » Say répond en quelques mots à peine à cette question, en attribuant la misère aux impôts qui grèvent le salaire. Peut-on accepter cette explication comme suffisante? Comment le travailleur achèterait-il des produits quand l'ouvrage manque, quelque minime qu'en soit le prix? Avec le libre échange qui assure la vie à bon marché, et l'*incom-tax* qui reporte sur les classes riches une grande partie de l'impôt, le paupérisme a de la peine à diminuer en Angleterre. Et l'on a toujours eu le droit de s'étonner dans ce pays, quand on voyait les fils des convicts de l'Australie s'enrichir fréquemment, en proportion infiniment plus grande que les ouvriers des manufactures de la mère patrie.

323. La race anglo-saxonne, aux États-Unis comme en Australie, ignore à peu près le paupérisme, augmente chaque jour avec grande rapidité ses richesses, grâce à un élément de supériorité qu'elle possède sur les habitants de l'Angleterre. Tandis qu'en temps de crise, si l'ouvrier anglais ne trouve plus de travail dans les manufactures, il n'a devant lui, s'il n'a pas d'économies, que la charité du workhouse, l'ouvrier américain a à sa disposition les immenses prairies de l'Ouest, tout un continent d'une admirable fertilité, traversé par de grands fleuves assurant le transport facile et par conséquent la vente avantageuse de ses produits. Il peut toujours avec quelque énergie, conquérir la propriété, en créant des cultures qui assureront l'existence et le bien-être de sa famille. En un mot, toutes les questions difficiles des sociétés modernes disparaissent, et il n'y a plus de misère par défaut de travail, d'excès de population à un degré dangereux, parce qu'il y a toujours *abondance de travail*, que le travailleur dispose d'une mine inépuisable de travail rémunérateur.

324. Si les conséquences de ces faits bien connus ne sont pas discutables, en résulte-t-il toutefois une condamnation absolue pour nos vieilles nations, ou au moins l'émigration, si souvent profitable aux hommes énergiques, est-elle la seule ressource qui puisse s'offrir à nous, le seul remède aux maux dont nous souffrons? Il en serait ainsi si la terre était seule productrice de valeurs, si le travail industriel n'était pas créateur de richesses. L'exemple de l'Angleterre dont la popu-

lation a doublé depuis un siècle, prouve clairement la fertilité des champs de l'industrie ; ses machines à vapeur, fixes et mobiles, répondent d'après les calculs de Fairbairn au travail de soixante dix sept millions d'esclaves ! Croit-on que les utilités produites par une semblable puissance ne profitent pas à la nation qui la possède ? Et de nos jours, n'avons-nous pas assisté au spectacle de la dépense de plus de 10 milliards faite pour construire les chemins de fer en France, dépense qui a produit l'enrichissement général de la société. Dans combien de mains sont répartis les titres représentant ce capital dont les intérêts sont facilement payés par l'exploitation de lignes qui transportent les marchandises à un prix qui n'atteint pas le tiers de ce qu'il coûtait autrefois, en procurant au voyageur, à bon marché, l'agrément d'une vitesse trois fois plus grande.

325. Ces exemples des résultats obtenus par l'invention de la machine à vapeur et la construction de grands travaux publics, montrent que *l'abondance de travail repose sur les créations industrielles, par suite, sur tout ce qui permet de les multiplier, à savoir les travaux des savants, des ingénieurs, des entrepreneurs d'industrie, en un mot sur l'invention* dont nous allons analyser le rôle plus en détail, sur les efforts des hommes placés à la tête de la société pour trouver des voies nouvelles.

326. Nous croyons être plus dans le vrai en faisant reposer l'abondance de travail sur l'invention, que sur le capital, comme sont trop tentés de le faire les éco-

nomistes en s'attachant trop exclusivement à démontrer l'utilité, d'ailleurs indiscutable, de celui-ci. Il s'en faut de beaucoup que le capital, par cela seul qu'il existe, trouve nécessairement à s'employer fructueusement; sans doute, il est nécessaire à l'application de l'invention, mais celle-ci l'appelle et au besoin le crée bientôt.

L'exactitude du principe que nous formulons peut se vérifier en poursuivant l'examen de l'influence du travail sur la durée du capital, et il est facile de reconnaître qu'il est aussi utile pour le maintenir que pour le créer.

Le capital est une collection de valeurs; ce ne sont pas les matériaux des usines, les champs en eux-mêmes qui le constituent, mais bien seulement leur valeur. Le capital se mantient, dit Stuart Mill, non par sa conservation mais par sa reproduction perpétuelle. « La plus grande portion, en valeur, de la richesse qui existe aujourd'hui en Angleterre, a été produite, dit-il, par la main des hommes dans le courant de cette année même... Si le capital existant se transmet de siècle en siècle, d'année en année, ce n'est pas par sa conservation, mais par sa reproduction perpétuelle, la majeure partie en est détruite presque aussitôt que produite, et ceux qui la consomment ne le font que dans la vue d'une production plus grande encore. L'accroissement du capital est semblable à l'accroissement de la population. Tout individu qui naît, meurt bientôt, mais le nombre de ceux qui naissent dans l'année excède le nombre de ceux qui meurent. La population va donc croissant, bien qu'on puisse dire qu'aucun de ceux qui la composent n'était de ce monde hier. »

327. Évidemment vraie pour la presque totalité de capital circulant, la proposition de l'économiste anglais peut être démontrée exacte dans tous les cas; il suffit pour cela de suivre les fluctuations de la rente, du revenu dont la capitalisation se fait à un taux plus ou moins élevé, suivant l'appréciation que fait l'acquéreur de l'avenir de cette rente.

Considérons une fabrique; elle produira des bénéfices si elle demeure bien outillée, si elle se maintient grâce à l'habileté commerciale, à l'invention, en tête de l'industrie, si elle est sans cesse recréée en quelque sorte par de nouveaux progrès.

Une maison donnera une rente par sa location pendant cinquante ans (si elle doit durer cet espace de temps), si l'enrichissement de la ville, les embellissements du quartier auquel elle appartient, font croître la location au delà des frais d'entretien. La rente et le capital correspondant iront au contraire s'amoindrissant si l'inverse a lieu.

Un fonds de terre produit un revenu en France, n'en donne aucun au centre de l'Amérique, de l'Australie, et cela non en raison de sa nature durable, mais en raison de sa fertilité et surtout de sa proximité des centres habités; il est soumis aux mêmes lois. Un progrès cultural, comme l'introduction de la betterave à sucre dans le Nord, augmente beaucoup le revenu de la terre; l'arrivée des blés de l'Amérique et d'Odessa, des récoltes de contrées très fertiles et le perfectionnement des moyens de communication le diminue. Le revenu et par suite le capital correspondant croissent ou diminuent avec le travail intelligemment appliqué.

Nous venons de passer en revue le vrai capital d'une nation, car on ne doit pas considérer comme tel la dette publique, les prêts hypothécaires, etc., qui font double emploi et dont les détenteurs de titres constituent, sous forme de créanciers, une seconde classe de propriétaires pour un même capital. Nous sommes par suite fondés à conclure que les causes qui produisent l'abondance de travail, et de ce fait accroissent rapidement le capital, sont aussi celles qui maintiennent le capital antérieurement existant ; que la vie énergique d'une nation est indispensable pour ces deux effets. Si cette énergie faiblit, la décroissance arrive rapidement, l'état stationnaire étant presque impossible au milieu de nations rivales.

Le génie d'invention, l'esprit d'entreprise, la fermeté dans la direction des fabriques, comme l'activité des travailleurs, sont donc les conditions capitales de prospérité d'un pays, de la conservation des richesses acquises comme de leur accroissement.

CHAPITRE XXX

DE L'EXCÈS DE LA PRODUCTION.

328. Un résultat naturel et inévitable de la concurrence, lorsque la création des éléments qui engendrent l'abondance du travail se ralentit et que peu de routes conduisent à des profits assurés, c'est une production bien supérieure aux besoins des consommateurs. Un état de plétore se reproduit ordinairement à des époques périodiques, et il est d'une égale importance pour le maître et pour les ouvriers de le prévenir, ou au moins de le prévoir de loin. Dans le cas particulier où il existe sur la place un grand nombre de petits capitalistes, où chaque maître travaille lui-même, aidé par sa famille ou par quelques ouvriers à la journée, où enfin les différents articles produits sont très variés, il s'établit une sorte de compensation singulière qui diminue en quelque manière l'étendue des oscillations qu'éprouverait autrement le prix du travail des ouvriers. Cette compensation est due à l'intervention des commissionnaires, espèce intermédiaire de négociants, qui possèdent des capitaux plus ou moins considérables,

et qui, lorsqu'il se manifeste une grande réduction dans le prix de l'article dont ils font commerce, en achètent de fortes parties pour leur propre compte, dans l'espoir de les vendre à bénéfice quand le prix aura remonté. Dans les temps ordinaires, ces mêmes individus agissent comme des facteurs ou des agents de diverses maisons, et font des assortiments d'articles au prix de la place, pour le compte des détaillants, soit à l'intérieur, soit à l'étranger. A cet effet, ils ont de vastes magasins où ils entreposent, soit les commissions qu'on leur a données, soit les marchandises qu'ils ont achetées dans les moments de baisse. Leur intervention exerce donc sur la place l'effet d'un volant qui en régularise les prix.

329. Dans les grands établissements, l'excès de production a un effet tout différent. Quand l'excès des offres a fait baisser les prix de vente, il arrive ordinairement de deux choses l'une : ou l'on diminue seulement le salaire des ouvriers, ou l'on diminue à la fois et le nombre des heures de travail et le salaire de ces mêmes ouvriers. Dans le premier cas, la production marche à son ordinaire ; dans le second, la production diminue. Les quantités offertes sont mises ainsi en rapport avec les demandes, et dès que la marchandise sur la place est écoulée, les prix remontent à leur taux primitif. Au premier coup d'œil, cette dernière situation des choses semble plus avantageuse à la fois pour le maître et pour les ouvriers ; mais excepté le cas où peu d'individus s'occupent de la branche particulière qui se trouve en souffrance, un

tel arrangement présente de grandes difficultés; et de fait, il ne peut exister qu'à la suite d'une convention passée entre les maîtres ou entre les ouvriers; ou, ce qui vaut mieux, à la suite d'une convention réciproque passée entre les uns et les autres dans leur intérêt commun. Mais une convention entre les ouvriers est toujours difficile et toujours gênée par les inconvénients d'une opposition aveugle contre ceux qui, d'après le libre exercice de leur jugement, sont disposés à ne pas agir avec la majorité. D'un autre côté, les conventions entre les maîtres restent sans effet, à moins que tous, sans exception, ne s'y conforment; car si un seul maître fabricant, d'après les capitaux qu'il possède, fait travailler plus d'ouvriers que chacun de ses confrères en particulier, il se trouve immédiatement en position de vendre au-dessous du prix que ceux-ci ont pu arrêter entre eux.

330. Sous le rapport de l'intérêt du consommateur considéré seul, la question est toute différente. Quand l'excès des marchandises offertes a produit une baisse considérable dans le prix d'un article, de suite cette baisse amène une nouvelle classe de consommateurs, et augmente la consommation de la classe qui en faisait usage. Un retour au premier prix est donc tout à fait opposé à l'intérêt de ces deux genres de consommateurs. Il est aussi un fait certain, c'est que la diminution du bénéfice du manufacturier, par suite de la diminution du prix, est un excellent stimulant pour activer son esprit, pour le porter à chercher des

moyens de se procurer ses matières premières à meilleur prix, à inventer des perfectionnements dans ses machines, qui réduisent son prix de fabrication, ou à introduire des changements dans la disposition intérieure de sa fabrique, de manière à en perfectionner l'administration. Si, par suite d'une de ces tentatives ou de l'effet simultané de toutes, le manufacturier obtient quelque résultat avantageux, son succès a de suite un effet réellement utile. D'un côté, une proportion plus grande de la population peut se procurer l'objet fabriqué à meilleur prix, et jouir de tous ses avantages ; et de l'autre, quoique le bénéfice du manufacturier se trouve réduit sur chaque article fabriqué, comme il fabrique un plus grand nombre de ces articles, et que ses bénéfices seront plus répétés, il réalisera à la fin de l'année un bénéfice total à peu près aussi considérable qu'auparavant, tandis que le salaire de l'ouvrier remontera à son taux primitif. Enfin le fabricant et l'ouvrier à la fois auront moins à redouter les oscillations des demandes, puisqu'ils travailleront pour un plus grand nombre de consommateurs habituels.

331. Il serait du plus haut intérêt, ce me semble, d'examiner, dans l'histoire de chaque industrie, si les époques où les produits qu'elle offrait à la consommation se sont trouvés surabondants, n'ont pas amené toujours, dans cette industrie, par suite d'un redoublement d'efforts, l'invention de nouveaux perfectionnements mécaniques ou de nouvelles méthodes de fabrication, et il serait utile de montrer en même

temps de quelle quantité annuelle la fabrication a pu être ainsi augmentée. On trouverait probablement par cette recherche que *l'augmentation de la quantité qu'on peut fabriquer avec le même capital, au moyen du nouveau perfectionnement, est toujours assez considérable pour que le fabricant retire de ce capital un intérêt égal à celui que lui aurait produit tout autre mode de placement.*

La grande industrie du fer nous fournira peut-être, à ce sujet, les documents les plus convenables pour une semblable recherche; car nous avons le prix du fer en gueuses et en barres, dans la même localité et à la même époque, et nous sommes ainsi exempts des effets de toute variation dans la valeur de la monnaie courante, ainsi que de toute autre cause d'irrégularité.

332. Au moment de la publication de la première édition de cet ouvrage, les fabricants de fer se plaignaient de la baisse ruineuse qu'avait éprouvée le prix de leurs produits; c'est alors qu'on commença à introduire une nouvelle méthode pour fondre le fer, qui promettait une réduction considérable dans le prix de cette opération. Cette méthode consistait à chauffer l'air avant de l'employer à souffler le haut fourneau, dans l'espoir d'augmenter la production de celui-ci. Un des résultats de cet emploi de l'air chaud, était la possibilité de brûler de la houille au lieu de coke; par là d'être dispensé des frais de la carbonisation de la houille, et, de plus, l'emploi de ce dernier combustible permettait de diminuer la pro-

portion de castine nécessaire pour fondre le minerai de fer.

Le tableau suivant, dressé par les propriétaires du brevet d'invention, est tiré du journal de Brewster, p. 349; 1832.

Tableau comparatif des quantités de matières employées à l'établissement des forges de la Clyde pour fondre une tonne (1,015 kilog.) de fonte de moulerie, et de la quantité de fonte produite par chaque haut fourneau dans une semaine.

DÉSIGNATION.	Combustible.	Minerai.	Castine.	FONTE produite par semaine.
	Tonnes.	Tonnes.	Quint. métriq.	Tonnes de 1015 k
1. Avec de l'air non chauffé et du coke......	7	3 1/4	7,60	45
2. Avec de l'air chauffé et du coke.........	1 3/4	3 1/4	5,08	60
3. Avec de l'air chauffé et de la houille....	2 1/4	3 1/4	3,80	65

Notes. — « 1. On doit ajouter au charbon ou au « coke des deux dernières lignes 250 kil. de menu « employé à échauffer l'air.

« 2. La construction de l'appareil pour l'applica- « tion de l'air chaud coûte de 5,000 à 7,500 francs « par haut fourneau.

« 3. On n'emploie plus de coke aux forges de la « Clyde, et les trois hauts fourneaux marchent à la « houille.

« 4. Les trois hauts fourneaux sont soufflés par « une machine à vapeur d'une force double de la « force nécessaire : le cylindre à vapeur a 40 pouces « anglais de diamètre, et le cylindre soufflant 80 pou- « ces; l'air est comprimé jusqu'à 2 livres 1/2 par « pouce carré. Chaque haut fourneau a deux tuyères. « Les ouvertures des tuyaux soufflants ont 3 pouces « de diamètre.

« 5. L'air est chauffé au-dessus de 600 degrés « Fahrenheit (315 degrés centigrades). Il peut fondre « le plomb à la distance de 3 pouces de l'orifice du « tuyau par lequel il s'échappe. »

333. L'augmentation de production, par suite de l'introduction de l'air échauffé, n'est nullement un résultat facile à comprendre, à première vue, et l'analyse de l'action de cet air nous conduira à présenter quelques idées assez curieuses sur l'application future des machines à souffler les hauts fourneaux.

Chaque pied cube d'air atmosphérique, jeté dans le haut fourneau, se compose de deux gaz, d'oxygène et d'azote, qui entrent : l'oxygène pour un cinquième et l'azote pour les quatre cinquièmes environ [1].

Suivant la théorie actuelle de la Chimie, l'oxygène seul produit de la chaleur, et l'on peut analyser ainsi qu'il suit ce qui se passe dans le haut fourneau :

1° L'air est lancé dans le haut fourneau sous une

1. La proportion exacte donnée par l'expérience est 21 oxygène, 79 azote. (A.)

forme condensée; il se dilate immédiatement et enlève de la chaleur aux corps environnants;

2° Indépendamment de cette dilatation, cet air étant lui-même à une température peu élevée, a besoin d'une certaine chaleur pour acquérir la température des matières en ignition qu'il doit traverser immédiatement;

3° L'oxygène, venant en contact avec les matières à l'état d'ignition dans le haut fourneau, s'unit avec elles, en produisant un grand dégagement de chaleur, et formant des combinaisons. Quelques-unes de celles-ci s'enlèvent à l'état gazeux par la cheminée du haut fourneau; les autres restent sous la forme de scories fondues et flottantes sur la surface de la fonte liquéfiée par la chaleur dégagée dans ces diverses combinaisons;

4° Les effets de l'azote se bornent aux deux premiers effets généraux de l'air introduit que nous avons signalés. L'azote paraît ne former aucune combinaison, et ne contribue en aucune manière à l'augmentation de la chaleur.

Ainsi la méthode d'échauffer l'air, avant de le lancer dans le haut fourneau, économise toute la chaleur que le combustible doit fournir pour élever jusqu'à 315 degrés centigrades la température de cet air, semblable à celle de l'air extérieur, et elle a pour effet direct de rendre le feu plus intense, de faciliter la fusion de scories vitreuses, et de leur donner peut-être aussi plus d'efficacité pour décomposer le minerai de fer. Si la quantité de combustible nécessaire pour échauffer l'air avant son introduction était ajoutée à celle que contient le haut fourneau, elle ne ferait que prolonger la durée de sa chaleur sans augmenter son intensité.

334. L'introduction dans le haut fourneau de cette quantité d'air complètement inutile, et même nuisible à la fusion du minerai, puisqu'elle refroidit le haut fourneau au lieu de l'échauffer, est un vice essentiel de la méthode suivie jusqu'à ce jour dans le traitement des minerais de fer[1]; et si l'on considère, de plus, la perte énorme de pouvoir mécanique employé à comprimer cette quantité d'air inutile, perte qui s'élève en réalité aux quatre cinquièmes de la force totale mise en action pour souffler le haut fourneau, on concevra parfaitement les avantages d'un nouveau procédé plus parfait pour produire une combustion intense. Ceci me conduit à jeter en avant, sur ce sujet, quelques idées qui pourront conduire à de bons résultats, alors même que ces idées seraient inapplicables en elles-mêmes à l'objet proposé.

335. La grande difficulté de ce problème, c'est la séparation de l'oxygène qui favorise la combustion, et de l'azote qui nuit à son développement. Cette séparation pourrait s'effectuer si l'un de ces gaz devenait liquide à une moindre pression que l'autre, et si

1. Un raisonnement semblable peut s'appliquer aux lampes. Une lampe d'Argand, employée à brûler de l'huile ou du gaz, consomme des quantités énormes d'air. Il serait curieux d'examiner si une quantité plus petite ne pourrait pas produire une lumière plus grande; et peut-être une proportion différente fournirait plus de chaleur avec la même dépense de combustible. (A.)

ces pressions étaient dans les limites des forces dont nous pouvons disposer aujourd'hui pour comprimer des substances quelconques.

Supposons, par exemple, que l'oxygène devienne liquide sous une pression de 200 atmosphères, et qu'il en faille 250 pour liquéfier l'azote[1]; alors, quand l'air sera condensé à la deux-centième partie de son volume primitif, l'oxygène se trouvera à l'état liquide au fond du récipient où est effectuée la condensation, et la partie supérieure contiendra seulement de l'azote à l'état gazeux. L'oxygène liquéfié pourra être retiré du récipient pour l'alimentation du haut fourneau; mais, comme il doit y être introduit à un degré modéré de condensation, sa force expansive pourrait d'abord être employée à faire marcher une petite machine. L'azote qui serait comprimé fortement dans la partie supérieure du récipient, pourrait, une fois séparé de l'oxygène, être employé également comme moteur, et faire marcher une autre machine par son expansion. De cette manière, la force mécanique développée pour opérer la première condensation serait entièrement recouvrée, à l'exception d'une petite portion nécessaire pour chasser l'oxygène pur dans le haut fourneau, et d'une autre plus grande absorbée par les frottements et le refroidissement.

336. La principale difficulté d'une opération semblable, ce serait l'exécution d'un piston capable de

1. L'expérience a démontré qu'avec la compression, un froid intense était nécessaire et que l'opération indiquée est impossible. Elle pourra toutefois peut-être fournir dans l'avenir un point de départ intéressant.

résister à une pression de 2 à 300 atmosphères ; mais cette difficulté ne semble pas insurmontable. Il est possible aussi que de semblables pressions puissent effectuer la combinaison des deux gaz qui constituent l'air; ce qui donnerait un nouveau moyen de fabriquer l'acide nitreux et l'acide nitrique. On pourrait encore se proposer un autre but dans des expériences de ce genre, en opérant la condensation de l'air par l'intermédiaire d'un liquide : car alors il serait possible que ce liquide formât avec l'un des gaz qui constituent l'air une nouvelle combinaison chimique. Si l'on suppose, par exemple, que l'air fût fortement comprimé dans un récipient rempli d'eau en partie, cette eau pourrait s'unir à une quantité additionnelle d'oxygène[1], qui s'en dégagerait ensuite pour entrer dans le haut fourneau.

Il serait aussi possible que l'oxygène, à l'état liquide, exerçât une action corrosive, et que les récipients qui le contiendraient dussent être revêtus de platine ou de quelque autre matière d'une oxydation difficile. Très probablement il se formerait aussi à cette pression énorme des composés nouveaux et tout à fait inattendus. Dans quelques expériences faites par le comte de Rumford, en 1797, sur la force de la poudre, il remarqua un composé solide qui se formait toujours dans le canon, quand on empêchait quelque temps la libre sortie du gaz produit par l'inflammation de la poudre ; et dans ce cas, lorsqu'on suppri-

1. Tel est le deutoxyde d'hydrogène, l'eau oxygénée de Thénard. (T.)

mait ensuite cet obstacle momentané, il s'échappait très peu de gaz.

337. Si l'on se servait de gaz liquéfié, il faudrait probablement changer la forme du haut fourneau, et peut-être diriger la flamme du combustible enflammé sur le minerai à fondre, au lieu de mêler ce minerai avec le combustible lui-même. En réglant le vent d'une manière convenable, on pourrait obtenir une flamme oxygénante ou désoxygénante. Cette combinaison de l'intensité de la flamme avec son action chimique pourrait permettre de fondre les minerais les plus réfractaires. Enfin les métaux jusqu'à présent infusibles, tels que le platine, l'iridium et d'autres encore, pourraient entrer dans les usages ordinaires de la société, et ainsi s'effectuerait une révolution dans les arts[1].

338. Un progrès semblable à celui que la baisse du prix des fers a fait naître en 1831, s'accomplit en ce moment dans la même industrie et dans les mêmes conditions. La possibilité de fabriquer l'acier Bessemer avec les minérais communs, résultat de nombreuses recherches, va encore sortir d'une crise intense l'industrie du fer et la sauver.

339. Revenons maintenant au sujet de ce chapitre, et admettons que, dans le cas d'une surabondance des produits d'un même genre d'industrie, on ne découvre pas de moyens de production plus économiques, et que la fabrication continue à excéder les besoins des

1. Cette fusion a été obtenue par MM. Deville et Debray avec le gaz oxygène gazeux.

consommateurs. Dans cet état de choses, il est évident que ce genre d'industrie emploira trop de capitaux ; le bénéfice des fabricants diminuera, et au bout d'un certain temps quelques-uns d'entre eux tourneront leurs vues vers d'autres genres d'industrie. On ne peut pas assigner d'une manière bien précise quels seront les premiers qui changeront ainsi d'occupation. Un travail plus parfait, un soin plus grand dans les détails, permettront encore à quelques fabricants de faire des bénéfices supérieurs à ceux de leurs confrères. A défaut de ces avantages, une masse de capitaux plus considérables mettra quelques autres en état de soutenir la concurrence plus longtemps, même avec perte, dans l'espoir de chasser du marché les petits capitalistes, les concurrents les plus mal placés, et de se rembourser alors par la hausse du prix de vente. Néanmoins il vaut mieux pour les uns et pour les autres, que cette lutte commerciale ne dure pas longtemps, et il est d'une haute importance qu'aucun règlement arbitraire ne vienne en quelque sorte s'opposer à la conclusion des difficultés de ce genre ; car les actes restrictifs ont souvent les effets les plus funestes, et c'est ainsi que le commerce du port de Newcastle est entravé par un acte du parlement qui ordonne que chaque bâtiment sera chargé à son tour dans ce port. Dans son rapport sur le commerce du charbon de terre, la commission de la Chambre des communes désapprouve complètement les mesures ordonnées par cet acte. « S'il y a trop de bâtiments « employés au commerce du charbon de terre, est-il

« dit dans ce rapport, et qu'il y ait conséquemment « du temps perdu à stationner dans le port et à « attendre le chargement, cette perte de temps ne « porte pas, comme cela devrait-être, sur quelques « bâtiments particuliers, de manière à les expulser « de ce genre de commerce : d'après le règlement, « elle est répartie sur tous indistinctement ; de sorte « que la perte de bénéfice qui en résulte est répartie « également sur toute la masse. »

CHAPITRE XXXI

DE L'INVENTION INDUSTRIELLE.

340. Nous avons établi que l'abondance de travail repose sur les efforts d'invention de tous les hommes distingués qui sont placés à la tête d'une société. En disant cela, nous donnons au mot invention l'acception la plus large; nous comprenons, sous ce titre, les découvertes des savants qui font progresser les sciences, les combinaisons des inventeurs de machines et appareils qui les appliquent, les projets les plus audacieux des ingénieurs, les résultats de l'esprit d'entreprise et d'organisation des fondateurs de manufactures et des commerçants; enfin les créations dues au goût des artistes industriels qui impriment aux objets fabriqués un cachet d'élégance qui leur donne souvent tant de valeur. Notre cadre ne nous permet pas de nous étendre sur tous ces points, et, dans un livre entièrement consacré aux machines et aux manufactures, c'est surtout de l'invention industrielle que nous devons traiter. C'est au reste la forme la plus saillante, la plus saisissable que revêt l'invention dans les travaux de l'industrie.

341. Inventer un procédé, un mécanisme, c'est faire ce qui n'avait jamais été fait, ce qui ne serait pas plus né sans le génie de l'inventeur, que *Phèdre* ou *Athalie* si Racine n'était pas venu au monde ; c'est créer une nouvelle source de richesses, et, dans nombre de cas, devenir le bienfaiteur de l'humanité.

Si l'on veut juger de l'utilité des inventions, que l'on étudie l'histoire d'une industrie quelconque, et l'on admirera les résultats si considérables qu'elles ont procuré bien souvent : l'économie de travail, le bon marché des produits qu'elles ont permis de mettre à la disposition de tous. L'exemple le plus saillant, déjà cité, celui auquel la génération actuelle a assisté, est celui fourni par les chemins de fer qui sillonnent le monde, et dont la construction a exigé une si grande quantité de travail, cause de tant de richesses. Le bon marché des transports à grande vitesse qu'ils procurent, repose exclusivement sur l'application de la vapeur, sur l'invention de la locomotive à grande vitesse, due au génie de Stéphenson.

Veut-on d'autres exemples? Que l'on consulte l'histoire de la grande industrie de la filature mécanique qui a tant fait diminuer le prix des tissus, à mesure que se sont succédées les inventions des cardes circulaires, du banc à broches, de la mull-jenny, du métier à tisser mécanique, etc.

Chaque jour nous assistons à ce genre de spectacle : ainsi, en ce moment, pour avoir su organiser les premiers la fabrication des câbles sous-marins, les ateliers anglais fabriquent le câble de Brest à New-

York, pour une société française présidée par le plus ardent de nos protectionnistes.

Nous nous répéterions, après tout ce que nous avons déjà dit de l'invention industrielle, si nous insistions plus longuement, et nous nous contenterons de considérer comme hors de discussion que la multiplicité des inventions, et par suite la création rapide d'industries et souvent de séries d'industries nouvelles, est d'un intérêt tout à fait capital pour la société.

342. *Des bénéfices que procure l'invention.* — Tous les avantages que procure l'emploi des machines, qui ont été successivement analysés et qui sont si complètement démontrés par l'enrichissement de la société moderne, appartiennent entièrement, exclusivement, à l'inventeur au moment où il vient de réussir sa machine. Si elle lui permet de fabriquer avec 20 pour 100 d'économie un produit dont on vend 10,000,000 par an, on voit qu'il doit réaliser un ou deux millions de bénéfices annuels tant qu'il conservera son avance sur les anciens producteurs, soit par ignorance de ceux-ci, soit par le secret de ses procédés, soit par le privilège que la loi lui confère, et dont nous parlons ci-après. C'est ainsi que se sont faites les fortunes de Watt, d'Arkrwigth, de Ternaux, de Cail, de tous les industriels dont les succès ont acquis une juste notoriété, c'est ainsi qu'a été créée la richesse de Manchester, celles de Lyon, de Mulhouse, etc. C'est la voie du bon succès par des services éminents rendus à tous les consommateurs, en augmentant, au profit

de tous, le domaine de la gratuité par l'abaissement du prix d'un objet utile. Il n'y a là ni richesse fictive ni spoliation, comme par l'agiotage, la plaie de notre époque, qui ne fait que changer le taux de capitalisation des valeurs ou dépouille les naïfs au profit des roués.

343. Il est facile d'établir que l'invention, cause de prospérité de la société laborieuse, constitue un élément capital, et trop négligé, de la solution des problèmes qui préoccupent notre génération.

Un mot, en premier lieu, des discussions relatives à la protection ou au libre échange, question qui paraît bien obscure, tant les partisans des deux systèmes affirment des principes différents, et lorsque les intérêts sont encore plus opposés que les principes. Le seul terrain sur lequel la conciliation soit possible, c'est celui d'un grand développement industriel qui ne peut reposer que sur la succession rapide des inventions.

Quel besoin de protection ont les industries françaises, en avance sur les industries étrangères, produisant mieux et à meilleur marché, employant des machines, des procédés que les concurrents ne possèdent pas encore, qu'ils ne sauront de longtemps employer aussi bien que des ouvriers exercés? A quoi au contraire serviront des droits élevés sur des produits sortant des manufactures mal outillées, dont les chefs ne cherchent pas l'amélioration, fabriquant par suite à des prix plus élevés que les manufactures étrangères qui ont su réaliser de grands progrès?

Si cette considération ne résout pas d'une manière complète la question, on peut affirmer qu'elle est capitale et seule à considérer, lorsqu'il s'agit des nombreux produits qui peuvent être créés dans des conditions semblables dans les divers pays.

344. La multiplicité des inventions est encore le remède le plus efficace de la maladie la plus grave qui affecte nos sociétés modernes. Le communisme n'a aucun attrait pour les ouvriers habiles qui ont su dominer les difficultés d'une profession, lorsqu'ils ont vu le manque de travail résulter si constamment des révolutions, et nul entraînement n'est à craindre avec la prospérité industrielle. Lorsque les salaires sont élevés, lorsque les plus habiles réussissent, c'est-à-dire dans des temps heureux, le développement du travail producteur efface la politique dans leur esprit et la fait passer au second plan.

Nous reviendrons sur les questions relatives aux formes de la propriété industrielle, mais il était bon de signaler ici les principales conséquences de la multiplicité des inventions pour créer la richesse, qu'on ne peut partager que si elle existe.

345. Des avantages que procurent les inventions, il a été conclu, en général, qu'il fallait activer, développer l'esprit d'invention et par suite, adopter des mesures propres à le favoriser, ce qui se résume dans le genre de privilège que confère aux inventeurs la législation des brevets. Bien que le résultat soit le même, l'esprit logique des Français n'a pas en général adopté cette formule du droit fondé sur les avan-

tages que l'invention procure à la société, et l'on a, à bien juste titre, suivant nous, réclamé pour l'inventeur un droit incontestable à profiter des résultats de son invention. Malgré des sophismes qui ont été formulés pour contester le droit de l'inventeur, il est aujourd'hui pleinement reconnu, et la société moderne est plus juste que celles qui l'ont précédée, et où l'industrie tenait une moindre place. « En se rap- « pelant jusqu'à quel point, dit Poncelet, nos hommes « d'État et nos écrivains ont quelquefois poussé l'in- « gratitude, le dédain et l'oubli envers ces véritables « bienfaiteurs des modernes civilisations, on ne peut « se défendre d'un sentiment profond d'amertume. »

CHAPITRE XXXII

DES BREVETS D'INVENTION.

346. Le brevet, c'est-à-dire le droit reconnu légalement à l'inventeur de récolter les fruits de son invention, a reçu une forme semblable dans les divers pays industriels. C'est un privilège variant de quatorze à dix-sept ans, qui lui est conféré, d'exploiter seul l'invention brevetée, à la charge de payer une somme soit en une fois, soit annuellement, de déposer la description et le dessin de son invention. Ce mode de rémunération qui proportionne la récompense aux fruits qu'elle peut produire, ce mode d'exploitation privilégiée heureusement imaginé en Angleterre à l'imitation de privilèges gracieusement accordés par le roi, est infiniment préférable à des modes de récompense directe, et autres genres de remunération, indiqués par quelques novateurs, qui ne supportent pas l'examen, car quelque élevée qu'elle fût, elle paraîtrait toujours trop faible à l'inventeur le plus infime, persuadé des grands mérites de son œuvre. On peut dire que c'est une question absolument jugée que celle de faire payer par l'invention même la récompense du travail de son créateur.

317. Comme dans toutes les questions, deux écoles se partagent sur les réformes à introduire à la loi des brevets, qui n'est pas considérée généralement comme répondant aux besoins actuels : la première trouvant que l'invention est le fruit direct du travail personnel, trouverait juste que le privilège de l'inventeur fût pour lui une porpriété absolue, qu'il durât pour le moins toute sa vie. Il n'est pas douteux que le privilège de quatorze ou quinze années est bien court, lorsqu'il s'agit d'inventions de premier ordre, de constructions difficiles qu'il a fallu de longues années pour mener à bien; mais il n'est pas douteux, non plus, que le privilège ne saurait être éternel, parce que la propriété du brevet englobe toujours un assez grand nombre d'éléments du domaine public, qui seraient confisqués au détriment de la communauté par cette perpétuité. Ainsi l'inventeur du télégraphe électrique, fondé sur les théories d'Ampère, ne pourrait justement se réserver l'usage éternel des électro-aimants qui y sont employés et dont Ampère a su formuler la théorie.

La seconde école, ou plutôt la proposition de M. Michel Chevalier, consiste à nier le droit du breveté et à demander la suppression des brevets; j'ai cherché à démontrer dans un autre travail[1] combien cette prétention était mal fondée, et combien peu elle supporte la discussion; je me contenterai de rappor-

1. *Dictionnaire des Arts et Manufactures.* — ÉCONOMIE INDUSTRIELLE.

ter ici un discours remarquable fait à la Société d'encouragement par le savant M. Dumas, et dans lequel il a tracé de main de maître la vie de l'inventeur et puissamment démontré la source de son droit.

348. (6 avril 1864.) « Au premier rang des intérêts industriels à exciter, à soutenir ou à défendre, votre conseil a constamment placé l'invention. Il existe aujourd'hui, il est vrai, une école historique et philosophique, où considérant l'humanité comme une armée en marche vers le progrès, mais une armée sans général, on regarde, au contraire, chaque inventeur comme l'expression un peu banale d'idées appartenant à tous; idées dont il se serait fait seulement l'interprète un peu plus tôt que le reste des humains, et qui, sans lui, n'en eussent pas moins germé, fleuri et fructifié... Cet inventeur, que vous connaissez si bien, dévoré par la pensée qui l'obsède, à laquelle il voue toutes ses forces, sa fortune, sa santé, sa vie et les intérêts plus chers encore de tous les siens, ne serait, à en croire ces nouvelles doctrines de l'histoire, qu'un organisme obéissant à l'évolution générale de l'espèce, et produisant une invention en vertu des mêmes fatalités auxquelles obéit l'abeille qui sécrète sa cire ou son miel; ce qu'il a fait, tout autre aurait pu l'accomplir... Pour cette école Homère, Phidias, Raphaël, Newton, Lavoisier, qui ont porté si haut le niveau de la puissance créatrice de l'homme, ne seraient que des chiffres. Leur génie serait celui de l'époque où ils ont vécu; au besoin ils eussent été remplacés par d'autres chiffres chargés de produire leurs poèmes divins,

leurs pages immortelles ou leurs calculs sublimes!... Croyez-le bien, c'est en vain que nous réunirions tous les peintres du monde, ils ne produiraient pas un Raphaël; ou tous les sculpteurs, ils ne feraient pas sortir du marbre la Vénus de Milo; et de même, n'en doutez pas, il y a telle invention, dans les sciences industrielles, dont on a droit de dire que celui qui l'a faite seul était capable de la produire.

« Dire que la soude des chimistes..., la filature mécanique du lin..., le sucre de betterave..., le vinaigre de bois..., etc., n'en auraient pas moins été inventés sans le triple concours d'efforts du génie économique de Napoléon, du génie scientifique des Lavoisier et des Thénard, du génie industriel des Leblanc, des Philippe de Girard, des Mollerat, etc... Ah! messieurs, ce sont là des pensées mauvaises, des excuses prêtes pour l'ingratitude, des doctrines qui font tomber avec dédain les têtes des Lavoisier, qui assistent avec indifférence aux suicides désespérés des Leblanc!... Il y a des inventions, il y a des inventeurs, n'en doutez donc pas; mais, de même qu'il y a des paresseux qui nient la propriété, trouvant qu'il est plus court de la prendre que de la gagner par le travail et l'épargne, il y a aussi des faiseurs, pressés de gagner gros, qui nient l'invention, trouvant plus tôt fait de se servir des idées d'autrui que d'avoir des idées, à force d'étude et d'attention persévérante. Savent-ils ce que c'est que l'invention? Non, et leur seule excuse pour le dédain qu'ils affectent à son sujet, c'est ce qu'ils ignorent les douleurs et les joies de ces sortes d'enfantements...

« Écoutez ceci. Il y a quarante ans, je fus consulté par un ami de la famille de Daguerre. Les allures étranges de cet homme célèbre avaient porté le trouble parmi ses alentours. Sa raison n'est-elle pas menacée? Que penser, me demandait-on, d'un artiste habile, abandonnant ses pinceaux, et poursuivant cette idée insensée de saisir les fuyantes images de la chambre obscure, et de fixer sur le papier, sous une forme matérielle et durable, ce spectre insaisissable, ce rien? Je me suis souvent reporté aux heures de méditation que je consacrai alors à préparer une réponse qui rendit peut-être à Daguerre un repos troublé par des empressements inquiets. S'il eût été détourné de sa voie, cependant, la photographie n'existerait pas; qui oserait en douter? Savez-vous combien de temps s'écoula pour lui en études, en essais ruineux, en tentatives trompées? Quinze ans! Oui, quinze ans séparent ce moment où Daguerre était regardé comme menacé dans sa raison, et celui où l'Europe apprenait son triomphe. Lorsqu'il vint, au bout de ces quinze années d'épreuves, me montrer ses planches admirables, il n'en sut rien, mais ma première pensée, je l'avoue, fut un sentiment de reconnaissance envers Dieu, qui avait permis que je fusse appelé à défendre un si heureux génie, et qui m'avait inspiré, malgré ma jeunesse, la confiance de le protéger contre le zèle de ses amis. Avec quel intérêt je l'écoutais, me racontant ses espérances, ses doutes, ses soupçons; car pendant ces quinze années, Daguerre, dont le sentiment artistique délicat avait tant de peine à se tenir pour satisfait, et qu'une éducation scientifique insuffisante livrait à tous les hasards des tâtonnements incertains, voyait tour à tour se rapprocher ou s'éloigner le but de ses espérances, se réaliser ou s'anéantir l'objet de sa poursuite infatigable. Mal à son aise avec ses alentours dont il négligeait les intérêts, troublé par les gloires de sa vie d'artiste qu'il lui eût été si facile de rajeunir, l'inventeur du diorama se demandait lui-même, tantôt, s'il n'était pas attiré par le mirage d'une vaine chimère, tantôt, si au jour du succès, il ne se trouverait pas en face d'un spoliateur. Où se procurer, en effet, les lames de plaqué et les réactifs chimiques, sans mettre un plagiaire sur la voie des essais qu'il tentait? Ne fallait-il pas épuiser tour à tour les divers quartiers de Paris, ne revenant jamais, pour le même objet, chez le même fournisseur? Ne fallait-il pas mêler à l'achat des matières utiles, celui d'ingrédients sans emploi, destinés à détourner une curiosité intéressée ou indiscrète? Que de soins! S'agissait-il de fixer une image, celle d'un monument immobile et vivement éclairé lui étant indispensable, il était contraint d'opérer dans la rue ou en plein champ. Tout lui faisait ombrage alors : le passant, parce qu'il avait l'air trop indifférent; celui qui s'arrêtait, parce qu'il avait l'air trop curieux; celui qui se tenait éloigné, sa réserve n'étant pas naturelle. Les personnes familières avec les écrits des alchimistes peuvent seules se représenter ce tableau naïf de la vie troublée de Daguerre, ainsi vouée, pour une moitié, à la crainte d'échouer, et, pour l'autre, à la terreur de se voir dérober son trésor...

« Perdre les quinze plus belles années de sa vie, dédaigner les intérêts matériels, ignorer les inquiétudes de ses proches, vivre dans le doute, pendant le jour à multiplier des essais décourageants, pendant la nuit à se reprocher d'être un déserteur de l'art; demander pourtant à la science une gloire qu'elle fait longtemps, bien longtemps, solliciter et attendre : voilà, messieurs, ce que coûte l'invention, et à quel prix on laisse un nom dans l'histoire des découvertes !

« Voulez-vous savoir quels profits, de leur côté, les nations en retirent? Demandez au commerce de Paris pour combien de millions, chaque année, il fabrique d'instruments destinés à la photographie, pour combien de millions il vend ou exporte d'images produites par les moyens photographiques? Rappelez-vous les jouissances nouvelles et inattendues que chacun de nous a éprouvées, à réunir autour de lui ces chères images qui semblent une émanation même de la personne aimée, regrettée ou admirée.

« Ah! ne marchandons pas les inventions; soyons bienveillants et secourables aux inventeurs; gardons-nous de tuer la poule aux œufs d'or! Tous n'arrivent pas au but comme Daguerre; beaucoup meurent avant l'heure du triomphe. D'autres s'égarent en route. L'invention est une lutte; et de même qu'au lendemain d'une bataille, si les vainqueurs sont récompensés, les morts sont honorés, et les blessés, recueillis avec sollicitude; glorifions les inventeurs qui réussissent; couvrons d'un indulgent respect les fautes de ceux qui échouent, et adoucissons les derniers ans de ces blessés, de ces invalides de la science industrielle, qui n'auront connu que les douleurs du combat et qui auront toujours ignoré les joies de la victoire. »

349. *De l'examen préalable.* — Dans la législation de la France et dans celle de l'Angleterre, le brevet est décerné sans garantie du gouvernement, c'est-à-dire, sans que l'administration se soit préoccupée en rien, soit de la nouveauté, soit de l'utilité de l'invention : le titre est accordé à quiconque paye la taxe, et cela aux risques et périls du demandeur. Il en est résulté, surtout en France, où le payement d'une modique somme de 100 francs est exigée pour la délivrance du titre, que les rêveries les plus insensées, les inventions contraires aux premiers principes de mécanique, se font breveter à l'envi, et que ces titres nombreux, sans aucune valeur, font bien souvent considérer tout breveté comme peu digne d'intérêt.

Cet inconvénient a une gravité considérable, à savoir : de suspendre les sympathies du public, d'arrêter le mouvement de propagation des meilleures choses, de gêner le progrès de l'industrie.

Dans les derniers congrès, où l'on s'est occupé de la propriété industrielle, il a été répondu aux plaintes qui se formulaient sur le peu de valeur de beaucoup de brevets délivrés, et sur les moyens de remédier au mal qui en résulte en ne délivrant de brevets qu'après un examen préalable par des juges compétents, capables d'en reconnaître la nouveauté, que cet examen n'était pas possible. Et prenant les chiffres élevés des brevets délivrés dans les divers pays depuis un grand nombre d'années, on a prodigué cet argument triomphant : comment juger si un brevet demandé ressemble à quelqu'un des cinq ou six cent mille brevets précédemment accordés? Ce grand nombre de vieilles inventions n'est cependant qu'un épouvantail sans valeur, et il n'est pas douteux pour quiconque a exercé une industrie, qu'aucun nouvel essai n'apparaît sans qu'aussitôt le jugement des praticiens n'ait déclaré, sans hésitation aucune, s'il est nouveau ou s'il s'agit de la réapparition d'une tentative ancienne. En multipliant suffisamment les juges spéciaux, la délivrance de brevets pour les inventions nouvelles, pourrait sûrement être obtenue dans des conditions équitables, et aussitôt, ces titres prendraient une solidité, une valeur toute nouvelle, les rêves de mouvement perpétuel, de direction des ballons, etc..., les inventions folles étant toujours les mêmes et différant peu lorsqu'elles sortent de cerveaux également mal équilibrés.

L'examen préalable au point de vue de la *valeur* de l'invention sert en Prusse tout simplement à spolier les étrangers; aussi ne saurait-il être recommandé, mais exercé seulement au point de vue de la *nouveauté*, cet examen préalable déclaré impossible, est pratiqué aujourd'hui, avec succès aux États-Unis d'Amérique, et les progrès si remarquables de l'industrie en ce pays, dans ces dernières années, semblent dus en grande partie à la loi nouvelle sur les brevets d'invention. Ils sont tels, qu'il faudra que toutes les nations industrielles modifient leurs lois des brevets pour se rapprocher de la loi américaine, si elles ne veulent être dépassées rapidement.

350. *Brevets en Amérique.* — Je le prouverai en relatant ici un résumé des faits. Voici ce que je rencontre dans une adresse de M. Thacher, commissaire-adjoint des patentes au congrès international des brevets, réuni à Vienne lors de l'Exposition universelle de 1873.

« La loi de 1836 organisa complètement le bureau des brevets, établit un corps d'examinateurs et mit en marche tout le mécanisme de notre système tel qu'il fonctionne encore. On pourrait donc dire que nous avons commencé une nouvelle carrière en 1836, car jusqu'alors, la marche du bureau des brevets avait été assez irrégulière, les examens précédant les délivrances des brevets avaient été un peu capricieux, et le nombre des brevets avait été faible en comparaison des résultats que l'on a obtenus plus tard.

« Depuis 1836, le développement du talent inventif et les progrès des arts industriels, chez nous, ont été merveilleux, même à nos yeux.

« Le nombre des brevets accordés depuis 1836 est d'environ cent quarante mille. Je me trouve avoir entre les mains un exemplaire de notre *Official Gazette* du 1er juillet 1873, et j'y vois que le dernier brevet délivré à cette date porte le n° 140,567. Le nombre des demandes de brevets a augmenté d'année en année et s'élève maintenant à vingt ou vingt et un mille par an ; quant au nombre de brevets accordés annuellement, il est de treize à quinze mille. Pour le mettre en mesure d'examiner ce grand nombre de demandes, le corps des examinateurs experts a été augmenté à différentes époques, jusqu'à comprendre aujourd'hui environ cent personnes, savoir : vingt-quatre examinateurs principaux, et un même nombre de premiers, de seconds et de troisièmes examinateurs adjoints, plus, un examinateur spécial pour les marques de fabrique et aussi pour les *interférences* (demandes de brevets se trouvant en conflit avec d'autres). Le personnel d'employés a été augmenté proportionnellement; si bien que le nombre des agents de tout grade du bureau des brevets peut être évalué aujourd'hui à cinq cents, en chiffres ronds.

« La simple indication du nombre de brevets délivrés depuis 1836 est suffisante pour m'autoriser à dire que notre système s'est affirmé comme un stimulant des plus remarquables pour le génie inventif, non seulement dans notre propre pays, mais dans le monde entier. Maintenant vous demanderez, tout naturellement, combien de ces brevets ont de la valeur. Il est évidemment impossible d'obtenir à ce sujet une statistique présentant une garantie absolue d'exactitude, mais l'expérience que j'ai acquise dans mes fonctions m'a fourni des données qui me permettent de me faire une opinion à peu près exacte. J'ai discuté la question avec d'autres personnes et je me suis renseigné auprès de fabricants, de brevetés et de jurisconsultes qui, les uns et les autres, avaient fait leur spécialité des questions se rattachant à la loi sur les brevets, et je crois pouvoir dire sans aucune exagération que la moitié des brevets accordés dans notre pays peuvent être considérés comme rémunérateurs. Je ne veux pas dire par là que la moitié de ces cent quarante mille brevets aient fait la fortune des brevetés, mais ils ont été rémunérateurs dans une certaine mesure, c'est-à-dire qu'ils ont payé les frais et quelque chose de plus ; il n'y en a qu'une faible partie qui aient été largement rémunérateurs et qui aient donné de grandes fortunes aux brevetés ou à leurs représentants. On peut donc dire, à mon sens, que l'influence de notre système sur les inventions et sur les inventeurs eux-mêmes a été heureuse au delà de toute attente. Mais vous me demanderez aussi quelle a été l'influence de notre système de brevets sur les intérêts manufacturiers de notre pays. J'ai eu également l'occasion de faire quelques recherches sur ce point. Peu de temps avant mon départ de Washington, le secrétaire d'État adressa à des inventeurs, à des fabricants et autres personnes intéressées aux brevets, une série de questions, parmi lesquelles il s'en trouvait qui visaient l'influence que notre système de brevets avait pu avoir sur les intérêts manufacturiers du pays. A une exception près, à peine, le grand nombre de fabricants consultés répondirent que le système des brevets avait été, sans aucun doute, favorable à ces intérêts. J'estime avec d'autres qui ont qualité pour en juger, qu'aujourd'hui les six ou sept huitièmes de notre énorme capital manufacturier sont placés sur des brevets, directement ou indirectement. En fait, il est presque impossible de monter en Amérique une compagnie industrielle, si l'on n'est pas propriétaire de brevets portant sur une invention sérieuse.

« Je crois pouvoir dire, comme conclusion, que notre système de brevets a été grandement profitable à nos inventeurs, à nos brevetés et à nos fabricants. Il a, en même temps, beaucoup contribué au bien-être du public en faisant passer dans l'usage général un grand nombre d'inventions utiles qui, autrement, ne se seraient pas développées, et en abaissant le prix de beaucoup d'articles par l'invention de moyens de fabrcation nouveaux et perfectionnés. »

351. *Ce qu'on pourrait faire en France.* — Si nous voulons qu'en France comme en Amérique, les inventions contribuent puissamment à l'abondance du travail, en faisant rechercher les affaires industrielles par suite des chances de grands bénéfices qu'offre une exploitation privilégiée, il nous faut introduire dans la loi des brevets l'examen préalable et créer un Patent-Office aussi bien organisé que celui de Washington, comprenant les bureaux, l'administration, les musées, l'imprimerie, et surtout un grand corps de soixante ou quatre-vingts ingénieurs des Arts et Manufactures, d'examinateurs capables et bien rétribués, comprenant toutes les spécialités industrielles. Le local se trouverait facilement, à savoir le Conservatoire des Arts et Métiers qui reçoit déjà les brevets expirés, mais il faudrait, et c'est là la grande difficulté, trouver des ressources suffisantes pour cette création. Ce ne peut être évidemment, contrairement à nos habitudes financières, qu'en laissant à la disposition du bureau des

brevets, toutes les sommes que produit la taxe des brevets, ainsi que cela a lieu en Amérique et en Angleterre; qu'à la condition de ne plus considérer celle-ci comme un impôt, mais comme destinée à aider le plus efficacement possible aux progrès de l'industrie, taxe qui fournirait d'ailleurs des ressources croissantes avec les charges et la grandeur de l'œuvre à accomplir.

CHAPITRE XXXIII

DES COALITIONS DES OUVRIERS.

352. Je parlerai d'abord des coutumes qui existent chez les ouvriers de certaines professions, coutumes qui règlent leurs rapports entre eux ou envers ceux qui les emploient. Il existe souvent, en effet, dans chaque fabrique, des règles particulières dont l'origine est ordinairement l'intérêt commun des deux parties contractantes. Ces règles ne sont guère connues hors de la classe industrielle proprement dite, et comme il me semble utile de faire une esquisse de leurs avantages ou désavantages, je vais présenter quelques observations sur plusieurs d'entre elles.

353. Dans beaucoup d'ateliers, il est d'usage qu'un nouvel ouvrier, à son entrée à l'atelier, paie une rétribution aux anciens ouvriers. Exiger cette rétribution est une chose évidemment injuste, et même très nuisible quand l'argent doit être dépensé à boire, comme il arrive malheureusement trop souvent. Pour justifier cette coutume, on dit que le nouveau-venu a besoin d'apprendre les habitudes de l'atelier et la place où il doit mettre ses outils; de sorte qu'il fait perdre

du temps à ses compagnons jusqu'à ce qu'il sache ces divers détails. Si cette rétribution était destinée à la formation d'un fonds social qui serait administré par les ouvriers, et réparti entre eux à certaines périodes, ou consacré à les soulager dans leurs maladies, cet usage donnerait lieu à moins d'objections, car il aurait une tendance évidente à diminuer les changements trop fréquents des ouvriers d'un atelier à un autre. Mais, dans tous les cas, la rétribution ne devrait jamais être obligatoire, et l'ouvrier devrait être amené à souscrire par la seule connaissance des avantages qu'il peut retirer de sa mise au fonds social.

354. Dans beaucoup d'ateliers, les ouvriers, quoique employés à des parties de la fabrication totalement différentes, dépendent en quelque manière les uns des autres. Ainsi un seul forgeron peut forger en un jour assez de pièces pour occuper trois ou quatre tourneurs pendant le jour suivant ; si, par paresse ou par ivrognerie, le forgeron néglige sa besogne et ne fournit pas le nombre de pièces ordinaire, les tourneurs, en les supposant payés aux pièces, seront sans occupation une partie de la journée, et gagneront conséquemment moins. Dans une circonstance semblable, le forgeron mérite sans doute d'être frappé d'une amende pour l'empêcher de recommencer ; mais je désirerais que le maître se fût entendu avec ses ouvriers pour l'établissement de cette règle ; que chaque ouvrier, avant de s'engager, pût en avoir connaissance : enfin il est très important que cette amende ne soit pas dépensée au cabaret.

355. Dans quelques établissements, il est d'usage que le maître donne une gratification à l'ouvrier qui a montré une adresse remarquable ou qui a économisé sur la matière première. Ainsi quand on divise la corne en feuilles pour en faire des lanternes, ordinairement une corne fournit cinq ou six feuilles; mais si l'ouvrier la divise en dix feuilles au moins, il reçoit du maître une pinte de bière. Ces primes ne doivent jamais être trop élevées, de peur que l'ouvrier ne gaspille de la matière en essais infructueux ; mais des règlements de cette nature, quand ils sont limités judicieusement, ont toujours un effet avantageux par leur tendance à augmenter l'habileté des ouvriers et le gain des maîtres, et à diminuer en même temps le prix d'achat pour le consommateur. Les primes aux conducteurs de locomotives pour les économies en coke brûlé, ont été adoptées par toutes les compagnies de chemins de fer et leur sont aussi profitables qu'aux mécaniciens.

356. Dans quelques fabriques peu nombreuses, où l'ouvrier est payé à la pièce, il est d'usage que l'ouvrier soit frappé d'une amende quand il remet une pièce mal fabriquée et que le maître ne peut recevoir. Cette pratique a pour but de remédier à certains inconvénients de ce mode de payement, et elle est de la plus grande utilité pour le maître, dont le jugement se trouve justifié par des témoins compétents et tout à fait indépendants du débat.

357. *Des coalitions.* — Les ligues que les ouvriers des manufactures forment quelquefois entre eux, leur

sont bien souvent funestes à eux-mêmes. Dans les nombreux exemples qu'on peut en citer, le public a souffert au premier moment de l'augmentation du prix de l'objet dont la fabrication se trouvait suspendue, mais il a fini par être le gagnant en dernier ressort; car il a profité de la réduction que subit ensuite ce même prix d'une manière permanente, grâce aux perfectionnements qui s'introduisent dans les machines, tandis que ces perfectionnements portent toujours un coup plus ou moins durable à la classe même qui a rendu leur invention nécessaire. Comme les ouvriers et leurs familles sont toujours frappés par le mal bien plus rudement que ceux qui les emploient, il est du plus haut intérêt pour eux de réfléchir profondément sur ce sujet. Dans ce but, je crois devoir présenter quelques exemples à l'appui de la proposition que je viens d'avancer; convaincu que des exemples auront plus d'effet sur l'esprit des ouvriers que tout raisonnement plus général déduit de principes d'économie politique. Ces exemples auront de plus l'avantage d'en appeler à des faits connus de beaucoup d'individus compris dans les classes auxquelles s'adressent ces réflexions.

358. Dans la fabrication des canons de fusil, on commence par faire des *maquettes*, suivant le terme du métier. La maquette est une pièce de fer de 3 pieds de long et de 4 pouces de large, plus large et plus forte à l'une de ses extrémités qu'à l'autre. Le canon de fusil se fait en forgeant des pièces semblables, et les repliant ou les roulant en tuyau

jusqu'à ce que les bords se croisent et puissent se souder.

Il y a vingt ans environ les ouvriers employés à forger des maquettes dans une très grande fabrique suspendirent leur travail, et demandèrent une augmentation de salaire. Comme leur demande était exorbitante, elle donna lieu à une discussion assez longue. Pendant les pourparlers, le chef supérieur de l'établissement dirigea son attention sur ce point, et pensa que, si les laminoirs ordinaires à fer marchand avaient un développement de circonférence égal à la longueur de la maquette ou du canon du fusil, et si les cannelures qui reçoivent les barres de fer, au lieu d'être d'une largeur et d'une profondeur égales, présentaient sur leur développement une augmentation progressive de largeur et de profondeur à partir d'un point de leur contour, la barre de fer qui passerait dans de semblables laminoirs, au lieu d'avoir une largeur et une épaisseur uniformes, aurait la forme d'une maquette. On essaya : l'essai réussit parfaitement. Ce nouveau moyen opéra une grande réduction dans le travail manuel de la fabrication, et les ouvriers qui avaient acquis une adresse particulière à faire des maquettes ne purent plus tirer aucun avantage de cette adresse devenue inutile.

359. Il est assez singulier que le même genre d'industrie ait présenté encore, il y a quelques années, un autre exemple encore plus remarquable des conséquences de ces coalitions d'ouvriers. La nouvelle révolte fut organisée par les ouvriers qui soudent les

bords de la maquette et la convertissent en canon de fusil, opération qui demande une adresse particulière. A la fin de la guerre, les commandes ayant diminué, le nombre des ouvriers de ce genre fut considérablement réduit, et cette circonstance amena leur insurrection. A une certaine époque, où un marché considérable fut passé avec l'État pour une fourniture importante qu'on devait livrer dans un temps déterminé, tous les forgerons de canons cessèrent de travailler, et demandèrent un prix tel, qu'il était impossible d'exécuter le marché sans une perte considérable. Dans cette situation fâcheuse, les soumissionnaires recoururent à un moyen de souder les canons, pour lequel ils avaient pris un brevet quelques années auparavant. Ce nouveau moyen n'avait pas réussi assez complètement alors pour devenir d'un usage général : il restait à surmonter certaines difficultés pratiques, et le bas prix du soudage des canons à la forge ordinaire avait engagé à ne pas continuer les essais. Mais la révolte des ouvriers étant devenue un nouveau stimulant pour l'inventeur, il essaya de nouveau, et arriva à effectuer le soudage des canons au laminoir avec une telle facilité et une telle perfection, que, suivant toute probabilité, on fera dans la suite très peu de canons à la main.

Dans cette nouvelle méthode de forger les canons, on prenait une barre d'un pied de long, roulée en forme cylindrique, avec les bords amenés presqu'en contact. On plaçait cette barre dans un fourneau, et, quand elle était chauffée au rouge blanc, on l'en retirait, on y enfilait un mandrin ou tige ronde de fer, et on la passait de suite au laminoir; le soudage se trouvait ainsi fait d'une seule chaude, et le reste de l'opération, ou l'allongement de la barre jusqu'à la longueur voulue pour les canons, se faisait à une plus basse température. En opérant ainsi, on n'eut pas besoin plus longtemps des ouvriers révoltés; et au lieu qu'ils gagnassent rien à leur révolte, ce perfectionnement de leur métier réduisit pour toujours leur salaire et le réduisit de beaucoup ; car l'opération dont ils avaient l'habitude, demandant une adresse toute particulière et une longue expérience, ils étaient jusque-là accoutumés à gagner beaucoup plus que les autres ouvriers du même métier. D'un autre côté, le soudage au laminoir conserve bien mieux la fibre du fer, qui n'est exposé qu'une fois, au lieu de trois ou quatre, à la chaleur fondante ; de sorte que le public trouva dans le nouveau procédé à la fois économie et supériorité. Un autre avantage de cette invention a été son application à la fabrication des tuyaux de fer, qui peuvent se faire maintenant à un prix assez bas pour en rendre l'emploi général. Dans les boutiques de grosse quincaillerie on en voit aujourd'hui de différentes longueurs et de différents diamètres, avec les bouts taraudés, et on les emploie journellement pour la distribution du gaz, et pour les conduites de vapeur et d'eau chaude servant au chauffage des bâtiments.

360. Les personnes familières avec les détails des manufactures se rappelleraient sans doute d'autres

exemples semblables : les deux qui précèdent me suffiront ici pour démontrer le résultat le plus ordinaire des coalitions que forment les ouvriers. Toutefois il ne serait pas juste de prendre dans le sens le plus général la conclusion que j'en ai déduite. Quoiqu'il soit ici de toute évidence que la coalition formée par les ouvriers leur a fait un mal durable, en les rabaissant, quant à leur salaire, à la condition d'une classe d'ouvriers placée au-dessous d'eux auparavant, cependant il ne s'ensuit pas que toute insurrection semblable aura les mêmes effets. Mais il est évident au moins qu'elles ont toutes une certaine tendance vers le même résultat ; il est certain également qu'elles sont un stimulant puissant pour déterminer l'invention d'un procédé nouveau et moins dispendieux ; et dans les deux cas que j'ai cités, si la crainte d'une perte pécuniaire n'avait pas agi aussi fortement sur l'esprit de la partie lésée, jamais peut-être on n'aurait imaginé de semblables perfectionnements. Si dans ces circonstances les coalitions des ouvriers n'avaient eu pour but qu'une faible augmentation dans leur salaire, ils auraient réussi, suivant toute probabilité, et le public aurait été privé pour longtemps de l'invention que ces coalitions ont fait naître.

Observons aussi que cette même habileté qui, après une longue pratique, les a élevés à un salaire plus considérable que celui de leurs camarades, empêchera plusieurs d'entre eux de rester constamment dans la classe des ouvriers ordinaires ; car ils n'y resteront que jusqu'à ce qu'ils aient acquis, par la pratique, une facilité égale d'exécution dans quelques autres branches difficiles. Mais une diminution de salaire, même pendant un an ou deux, est bien dure pour celui qui vit de son travail journalier. En général les révoltes des ouvriers ont eu les résultats suivants : pour les ouvriers, diminution de salaire; pour le public, diminution du prix de vente; pour le fabricant, augmentation de la vente de sa marchandise, par suite de cette diminution de prix.

361. Je considérerai encore les coalitions d'ouvriers sous un autre point de vue qui frappe moins l'esprit à première vue. La crainte perpétuelle où se trouve le fabricant, des ligues que ses ouvriers peuvent former contre lui, l'engage à leur cacher l'extension des commandes qu'il peut avoir à sa disposition; d'où il suit que les ouvriers ne connaissent jamais bien l'extension plus ou moins grande des demandes de l'objet qu'ils fabriquent. Cette ignorance est très funeste à leurs intérêts; car, au lieu de prévoir, par la diminution successive des commandes, que le temps s'approche où ils cesseront d'être employés, et de se préparer en conséquence, ils sont exposés à des changements bien plus brusques qu'ils ne le seraient autrement.

Lorsque les ouvriers savent qu'ils auront à peu près constamment de l'occupation, ils prennent de meilleures habitudes, ils acquièrent une instruction plus solide; choses qui les rendent à la fois meilleurs comme ouvriers et comme individus, et qui sont du plus grand avantage pour les personnes intéressées dans leur fabrication. C'est ainsi que les ouvriers employés à l'année dans les ateliers des grandes compagnies de chemins de fer, forment une excellente population aussi distinguée par sa conduite morale que par son travail consciencieux.

362. Quand un fabricant fait un marché considérable, il n'est pas sûr qu'il ne se formera pas parmi ses ouvriers quelque coalition qui rendra ce marché onéreux pour lui, et, non content de prendre des précautions pour que ses ouvriers n'en aient aucune connaissance, il augmente le prix auquel il pourrait vendre sans cette crainte; calculant cette augmentation de manière à couvrir le risque de semblables coalitions. Pour un établissement composé de différentes branches réunies, comme une extraction de minerai de fer et de charbon de terre, et une exploitation de hauts fourneaux, branches qui occupent des classes ouvrières toutes différentes, il devient alors nécessaire d'avoir sous la main un approvisionnement de matières premières bien plus considérable que si l'on était complètement certain de l'impossibilité de ces révoltes d'ouvriers. Supposons, par exemple, que les ouvriers de la mine de charbon suspendent le travail pour demander une augmentation : s'il n'y a pas sur terre un approvisionnement de charbon suffisant, les hauts fourneaux s'arrêteront, et les ouvriers employés au minerai resteront sans travail.

La somme dépensée pour conserver un approvisionnement semblable de minerai ou de charbon ne rapporte pas plus d'intérêt que si on la mettait dans un tiroir, et cette perte d'intérêt est réellement le prix de l'assurance que se fait le fabricant contre les chances des coalitions d'ouvriers, et, pour sa part, elle est une cause d'augmentation dans le prix de la marchandise, et une cause de diminution dans les demandes du consommateur. Ce ne sont pas là des conclusions théoriques. Je sais que les propriétaires d'un établissement compris dans la classe de ceux que je viens de citer, trouvent à propos de tenir sur terre un approvisionnement de charbon pour six mois et cet approvisionnement représente une valeur de près de 10000 livres sterling (250000 fr.).

363. *Des grèves.* — La cessation de travail, la bataille préparée par les coalitions, les grèves étaient autrefois bien rares et on se les rappelait longtemps; il s'agissait d'une mesure désespérée, rompant si violemment les bonnes relations presque familiales existant entre les patrons et les ouvriers, imposant de si grands sacrifices aux deux parties liées indissolublement l'une à l'autre, forcées de vivre ensemble, que la grève se réduisait presque toujours à une menace, n'aboutissait pas. Ou les motifs qui pouvaient la provoquer n'étaient pas sérieux, et alors par l'influence des patrons sur leurs vieux ouvriers, par quelques explications données aux plus intelligents sur la position de leur industrie, le mouvement s'arrêtait, et les fauteurs de révolte, les mauvais ouvriers ne se sentant pas soutenus, renonçaient à leurs desseins; ou les patrons trouvaient chez leurs bons ouvriers une détermination ferme de tout souffrir plutôt que de

continuer à travailler dans des conditions qui leur paraissaient insupportables, et comme cela ne pouvait être qu'autant qu'il y avait dans leurs réclamations quelque chose de bien fondé que les maîtres ne pouvaient méconnaître, ils faisaient des concessions raisonnables qui rétablissaient l'harmonie dans les ateliers.

Ce n'est guère que depuis les progrès de la grande industrie et la multiplication des grands ateliers que l'on a vu des grèves fréquentes, des fermetures des usines de toute une profession, batailles ruineuses d'où sort souvent la décadence d'une industrie, décourageantes pour les hommes qui contribuent le plus à ses succès.

364. Beaucoup de fabricants distingués, Namyth, le célèbre constructeur de machines-outils de Manchester, par exemple, ont abandonné jeunes la carrière industrielle, dégoûtés d'une lutte constante avec des collaborateurs, dont le concours dévoué leur faisait défaut et faisait place à une hostilité fatigante par l'inquiétude qu'elle fait constamment régner.

365. *De l'élévation des salaires.* — La question des coalitions et des grèves est intimement liée à celle de l'élévation des salaires, but qu'il s'agit d'atteindre par la lutte et toute l'organisation des ouvriers en vue d'assurer le succès de leurs demandes.

Il faut bien se garder de considérer les salaires élevés comme fâcheux en eux-mêmes; ils ont, non seulement au point de vue du bien-être de l'ouvrier, mais encore au point de vue social, de grands avantages.

L'ouvrier n'étant plus pressé par les besoins de l'existence, devient moralement plus fort ; il prend confiance en lui-même, se laisse moins facilement enrégimenter par les meneurs, est plus capable d'apprécier ses véritables intérêts et d'abandonner des prétentions injustes. La séparation créée entre la classe ouvrière et le reste de la nation s'efface en présence du bien-être, de la richesse on peut dire, quand il a un peu d'ordre, de l'ouvrier. Il devient un consommateur important et son bien-être assure la prospérité de nombre d'industries dont les produits trouvent plus de débouchés. Les salaires élevés des mécaniciens et ouvriers d'élite de l'Angleterre ont été longtemps un des éléments de supériorité de son industrie, avant que des tendances à l'égalité des salaires, que la réduction des heures de travail ne soient venues la compromettre.

L'accroissement des salaires concordant avec l'accroissement de savoir professionnel de l'ouvrier, avec l'énergie de son travail, est un bien ; quand il conduit à la paresse et à l'ivrognerie, c'est un mal. Les mineurs anglais étaient arrivés un moment, par des grèves, à pouvoir gagner 500 francs par mois, mais le whisky ne leur permettait pas de travailler plus de deux ou trois jours par semaine. La réduction de leurs salaires exagérés a été juste et ne leur a pas été nuisible.

366. Les ouvriers d'élite, comme les compagnons charpentiers qui ont acquis par un apprentissage sérieux, qui a éloigné les incapables, une véritable

habileté, les mécaniciens placés dans une situation semblable et quelques autres travailleurs qui ne pourraient être remplacés par des débutants, forment les catégories qui peuvent le plus souvent imposer leurs volontés ; heureusement, en raison même de leur capacité, ils émettent rarement des prétentions déraisonnables. On peut espérer voir les hommes qui ont su acquérir une grande habileté manuelle, y joindre de plus en plus chaque jour, de saines notions économiques, car ils doivent occuper une place importante dans la société moderne. M. Roebuck, le vieux radical anglais, dans une conférence faite par lui, à Manchester, a expliqué avec un grand sens aux bons ouvriers de cette métropole de l'industrie cotonnière, qu'il ne leur manquait que de soigner leur tenue pour être de véritables gentlemen, leurs salaires, comme l'intelligence qu'ils déploient dans leur travail, les mettant dans une position supérieure à celle du petit employé et du petit rentier. C'est ce que savent bien les meilleurs ouvriers de nos grandes villes.

367. S'il est généralement reconnu que les coalitions des ouvriers ont pour eux-mêmes des inconvénients très sérieux, il est également vrai que, bien souvent aussi, le succès de leurs tentatives ne les met pas dans une position aussi favorable que celle où ils étaient avant leur coalition. Le petit capital qu'ils possédaient, et qui aurait dû être réservé pour des moments de crise ou de misère, se trouve tout entier épuisé. Souvent, et pour satisfaire une fierté que nous aimons à voir en eux, même en regrettant qu'elle

soit si mal employée, ils se résigneront aux plus dures privations, plutôt que de reprendre le travail au taux primitif de leurs salaires. Beaucoup d'entre eux prennent malheureusement, dans ces moments d'inaction, des habitudes de paresse qu'il est très difficile de déraciner ensuite. Dans ces êtres abrutis par l'oisiveté, les bons sentiments se refroidissent, les passions s'allument et détruisent à jamais cette confiance mutuelle entre le maître et l'ouvrier, si nécessaire pour leur intérêt commun et pour leur bonheur. Trop souvent, si un ouvrier de la même fabrique refuse d'entrer dans la coalition, la majorité, emportée par la passion, oublie les lois de la justice et cherche à exercer une sorte de tyrannie intolérable chez un peuple libre.

Aussi, j'accorde bien aux ouvriers qu'ils ont le droit de se coaliser pour obtenir une augmentation de salaire, en admettant toutefois qu'ils aient exactement rempli tous leurs engagements antérieurs; mais je leur rappellerai fortement que cette même liberté qu'ils réclament pour eux, ils doivent l'accorder aux autres individus qui ont des idées différentes sur les avantages de leur coalition. Toute espèce de moyens que peuvent conseiller la raison et l'humanité devra être mise en œuvre, pour éclairer la masse des ouvriers et lui montrer les conséquences fâcheuses de sa conduite; et le bras de la justice, soutenu par l'opinion publique comme il doit l'être dans de semblables circonstances, devra frapper de suite, et sans hésiter, les coupables qui voudraient violer la liberté d'une partie de leurs camarades ou de toute autre classe de la société.

368. Beaucoup de coalitions ont un résultat inévitable et bien funeste pour la classe ouvrière, c'est le déplacement des fabriques vers d'autres localités, où les maîtres cherchent à se mettre à l'abri de cette lutte insupportable. J'ai cité déjà le déplacement de la fabrication des tulles, qui, par suite de coalitions semblables, a quitté le Nottinghamshire, et s'est portée à l'ouest de l'Angleterre. Il existe d'autres exemples bien plus fâcheux encore, où une portion considérable de capitaux et de talents a été exportée dans un pays étranger : c'est ce qui est arrivé à Glasgow, suivant le troisième rapport du comité sur les ouvriers et les machines. Un associé d'une très grande filature de coton de cette ville, excédé des prétentions déraisonnables des ouvriers, partit pour New-York, y rétablit ses machines, et livra ainsi à des rivaux déjà bien redoutables à l'industrie anglaise, des modèles de ses machines les plus parfaites, et un exemple de ses méthodes les plus économiques pour en diriger l'emploi.

369. Quelques établissements industriels ne sont pas de nature à pouvoir être déplacés : une exploitation de mines, par exemple, se trouve dans ce cas, aussi son propriétaire est beaucoup plus exposé à souffrir des coalitions de ses ouvriers. Mais comme les concessionnaires de mines possèdent généralement de forts capitaux, ils réussissent généralement aussi à imposer ensuite à leur tour une diminution dans le

prix des journées, quand cette diminution est réellement juste et indispensable.

370. Les chefs d'établissement emploient souvent une sorte de préservatif assez sûr contre les coalitions; ils contractent avec les ouvriers des engagements à long terme, et les combinent de manière que ces engagements ne finissent pas tous à la fois. Cet arrangement s'est fait souvent à Sheffield et dans d'autres localités. Il oblige les maîtres à conserver le même nombre d'ouvriers aux époques où les commandes diminuent, ce qui semble au premier coup d'œil un inconvénient assez grave; mais cette circonstance même a un avantage particulier, car elle force les chefs d'établissements, chargés d'une surabondance de bras, à diriger leur attention vers des opérations susceptibles d'améliorer l'état de leur fabrique, et dont l'exécution utilise tous les ouvriers disponibles. Dans une circonstance semblable, un fabricant connu de l'auteur fit creuser un grand réservoir pour assurer à sa roue hydraulique une quantité d'eau constante, et fit jeter la vase extraite de ce creusement sur une pièce de terre entièrement stérile, qu'il rendit fertile au moyen de cet engrais naturel. Dans ce cas, non seulement le fabricant se dispense de produire une marchandise inutile pendant la gêne des affaires, mais le travail de ses ouvriers s'emploie d'une manière plus utile pour lui qu'il ne l'aurait été dans des circonstances ordinaires de fabrication.

CHAPITRE XXXIV

DES COALITIONS DES MAITRES FABRICANTS CONTRE LE PUBLIC.

371. C'est en général pour résister aux coalitions d'ouvriers que les maîtres, oubliant la concurrence habituelle, se réunissent pour éviter une ruine imminente, se rallient aux mesures défensives qui leur sont proposées, sachant bien que la résistance de tous leur est nécessaire pour lutter contre la réunion de tous les ouvriers de la profession.

C'est surtout pour résister à l'interdiction d'un ou deux ateliers en particulier, que les patrons sont obligés de se réunir, étant certains de succomber tous s'ils se laissent attaquer successivement. C'est sous la forme de *lok-out*, de fermeture immédiate de tous les ateliers d'une profession, que la bataille se livre souvent en Angleterre aux *trade-unions*.

372. Quelquefois, bien moins justement, les fabricants forment contre les inventeurs brevetés une sorte de coalition, toujours nuisible au public et complètement injuste pour l'inventeur. Il y a quelques années, un ingénieur inventa une machine qui découpait toutes

sortes de ciselures et d'ornements dans l'acajou et d'autres bois de haut prix. Cette machine ressemblait assez à la fraise du tour à ornements ; elle opérait très bien et à peu de frais, mais les ébénistes s'entendirent ensemble, se coalisèrent contre la nouvelle invention, et le brevet ne fut jamais employé dans l'industrie. Tel fut aussi le sort d'une mécanique à débiter le bois de placage, avec une espèce de couteau qui donnait des plaques plus minces que la scie circulaire, sans la moindre perte de bois : il se forma contre elle une coalition générale de tous les gens du métier, et après une dépense considérable, elle fut abandonnée par son inventeur.

Les exemples de coalitions semblables n'étaient pas rares, autrefois, d'après le rapport du comité de la Chambre sur les brevets d'invention ; rapport présenté en juin 1829.

373. Je passerai de suite à une autre sorte de coalition contre le public, avec laquelle il est impossible de transiger, et dont le résultat ordinaire est la création d'un monopole véritable. Alors le public se trouve à la merci des monopoleurs, qui savent le tenir dans un état ordinaire de malaise, de manière à ne pas dépasser le point critique, le point où l'abus devient *criant* et excite une clameur universelle. Cet inconvénient se présente souvent quand deux compagnies sont en concurrence pour la fourniture de l'eau ou du gaz aux habitations d'une même ville, au moyen de tuyaux placés sous le pavé des rues. Il peut encore se présenter dans les constructions de *docks*, de

canaux, de chemins de fer, en général dans toute occasion où il faut un capital considérable et où la concurrence est limitée. Si ces compagnies pour la fourniture du gaz ou de l'eau se réunissent, le public perd de suite tout l'avantage de la concurrence, et c'est ce qui arrive généralement. Après qu'elles se sont fait une guerre plus ou moins longue en baissant leurs prix, elles finissent par se rapprocher, par diviser en deux sections, ou en un plus grand nombre, l'espace entier qui doit être desservi, et chacune retire ses tuyaux des rues assignées à son ancienne rivale. Ce mode de concession du domaine public qui conduit en fait à un monopole réel, en paraissant respecter la concurrence, est bien inférieur au système qui a si bien réussi en France, et qui évite les pertes de capitaux, les doubles emplois qui ont lieu dans le précédent. Il consiste à concéder l'exploitation pour un temps déterminé et conformément à un cahier de charges à une seule compagnie, mais de lui imposer le partage des bénéfices avec la municipalité ou l'État, lorsque les bénéfices dépassent 8 ou 10 pour 100. La limite fixée pour l'intérêt doit être large, et suffisante pour compenser les chances de l'entreprise, les comptes doivent être publiés chaque année, pour empêcher que cette condition de limite ne soit souvent négligée. Toutefois il y a dans cette disposition une certaine gène pour les capitaux, et il faut être très prudent dans ses applications suivant les différents cas, afin d'éviter de décourager les efforts des enrepreneurs.

374. On peut assimiler au genre de coalitions dont nous parlons, les entreprises combinées des commerçants en gros et des capitalistes qui achètent de grandes quantités de marchandises, des fonds publics, pour en faire monter les prix et prélever de grands bénéfices sur le public. Cette exagération de la fonction du commerce est, sous le nom d'agiotage, une des plaies de notre époque; c'est une des formes sous lesquelles se manifeste le désir effréné d'acquérir la richesse par le jeu, sans travail producteur.

Ce sont les mœurs qui peuvent former le frein le plus puissant au développement de ce jeu, en entourant d'une juste défaveur des opérations qui n'engendrent souvent que la ruine pour leurs promoteurs, lorsque tout le monde ne va pas mordre au même appât, lorsque les petits capitaux ne vont pas se presser en grand nombre pour être reçus dans les caisses des agioteurs.

375. Diverses fondations d'intérêt public sont nées en quelque sorte, par la force des choses, et ont déterminé l'utile intervention de l'État ou des municipalités, pour empêcher les accaparements dans le cas où leur effet serait le plus sensible, leur effet le plus inévitable; je veux parler des matières alimentaires, pour la vente desquelles on a installé les ventes à la criée et les halles et marchés, qui font que ce commerce reste nécessairement entre les mains de très nombreux commerçants.

Les monts-de-piété pour les prêts sur objets mobiliers sont de nature analogue ; ce sont d'anciennes fondations nées par réaction contre les prêts des juifs prêteurs abusant de la position embarrassée de l'emprunteur, de la difficulté d'estimer la marchandise, et aussi du désir, bien mal satisfait, d'aider la restitution du gage dans le cas de retour de l'emprunteur à meilleure fortune.

376. L'accaparement des matières premières n'a en général que des effets limités, par suite de l'entente des fabricants, facile quand il s'agit de chefs de maisons importantes, qui ne sont pas écrasés par les difficultés de chaque jour, qui sont indépendants de leurs fournisseurs, ce qui souvent n'a pas lieu pour de petits fabricants. C'est aux acheteurs à faire de même, à réduire leur consommation en face de vendeurs trop exigeants, dans les cas d'objets manufacturés, ce qui n'impose pas de privations bien grandes quand il ne s'agit pas de denrées de première nécessité.

CHAPITRE XXXV

DIVISION DE LA PROPRIÉTÉ INDUSTRIELLE.

377. Dans un pays où les révolutions ont donné le pouvoir à la démocratie, la question s'agite bientôt d'obtenir la propriété pour celle-ci; c'est le point où nous sommes arrivés en France, et l'Amérique, malgré ses prairies du Far-West, voit arriver des désordres analogues à ceux qui ont affligé notre pays. Sans doute, les folies de l'organisation du travail, le Communisme, le Saint-Simonisme, le Fouriérisme, etc., les modes de rénovation sociale fondés sur des utopies, ne sont plus acceptés comme des formules de bonheur universel; la vie sociale fondée sur la liberté et l'indépendance de chacun, sur son droit au fruit de son travail, est reconnue comme celle de toute société civilisée, et le retour à un nouveau mode de servage, peu apprécié. Néanmoins aux jours de révolution, le désordre amène toujours des aspirations communistes chez les vainqueurs du jour, enrégimentés dans des cadres qui refusent à se fondre dans la société laborieuse.

Il est inutile de rappeller les principes du droit de

chacun; en France, il n'est pas douteux. Partir de la notion du juste est d'ailleurs la première condition à remplir par tout écrivain qui traite aujourd'hui de ce genre de questions. Si on invoque la fraternité, le dévouement, le sacrifice, on peut faire un très bon sermon, on ne fait pas de la science. Invoquer les bons sentiments pour que chacun vienne à l'aide de son frère, soulage ses misères, c'est l'œuvre des grands cœurs; c'est la gloire du christianisme d'avoir fait de la charité la principale prescription religieuse, mais cela n'a aucun rapport avec la loi civile. Si vous portez dans mon esprit la conviction qui me fait partager entre mes frères tout ce que je possède, je vous bénis; si vous me contraignez à lui donner une obole que je ne lui dois pas, je suis volé, et je proteste. Il s'agit là de deux domaines distincts : celui du dévouement, qui appartient à la libre détermination de l'individu; celui de la justice, qui est d'ordre social.

378. Le principe indiscutable du droit de chacun au fruit de son travail n'a pas besoin d'organisations nouvelles, pour être admis et appliqué en France par tous comme conforme à la justice; il domine l'organisation qui est pratiquée et défendue avec une conviction absolue par les deux tiers de la population française ; c'est celle qui repose sur la propriété divisée, fruit d'un travail incessant. Toute la classe agricole, qui depuis 1789 s'est partagée le sol, de sorte que les cotes foncières s'élèvent, d'après le cadastre, au nombre de 11 millions, ne demande ni nouvelle organisation, ni association, ni communisme

d'aucun genre. Les paysans veulent et savent qu'ils ont en toute justice le droit de vouloir le respect de la propriété qui leur permet de vivre en chefs de famille indépendants ; aussi peut-on dire que, dans notre pays, tout système qui ne mettra pas hors de toute contestation le respect de la famille, la consécration du droit de propriété, n'est pas sérieux et ne mérite pas la discussion. En quoi donc consiste le problème industriel ? Evidemment et seulement *à voir se réaliser pour la propriété industrielle, ce qui existe pour la propriété foncière.*

379. Ce n'est pas d'ailleurs une question à poser pour la majorité des ouvriers, le problème est déjà tout résolu pour la multitude des petites industries qui répondent aux besoins domestiques de chaque jour. D'après les enquêtes faites en 1848, plus de la moitié des ouvriers travaillent dans l'atelier de famille, et dans l'autre partie, c'est encore plus de la moitié du reste qui ne compte pas en moyenne plus d'un compagnon par atelier. Pour tous ceux-ci, la position est identiquement la même que celle du petit propriétaire agricole : le fils du boulanger, du maréchal-ferrant de village, succède à son père, ou à son défaut, un compagnon vient prendre la place. Le passage de l'état d'ouvrier à celui de patron a lieu pour tout ouvrier laborieux, et le serrurier, le menuisier, le tailleur dans les villages, le pêcheur de nos côtes, etc., devient patron à son tour, peut élever sa famille par son travail en restant libre et indépendant. C'est ce qu'on voit chaque jour arriver pour bien des artisans des

grandes villes; c'est ainsi qu'ont commencé presque tous ceux que nous voyons atteindre la fortune dans une foule de directions, dans l'industrie du bâtiment notamment.

380. Nous empruntons à M. L. Reybaud (Étude sur le régime des Manufactures), un passage intéressant sur la fabrique de Saint-Étienne, où les difficultés du tissage rendent difficile l'organisation de grandes fabriques, et qui montre sur quelles bases repose la puissance de ce centre de l'industrie des rubans :

« Beaucoup de chefs d'atelier sont propriétaires non seulement de leurs métiers, mais des maisons qu'ils occupent, et peuvent mettre en réserve quelques sommes pour franchir les mauvais jours. D'autres, il est vrai, sont moins favorisés ou montrent moins de prévoyance; ceux-ci, les temps d'épreuves les prennent au dépourvu, et ils se voient obligés de revendre à raison de 300 ou 400 francs des métiers qui leur ont coûté 1,500 francs et même plus. C'est alors une existence à refaire : en quelques heures le fruit d'un long travail se trouve anéanti. Le courage de l'ouvrier n'en fléchit pas; il se remet à l'œuvre dès qu'il le peut, et, à force de patience et d'art, rétablit sa position détruite. Ce qui y aide le plus, ce sont les petites combinaisons qui ont pour objet d'accélérer ou de simplifier la besogne, ou encore d'obtenir, à force d'essais, des résultats qu'on pouvait croire impossibles. Sur ce point, chefs d'ateliers et compagnons ont l'esprit constamment tendu. Il en est qui arrivent à des découvertes vraiment sérieuses, et s'associent avec des fabricants pour en tirer parti; d'autres, sans viser aussi haut, se contentent d'introduire dans leurs appareils des modifications qui en améliorent les organes et les rendent susceptibles d'un meilleur service. Tous sont en quête de procédés qui leur appartiennent et leur assurent une certaine supériorité d'exécution. Aussi y a-t-il peu de métiers qui se ressemblent : ici c'est le mécanisme qui diffère; là, c'est l'ornement ou plus sobre, ou plus prodigué, et allant parfois jusqu'à la coquetterie. Tel ouvrier aura trouvé le moyen d'alléger les poids qu'il soulève, tel autre de rendre le mouvement de sa barre plus égal et plus doux; celui-ci aura des montants en fer, celui-là des montants en bois de luxe; chacun aspirera au titre d'inventeur, et voudra, ne fût-ce que par quelques détails, faire preuve d'originalité. De là, pour cette fabrication, une vie, une sève qui ne s'épuisent pas, et mènent de surprise en surprise même les yeux qui y sont le plus accoutumés. »

381. La question, démesurément grandie de nos jours, est en réalité celle du sort des ouvriers des manufactures. Grâce au développement de celles-ci, à la réunion sur un seul point de nombreux ouvriers, dont l'esprit a pu souvent s'aiguiser par la difficulté des travaux à accomplir, mais quelquefois aussi le sens droit, s'affaiblir par le besoin de paraître éloquents aux yeux des camarades, en répétant de grandes formules mal comprises, l'opinion publique a été saisie comme d'une question de justice et de droit pour toute la nation, de ce qui ne se rapportait en réalité qu'aux intérêts de ces ouvriers. Sans doute, ceux-ci sont émi-

nemment respectables et doivent recevoir toute satisfaction légitime; mais il faut bien répéter qu'il n'en est pas d'autre que celle qui consiste à pratiquer la justice; que s'ils ont raison de ne pas vouloir qu'on empiète en rien sur leurs droits, ils ne sauraient d'autre part réclamer que l'on impose aux cultivateurs et à leurs autres concitoyens, des charges qui puissent se traduire en faveurs à eux accordées, comme était cet insensé droit au travail que l'on voulait inscrire au budget, pour procurer une existence douce et paisible aux travailleurs ne trouvant pas d'ouvrage à leur convenance.

382. Je ne supposerai donc pas ici que j'aie à discuter avec des publicistes cherchant à restaurer quelqu'une des vieilles formules, inventées depuis Platon pour procurer le bonheur universel; j'admets que le lecteur n'a pas moins d'esprit pratique que tout bon ouvrier de nos manufactures, qui sait parfaitement par la pratique de la vie, comme le proclamait Franklin, que : « quiconque prétend indiquer le moyen de réussir, autrement que par l'ordre et l'économie, est un empoisonneur. »

Je ne dirai que peu de mots de quelques systèmes abandonnés; je ne parlerai pas, bien qu'elle soit encore quelquefois défendue dans des congrès ouvriers, de la banque du peuple de Proudhon, qui devait ouvrir des crédits, sans intérêt, à tout individu les réclamant, ne prélevant qu'une prime d'assurance en raison des risques, qui, pour procurer 1,000 fr. à un ivrogne se serait élevée à 999 fr. au moins!

Je ferai seulement remarquer que l'erreur capitale de Proudhon et, après lui, de l'école socialiste, heureuse de trouver un argument formulé par un puissant esprit, a été de dire que les bénéfices de l'entrepreneur étaient prélevés sur le travail de l'ouvrier, que par suite leurs intérêts sont contraires. Cela est absolument faux. Le produit fabriqué, en payant à l'ouvrier toute la valeur de son travail, et même plus que cette valeur, pourra être vendu une fois, deux fois plus cher qu'il ne coûte, sans qu'il puisse se plaindre qu'on lui ait rien pris, pas plus qu'il n'aura rien à restituer du salaire touché, si l'entrepreneur est obligé de vendre à perte. Le prix de vente est tout autre chose que la valeur, que le prix de revient. Un mètre d'indienne imprimée, coûtant 0,75 à fabriquer, se vendra 1,50 si le dessin plaît ; 0,40, s'il ne réussit pas. Il y a perte ou gain suivant le goût du fabricant entrepreneur, courant des chances de gain et de perte, mais toujours rémunération de l'ouvrier qui a appliqué la couleur sans avoir à s'occuper du dessin qu'elle formait. Il en est ainsi dans toutes les industries.

Si, par exemple, ce livre trouvait des acquéreurs en grand nombre, est-ce que le compositeur d'imprimerie devrait être payé plus cher que s'il n'en rencontre pas ? Est-ce que cela modifierait le nombre de lettres qu'il a eu à *lever*, le travail qu'il a eu à faire ? N'est-ce pas l'auteur-entrepreneur qui a seul droit au profit, comme il payera seul la perte ? Cela n'est pas sérieusement contestable.

383. Je ne traiterai pas du communisme qui, tout

attentatoire à la liberté de chacun, tout absurde qu'il est, est seul compris par les foules, les jours de désordre et de révolution; je ne veux que consigner ici un souvenir personnel.

J'écrivais ceci en 1849, après les prédications subversives de L. Blanc, membre du gouvernement provisoire, lors de la démonstration spontanée de la garde nationale alors formée de tous les citoyens, dite du 16 avril, contre les communistes.

« Nous avons rencontré sur les boulevard une compagnie de garde nationale vraiment admirable. 400 hommes au moins, tous en blouse, portant légèrement un fusil dont ils paraissaient prêts à faire un vigoureux usage, criaient d'une seule voix bien puissante : *à bas les Communistes!* Au premier abord le cri pouvait paraître bizarre, car, à en juger par le costume, ceux qui le proféraient ne devaient pas gagner beaucoup plus que leur nourriture de chaque jour, et avec une sécurité moindre que celle que leur promettait le communisme. Pour le comprendre il suffisait de regarder ces têtes intelligentes et fières : pas un d'eux peut-être ne possédait le moindre capital, mais pas un sûrement n'eût voulu faire abandon, même à un prix élevé, de sa richesse future, n'eût voulu abdiquer tout espoir de fortune pour un *plat de lentilles!* Ils se sentaient mille fois trop intelligents pour consentir à aliéner la fortune et le succès, qu'ils avaient la confiance de pouvoir acquérir à force d'activité, de travail et souvent de génie.

« Sans doute tous n'arriveront pas, hélas! parce que

le succès n'est jamais assuré; mais ils se sentaient des soldats de ces corps d'élite, tels que la vieille garde, qui ne pouvaient pas tous recevoir la croix d'honneur sur le champ de bataille, mais l'espéraient parce qu'ils s'en sentaient tous dignes. »

Ce souvenir est bien conforme à l'esprit régnant chez les ouvriers laborieux ; ils laissent passer toutes les prédications communistes, curieux de voir si on va leur faire apparaître un monde nouveau, mais ils n'y croient pas. Gagner de l'argent, réussir comme un simple bourgeois, devenir un bourgeois, voilà ce qu'ils souhaitent, et il n'est pas de désir plus juste et plus raisonnable. Les folies d'organisation nouvelle naissent toujours dans la tête des publicistes-rêveurs, ignorant la réalité des choses, jamais dans la cervelle du vrai travailleur, dont le bon sens s'aiguise dans la lutte de chaque jour avec les difficultés d'ordre matériel, avec les efforts qu'il doit faire pour les surmonter.

384. *De la Coopération.* — Je m'arrêterai un instant sur la société coopérative, formule qui a eu dans ces dernières années une certaine popularité, mais qui est de plus en plus abandonnée aujourd'hui par les ouvriers les plus intelligents.

Pour la bien définir, je reproduirai d'abord le programme publié en 1872, par le Cercle de l'Union syndicale ouvrière.

« Toutes les corporations ouvrières ont, ou vont avoir prochainement leur chambre syndicale. Avec ses cotisations accumulées, chaque chambre syndicale doit faire un fonds de réserve dont le montant servira à créer des ateliers coopératifs, où tous les sociétaires syndicaux seront intéressés au prorata de leurs versements... Les premiers sociétaires, chargés de faire fonctionner l'œuvre commune, seront nommés au scrutin dans l'assemblée générale de la corporation. En cas de marche pénible au début, la chambre syndicale, qui serait la mère bienfaisante de l'œuvre, viendrait à son secours, par de nouveaux sacrifices, jusqu'au succès définitif.

« Alors les premiers prolétaires, émancipés par tous, parce qu'ils auraient été reconnus les plus capables de tenter l'expérience, contribueraient à leur tour à l'émancipation successive des autres, surtout en les aidant, avec les bénéfices de l'association, à établir des succursales dans d'autres quartiers. Voilà pour la corporation.

« Ensuite, au fur et à mesure que les ouvriers d'un corps d'état arriveraient à ce but partiel, ils pourraient au moyen de statuts communs et uniformes, solidariser leurs ateliers avec ceux des autres corporations similaires, et faire la fédération des sociétés coopératives. »

Et ce n'est pas plus difficile que cela de faire le bonheur universel et de détruire la puissance de l'infâme capital ?

385. On ne peut estimer à moins de 4,000 fr. par ouvrier le capital engagé dans une fabrication, en machines, modèles, capital circulant, etc. La découverte consiste à faire verser par cotisation, à faire écono-

miser par les ouvriers, une somme suffisante pour qu'ils puissent travailler à leur compte, ce qui, pour les 285,000 ouvriers parisiens, n'est que l'affaire de la modique somme de 1 milliard 140 millions.

Le journal *la Révolution française* portait à 45 milliards le capital à économiser pour toute la France.

Ils n'auront pas plutôt réalisé cette somme, qu'ils seront affranchis de la tyrannie du capital. La découverte est merveilleuse ; M. Vautour avait déjà fait cette découverte, en recommandant d'acheter une maison pour n'avoir pas à payer son terme.

386. Cela n'est pas sérieux, mais de plus il est facile de montrer pourquoi une société de production par coopération ne peut généralement pas réussir.

Le cachet de cette société est qu'elle a lieu entre des égaux, dont aucun ne doit s'élever au-dessus d'un autre, d'où tout privilège est absolument banni. Cela est fraternel, égalitaire, a toutes les qualités démocratiques que l'on voudra, mais ne peut vivre. Une semblable organisation ne vaut pas mieux pour l'industrie que pour la guerre. Conçoit-on une armée coopérative composée de soldats seulement, ayant des chefs provisoires, révocables à volonté ! Un atelier industriel privé de direction est à peu près dans les mêmes conditions ; c'est toujours un corps sans tête.

Un gérant suffisamment capable est évidemment la condition indispensable du succès ; le trouver et le nommer est le premier écueil ; le second est qu'il ne soit pas fatigué par les querelles suscitées par quelques coassociés, qui refusent sans cesse d'obéir à celui qui fait le maître; le troisième enfin, qu'il cesse de se contenter de la rémunération commune à ceux qui n'assurent en rien le succès, comme à celui qui en est l'auteur, dont la direction fait naître presque tous les profits.

Pratiquement, le gérant d'une société coopérative, s'il est suffisamment capable, absorbe la société ou l'abandonne pour être remplacé par un maladroit qui la conduit ou la laisse arriver à la ruine.

Si l'on ajoute à cela l'absence de crédit qui pèse sur une société instable, dans le chef de laquelle on ne peut avoir confiance, puisqu'il n'est ni libre de ses actions ni assuré de son lendemain, l'impossibilité avec une instabilité pareille de conquérir une clientèle dévouée, voilà bien des causes qui rendent presque impossible le succès d'une société coopérative.

Mais, dira-t-on, s'il y a quelques exceptions, on peut espérer en rencontrer une et arriver ainsi au succès! Au point de vue individuel nous admettons le raisonnement, mais au point de vue social il est sans valeur, vu qu'une société coopérative qui réussit exceptionnellement, disparaît bientôt, change de nature.

387. Lorsqu'une société coopérative a réalisé des bénéfices, elle se termine d'une des deux manières suivantes. Si elle compte beaucoup de membres, cas exceptionnel qui ne peut se rencontrer que pour des industries où le matériel est peu considérable, le travail de direction presque nul, pour l'industrie du bâtiment par exemple, où l'architecte fixe toutes les

conditions du travail, règle les factures, etc., on arrive bientôt, avec le succès, à la division du capital acquis, chaque associé tenant, avec raison, à faire rentrer dans son ménage sa part de bénéfices. C'est ce que nous avons vu se produire pour l'association des ouvriers maçons, enfants du Limousin pour la plupart, qui, après avoir réalisé des profits importants dans la construction de la gare du chemin de fer d'Orléans, s'est dissoute à la satisfaction générale des nombreux ouvriers associés. La petite propriété personnelle, celle de la maison qu'on habite, du champ qu'on cultive, a toujours un charme particulier, une sécurité que n'offre pas un droit indivis sur un capital auquel on ne peut toucher, qu'on ne peut administrer à volonté.

Les fameux *pionniers de Rochdale*, qui ont fourni matière à tant de belles tirades à M. J. Simon, n'ont pas divisé leur filature, mais ils sont aujourd'hui de simples associés dont le nombre n'augmente plus, et qui *s'engraissent des sueurs du peuple* en employant des ouvriers aux mêmes conditions que tous les filateurs de la contrée.

C'est ainsi que finit constamment la société coopérative peu nombreuse, qui a réussi. Lors du décès ou de la retraite d'un des associés, les autres, ne voulant pas donner une part des bénéfices acquis à un nouvel arrivant, serrent leurs rangs, et bientôt la société se trouve une simple association entre deux ou trois personnes. Très souvent l'établissement reste à un seul d'entre eux.

Les exemples de ce que je dis là surabondent, il n'est personne qui n'ait entendu parler de quelque cas de ce genre. J'ai beaucoup connu un sculpteur qui est devenu ainsi patron, après avoir été forcé d'entrer dans une association ouvrière en 1848, afin d'obtenir des travaux dans les édifices publics que le gouvernement ne voulait donner qu'à de semblables associations. Autrement dit, avec le succès, les associations dites coopératives deviennent de simples associations avec droits égaux pour les associés.

388. En résumé, l'association est une chose excellente, mais qui n'a pas été inventée par les novateurs de nos jours. Que plusieurs habiles ouvriers s'associent pour tenter la fortune, qu'ils essayent, en réunissant leurs économies, leurs capacités, de fonder un établissement, c'est ce que la loi doit faciliter, c'est au reste ce qui se fait fréquemment et conduit souvent à un succès mérité dans les industries artistiques surtout, par la réunion d'artistes habiles. L'idée de coopération n'a rien ajouté d'utile à ce ressort vital de l'industrie. Nous allons l'examiner avec quelques détails.

389. *Association ouvrière.* — Dans des industries simples, dont les ventes se font au comptant, l'association plus ou moins complète des travailleurs peut trouver à s'appliquer. Ce résultat n'est pas aisé à obtenir, surtout avec cette partie de la classe ouvrière qui vit au jour le jour sur le produit de son travail journalier ; mais on peut espérer au moins d'en approcher. Babbage a fait une étude intéressante des conditions de succès d'une semblable société, que nous reprodui-

rons intégralement. Il prenait surtout modèle sur le système suivi depuis longtemps dans l'exploitation des mines de Cornouailles, qui donne une grande partie des avantages recherchés et tend manifestement à faire contribuer à l'excellence du travail toutes les facultés des individus employés dans les divers détails de l'exploitation. L'analogie de ce système avec celui que je proposerai ensuite m'engage, dit-il, à en présenter ici une esquisse rapide, qui préviendra peut-être quelques objections contre mon système, et de plus, elle pourra inspirer quelques idées utiles à ceux qui tenteraient de le mettre en expérience.

390. Dans les mines de Cornouailles presque toutes les opérations intérieures et extérieures se font à prix fait. Voici à peu près comment ces prix faits s'établissent. A la fin de chaque période de deux mois on détermine le travail qui doit s'effectuer dans la période suivante. Ce travail se divise en trois parties : 1° le *tutwork*, qui consiste à creuser des puits d'exploitation, à ouvrir des galeries horizontales, à faire des excavations de toute nature; ce genre de travail se paie à raison de la toise en profondeur ou en longueur, ou à raison de la toise cube; 2° le *tribute :* c'est le prix payé pour extraire et nettoyer le minerai; il se solde en nature, avec une certaine partie du métal amené à l'état convenable pour la vente : ce genre de payement produit les plus admirables effets; car les mineurs, sachant qu'ils seront payés en proportion de la richesse de la veine et de la quantité de métal qu'ils en retirent, acquièrent en peu de temps une habileté extraordinaire

pour découvrir le minerai et estimer sa valeur; et de plus ils recherchent avec l'empressement de l'intérêt personnel toute espèce de perfectionnement propre à diminuer les frais que doit supporter le minerai; 3° l'*épuration :* les ouvriers précédents, qui tirent le minerai et le nettoient, peuvent seulement débarrasser ce minerai de sa gangue grossière, à raison de leur prix fait : l'épuration soignée regarde d'autres ouvriers, et se paye un prix plus élevé. Lorsqu'on a divisé les divers travaux à faire pour une suite de quelques jours, lorsqu'on a marqué les lots de minerai à nettoyer, et que les uns et les autres ont été bien examinés par les ouvriers, les chefs de la mine ouvrent une sorte d'adjudication où chaque lot est proposé et soumissionné par de petites brigades d'ouvriers. Ensuite on propose les divers travaux en masse à un prix ordinairement plus bas que les prix soumissionnés, et on les adjuge à celui qui a soumissionné le plus bas : rarement celui-ci refuse ce dernier prix proposé par l'administration. Le *tribute* est une certaine somme prélevée sur une quantité totale de minerai extrait d'une valeur de 20 shillings (24 fr. 50 c.); cette somme varie de 3 pences par livre à 14 ou 15 shillings (de 30 c. à 16 fr. 25 c. ou 17 fr. 40 c.) : le gain qui peut se faire au *tribute* est très incertain. Si les ouvriers prennent une veine pauvre, et qu'elle devienne riche, ils réalisent promptement un bénéfice considérable, et l'on a vu des cas où chaque mineur d'une brigade a gagné jusqu'à 2,500 fr. en deux mois. Ces cas extraordinaires sont peut-être encore plus à l'avantage du propriétaire de la mine qu'à celui des mineurs; car la sagacité et l'industrie des ouvriers étant tenues ainsi dans un éveil continuel, le propriétaire retire toujours un plus grand avantage de l'amélioration de la veine, qui autrement serait moins bien exploitée. M. Taylor a introduit ce système dans les mines de plomb du Hentshire, dans celles de Skipton, du Yorkshire, et dans quelques-unes des mines du Cumberland, et l'on doit désirer qu'il devienne général, parce qu'aucun autre mode de payement n'offre aux ouvriers un gain aussi exactement proportionné à l'activité, à l'intégrité et à l'habileté qu'ils peuvent développer.

Le travail aux pièces, également avantageux au patron et à l'ouvrier habile, est la généralisation de ce système appliqué aux diverses professions, au moins sous la forme de marchandage qui, bien pratiqué, est le système le plus avantageux pour la production la plus économique, et pour les intérêts d'habiles ouvriers.

391. Je présenterai maintenant l'esquisse d'un système qui me semble susceptible de produire des résultats de la plus haute importance pour les ouvriers et pour la population des campagnes en général, livrés à des fabrications assez simples.

Ce nouveau système serait basé sur les principes suivants :

1° Une partie considérable du salaire reçu par chaque personne employée dans un établissement quelconque, doit dépendre du bénéfice général de cet établissement industriel.

2° Chaque personne attachée à l'établissement doit

trouver un avantage certain dans l'application immédiate de tout perfectionnement qu'elle peut appliquer à la fabrication pour laquelle elle travaille, et cet avantage doit être même supérieur à celui que lui rapporterait tout autre moyen d'employer sa découverte.

Un système semblable est susceptible d'être adopté par le petit capitaliste, et par la haute classe ouvrière qui se trouve posséder quelques capitaux; il est certain, en effet, qu'il améliorerait d'une manière sensible leur position sociale. Je vais indiquer d'abord la marche à suivre pour faire l'essai de ce nouveau système; j'examinerai ensuite ses avantages et ses défauts dans cette application.

392. Supposons que, dans quelques-unes de nos grandes villes manufacturières, il se forme une association entre dix ou douze ouvriers, des plus intelligents et des plus habiles, tempérants, actifs, et bien connus sous ces deux rapports parmi leurs compagnons. Supposons de plus que ces ouvriers possèdent chacun un petit capital, et qu'ils se joignent à un ou deux autres individus qui se sont élevés au rang de petits maîtres fabricants, et qui possèdent ainsi une partie de capital plus considérable. Supposons que ces ouvriers, après s'être bien concertés entre eux, conviennent d'établir une fabrique de pelles, de pincettes et de garde-feux; que chacun des dix ouvriers apporte 40 livres sterling pour sa part, et chacun des petits capitalistes, 200 livres sterling : ils auront ainsi un fonds social de 800 livres sterling pour commencer leur opération; enfin, pour plus de simplicité,

supposons encore que le travail de chacune de ces douze personnes vaille 2 livres sterling par semaine. Une portion du capital social sera dépensée à acheter les outils nécessaires pour leur industrie; nous la fixerons à 400 livres sterling. Les 400 livres sterling restantes seront employées comme fonds de roulement, et serviront à acheter le fer nécessaire à la fabrication, à payer le loyer de l'atelier, enfin à entretenir les associés et leurs familles, avant que la vente des produits fabriqués ne leur rembourse cette partie de capital déboursée.

393. La première question à déterminer, c'est de savoir dans quelle proportion le bénéfice doit être partagé, entre le capital d'une part, et de l'autre, l'habileté et le travail. Il ne semble pas possible de résoudre cette question par un raisonnement abstrait. Si chaque associé apporte une mise de fonds égale, la solution ne sera pas difficile; s'il en est autrement, il faut que l'expérience fasse découvrir cette juste proportion, qui finira par s'établir probablement sans grandes oscillations. Supposons donc qu'il sera convenu entre les associés : que le capital de 800 livres sterling recevra un intérêt égal au salaire d'un ouvrier; à la fin de chaque semaine chaque ouvrier recevra 1 livre sterling pour son salaire, et 1 livre sterling sera répartie entre les propriétaires du capital. Après quelques semaines les rentrées commenceront à venir, et bientôt elles deviendront à peu près uniformes. Il sera tenu un compte exact de toutes les dépenses et de toutes les ventes; et à la fin de chaque semaine le profit sera

divisé. Une certaine partie en sera mise de côté, comme fonds de réserve; une autre sera réservée pour les réparations d'outils, et le restant étant divisé en treize parts, une d'elles sera répartie entre les capitalistes, et une des douze autres appartiendra à chaque ouvrier. Ainsi, dans les circonstances ordinaires, chaque ouvrier gagnera son salaire habituel de 2 livres sterling par semaine. Si l'entreprise prospère, le gain des ouvriers croîtra en même temps; si les ventes diminuent, il diminuera de même. Cette règle devra s'appliquer à tout individu occupé dans l'établissement, quelle que soit la proportion du payement de ses services : qu'il soit ouvrier ou manœuvre, qu'il soit l'employé comptable ou le teneur de livres qui vient travailler quelques heures par semaine pour diriger la marche des comptes, il devra n'avoir de fixe que la moitié du salaire que méritent ses services, et le reste variera avec le succès de l'entreprise.

394. Dans une fabrique semblable on devrait naturellement introduire la division du travail. Quelques-uns des ouvriers travailleraient constamment à forger des pelles et des pincettes, d'autres à les polir, d'autres enfin à percer et à façonner des garde-feux. Il serait essentiel de chercher de suite à bien déterminer le temps et la dépense exigés par chaque détail de fabrication. Cette donnée étant obtenue de la manière la plus précise, si un ouvrier trouve moyen d'abréger le temps exigé par l'un de ces détails, il est évident qu'il crée un certain bénéfice pour toute la société, quand même ce bénéfice, divisé entre tous, ne donnerait à

chaque individu qu'une part de bénéfice assez petite. Pour encourager de semblables découvertes, il serait convenable que l'inventeur reçût quelque récompense, qui serait déterminée, après des essais suffisants, par un comité qui s'assemblerait à certaines époques fixes. Si le perfectionnement était de grande importance, il conviendrait que l'inventeur reçût la moitié ou les deux tiers du bénéfice qui en résulterait dans l'année suivante, ou pendant telle autre période de temps qu'on trouverait convenable. Comme les avantages de ces perfectionnements donneraient un bénéfice certain à la fabrique, il est évident qu'on devrait allouer à l'inventeur une prime telle qu'il fût de son intérêt de donner à ses associés le bénéfice de son invention plutôt que d'en tirer tout autre parti.

395. Un ensemble de dispositions semblables aurait divers résultats.

1° Chaque individu engagé dans la fabrique aurait un intérêt *direct* à sa prospérité, puisque toute espèce de profit ou de perte pour la fabrique aurait pour effet presque immédiat de produire un changement analogue dans le gain journalier de cet individu.

2° Chaque personne occupée dans la fabrique aurait un intérêt immédiat à prévenir toute espèce de perte ou de dommage dans ses diverses parties.

3° Le concours de l'habileté de tous les intéressés tendrait d'une manière énergique au perfectionnement des diverses parties de la fabrication.

4° Dans les établissements de ce genre on ne recevrait que des ouvriers distingués, parce que, dans le cas où le nombre des bras devrait être augmenté, il serait de l'intérêt commun de tous les associés de ne recevoir que des ouvriers habiles et honorables; et qu'un règlement est bien moins facilement observé par douze ouvriers que par un seul chef à la tête d'un établissement.

5° Quand il arriverait un engorgement de produits sur la place, la société appliquerait plus spécialement l'habileté de ses membres à trouver des procédés pour diminuer le prix de production; elle emploierait de plus une portion de leur temps à réparer et perfectionner les outils; opération qui serait payée par un fonds particulier, réservé pour parer à la difficulté du moment, et pour faciliter la suite de la fabrication.

6° Un autre avantage de ce système d'association, et il n'est pas sans importance, ce serait la suppression totale, pour ces industries, de toutes les causes réelles ou imaginaires de révolte et de coalition. Les ouvriers et les capitalistes seraient tellement entremêlés, ils auraient si évidemment le même intérêt, et devraient si bien comprendre mutuellement leurs difficultés et leurs pertes, qu'au lieu de se coaliser séparément pour s'opprimer les uns les autres, ils ne formeraient qu'une coalition générale et énergique pour surmonter les difficultés communes qu'ils pourraient rencontrer.

396. Les limites du système doivent être étudiées avec soin. Nous croyons qu'une association de ce genre entre ouvriers tailleurs de limes a assez bien réussi au faubourg Saint-Antoine à Paris. Les limes

se vendent assez facilement, se fabriquent sur une assez grande échelle pour que le placement des produits d'une usine de médiocre importance soit facile; la partie commerciale d'une exploitation de ce genre offre peu de difficultés. Il est facile de reconnaître que c'est là une condition essentielle de succès pour ce genre d'association; nous le montrerons par un exemple bien connu dans l'industrie parisienne.

Lorsque la gravure sur bois fut appliquée en France à l'illustration de beaux volumes, que Curmer publia son Paul et Virginie avec des dessins de Meissonnier, des gravures de Brevière, on fit appel aux plus habiles pressiers pour l'impression de ces belles gravures. Réunis dans l'atelier Everat, ils surent amener ce travail à une perfection inconnue jusqu'alors et leur travail y fut largement rémunéré. Aussi à la liquidation de l'imprimerie Everat, assurés de la clientèle des meilleurs éditeurs, ils s'associèrent pour fonder l'imprimerie des *Dix-neuf* et firent des bénéfices importants en faisant marcher leurs presses pour leur compte, leur habileté leur permettant de demander des prix de tirage élevés.

Encouragés par le succès, ils n'eurent pas la sagesse de se limiter à récolter une petite fortune pour chaque associé, par des travaux n'exigeant qu'un faible matériel et quelques presses à bras. Presses mécaniques, machine à vapeur, poids de caractère considérable, en un mot un matériel important fut acheté avec les bénéfices, le crédit et les affaires furent développés sur une grande échelle, malheureusement sans bien compter, sans organisation suffisante de l'atelier, sans prudence suffisante au point de vue de la solidité des clients.

Aussi, lorsqu'en 1848, l'Assemblée vota 4 millions pour encourager les associations ouvrières, la commission de répartition arrêta, dès sa première séance, qu'il fallait aider de suite par un prêt important la plus célèbre des associations ouvrières existantes, que l'on savait être gênée ; mais hélas ! on ne retrouva plus l'imprimerie des *Dix-neuf*. Depuis six mois les créanciers s'étaient partagé le matériel de l'imprimerie que ses fondateurs avaient été forcés de leur abandonner.

Cet exemple me paraît démontrer clairement la limite des applications de cette forme d'association. Comme nous l'avons vu pour la coopération, elle devient insuffisante lorsque la fermeté et la prudence de la direction, l'esprit d'entreprise, l'habileté commerciale sont les conditions capitales de prospérité pour un établissement. Or, ces qualités sont rares, et l'homme qui les possède a mieux à faire qu'à gagner une journée d'ouvrier, et il ne peut rendre les services qu'il est capable de rendre que s'il est obéi, si on suit avec zèle l'impulsion qu'il imprime. Vouloir supprimer la direction est folie; bien apprécier, au besoin choisir un chef et le suivre avec un dévouement intelligent, voilà la vraie voie pour les travailleurs dans la plupart des cas, ainsi que nous allons le dire.

Nous n'essayerons pas, bien entendu, d'indiquer les moyens de former le chef capable; on peut bien étudier les éléments de toute supériorité, mais leur application, leur emploi dépend de l'homme et on ne formera jamais sûrement un habile industriel, pas plus qu'un bon général, un grand médecin; on ne peut que fournir des éléments au génie de tout genre, l'éducation ne le crée pas : la perspicacité, le caractère, la volonté ne s'enseignent pas.

397. *Division de la propriété des manufactures.* — Abordons maintenant la grande objection qui défraye la polémique des journaux qui demandent le bouleversement de la société, à savoir qu'il est injuste que l'ouvrier d'une grande manufacture ne voie pas changer son sort pendant que le chef s'enrichit. Sans doute ici, il est plus rare que dans le cas précédent, que l'ouvrier capable devienne chef; il en est cependant assez souvent ainsi, comme le montrent bien des exemples, et dans bien des fabriques l'ouvrier d'intelligence supérieure, devient forcément contre-maître intéressé et souvent associé. Admettons que c'est l'exception, que la position de sous-officier qui vient au-devant de l'ouvrier capable soit insuffisante, il n'est pas douteux toutefois qu'elle ne lui vaille des salaires élevés, permettant de faire des économies qui lui donnent le moyen d'assurer son avenir.

En principe, il est sûrement désirable que l'ouvrier faisant partie d'une manufacture puisse posséder une petite part de celle-ci, comme le paysan possède un lopin de terre dans le canton agricole où il travaille. Y a-t-il là impossibilité? La différence dans les deux cas, c'est que le paysan peut obtenir des récoltes en cultivant la millième partie des terres de son canton, et que l'ouvrier ne saurait rien faire avec le millième d'une manufacture. Mais si un grand nombre d'ouvriers, de petits capitalistes viennent former la masse des actionnaires d'une manufacture, ils se partageront les bénéfices que produira l'exploitation de celle-ci, tout aussi bien que la masse des paysans, cultivant un canton, les bénéfices des récoltes qu'il produira. Et il n'y a là d'impossibilité d'aucun genre. Si l'on demandait à beaucoup de nos bons ouvriers de nous exposer leurs ressources, beaucoup d'entre eux nous montreraient aujourd'hui, plutôt que le livret de la caisse d'épargne, quelques obligations de chemin de fer économisées peu à peu, et le crédit Lyonnais a fait des bénéfices en plaçant des actions des chemins autrichiens aux canuts de Lyon.

Nous y applaudissons des deux mains, et nous voudrions voir se multiplier ce mode de division de la propriété industrielle, au point de vue spécial auquel nous nous plaçons et nous n'avons pas besoin de signaler les nombreux avantages de tous genres qui résulteraient de ce que l'ouvrier plaçât ses économies dans la manufacture où il travaille, et devînt, en qualité d'actionnaire, un véritable associé commanditaire participant directement à la bonne exécution des travaux.

398. Ce dont nous parlons ici est pratiqué en Amérique sur une grande échelle. « Dans le Massachussets, dit Carey l'économiste américain, les fabriques sont élevées et conduites par des sociétés anonymes dont le capital a été divisé en actions, et tous ceux qui ont une part quelconque dans la gestion, depuis l'achat

des matières premières, jusqu'à la vente de l'article manufacturé, sont actionnaires, et chaque employé a la perspective de le devenir avec de la prudence, du travail et de l'économie... Tout capitaine d'un navire qui fait le commerce avec l'Amérique du Sud en est propriétaire pour une partie, et l'intérêt qu'il a dans l'armement l'excite au travail et à l'économie, par lesquels les habitants de la nouvelle Angleterre triomphent rapidement de la concurrence des autres nations, pour la navigation et le commerce de cette partie du monde. Ce système, dit-il après avoir multiplié les exemples, est le plus complètement démocratique qu'il y ait au monde : il donne à tout travailleur, à tout matelot, à tout ouvrier homme ou femme, une perspective d'avancement ; dans aucune partie du monde, dit-il en terminant, le talent, l'activité et la prudence n'ont eu une récompense si assurée et si large. »

Nous avons vu estimer à plus de trois millions la part appartenant aux ouvriers américains dans les filatures de coton de Lowell, presque toutes en actions comme la plupart des grandes fabriques des États-Unis. Le travail dans les manufactures y est considéré comme le moyen par excellence pour commencer la formation d'un capital.

399. C'est surtout autour des inventeurs et précisément à cause de la chance d'un grand succès par l'exploitation de brevets, dont la propriété est bien assurée, que se groupent aujourd'hui les petits capitaux en Amérique, de manière à produire rapidement et sur une échelle inconnue, la fabrication manufac-

turière des articles obtenus encore en Europe dans de petits ateliers : c'est ainsi qu'à l'aide de sociétés par actions on y a monté d'immenses manufactures de serrures, de montres et autres produits nouveaux, munies d'un puissant outillage admirablement combiné. Le succès de ces fabriques profite à un nombre très grand d'actionnaires.

C'est ce que nous voudrions voir pratiqué sur une grande échelle, dans notre pays, pour une foule d'exploitations. Les ouvriers savent bien reconnaître le plus capable, derrière lequel ils viendraient plus souvent se ranger profitablement, en lui apportant leurs économies passées et futures, aidés par le crédit qui suivrait la notoriété ainsi proclamée, s'ils avaient plus d'esprit d'entreprise pour marcher ensemble en avant, et de subordination pour respecter l'initiative du chef choisi, élément essentiel de succès.

400. Il y aurait lieu d'étudier nos lois relatives aux sociétés pour les mettre en rapport avec des besoins nouveaux et seconder les mœurs industrielles que nous voudrions voir devenir celles de notre pays. Ainsi, il nous paraîtrait juste que l'ouvrier actionnaire d'un établissement, y travaillant, eût un privilège de créancier en cas de faillite, son titre n'étant formé que de salaires économisés. Il faudrait trouver des formes d'association propres aux genres d'exploitation très différents entre eux, des diverses industries, qui entrent difficilement dans une formule générale; enfin l'estimation par les chambres syndicales dont nous parlons plus loin, devrait être une

condition nécessaire, obligatoire de toute mise en actions par souscription publique, comme cela a lieu pour la vente d'une étude de notaire, afin d'éviter l'évaluation à un taux ridiculement exagéré des établissements industriels, pour que l'avis de la corporation éclairât au moins ceux qui voudraient voir et ne pas être trompés et dupés par les lanceurs d'affaires; enfin la justice devrait veiller pour les empêcher de tourner la loi comme cela se pratique aujourd'hui.

401. En résumé, tous les efforts doivent être faits pour aider les ouvriers à acquérir profitablement, par leurs économies, une partie des établissements industriels dans lesquels ils sont occupés : c'est la voie qui, avec le développement nécessaire des manufactures, peut nous conduire à une société bien organisée en vue d'une excellente production, et où la la répartition des bénéfices serait également excellente, ceux-ci ne pouvant en toute justice appartenir qu'à des associés qui partagent les pertes comme le gain. La multiplication des titres industriels, qui, appliquée aux chemins de fer, a doublé la fortune mobilière de la France [1]; qui, usuelle pour toutes sortes d'entreprises, a tant contribué à la fortune de l'Angleterre, où les classes laborieuses possèdent plusieurs milliards de ces titres, doit, en supprimant

1. Cette division par l'association librement exercée, est la solution de la liberté, comme l'accaparement par l'État est celle du despotisme royal ou jacobin. Le rôle de l'État ne doit être que d'assurer la loyauté des contrats par une loi sage et une administration vigilante.

quelques obstacles fournir la part principale de la solution de ce qu'on appelle de nos jours la question ouvrière, et même quelquefois le problème social, dans les limites où cela est possible.

402. Un puissant désir d'atteindre le but, une grande énergie pour faire et conserver les premières économies est, plus que l'élévation des salaires produite dans nombre d'industries, la condition capitale du succès; elle exige qu'on s'impose des privations dont peu de jeunes gens sont capables, surtout au milieu des tentations qu'offrent les villes. Il ne faut pas en conclure que cela est impossible. Que l'on aille voir les Limousins quittant Paris après une saison de construction; chacun d'eux emporte un sac d'écus. On s'est refusé bien des plaisirs, on a vécu durement, mais on emporte le prix du champ qu'on a promis à la famille de rapporter. La camaraderie des manufactures, surtout avec l'esprit de sociabilité qui appartient à la race française, rend l'économie difficile. L'entraînement, les politesses des camarades ne permettent pas de vivre comme on le voudrait, au moins sans une grande énergie morale.

403. Un mot qu'un robuste jardinier travaillant dans une campagne en Normandie, me disait un jour, résume bien cette difficulté. Je causais avec lui, sachant qu'il avait déjà acheté un champ à force d'économie, auquel il savait faire produire de bonnes récoltes, en y travaillant avant l'heure de sa journée et je lui demandais ce qu'il gagnait : « 3 francs par jour, me dit-il. — Mais fort et intelligent comme vous

êtes, vous pourriez gagner davantage, lui fis-je observer, en allant travailler dans les manufactures de Lisieux, peu éloignées. — *Monsieur*, me répondit-il, 3 *francs ici valent mieux que* 5 *francs à Lisieux.* »

La solution dont l'exemple de l'Amérique et la multiplication des sociétés anonymes qui exploitent les chemins de fer ont démontré la praticabilité, est du seul genre possible en respectant la liberté de chacun ; c'était à peu près celle à laquelle Sismondi était arrivé après avoir longtemps creusé la question. « Je désire, dit-il, que la propriété des manufactures soit partagée entre un certain nombre de moyens capitalistes, et non possédée par un seul homme, maître de plusieurs millions ; je désire que l'ouvrier industrieux ait devant lui la chance, presque la certitude, d'être associé à son maître. »

CHAPITRE XXXVI

DE LA FAMILLE INDUSTRIELLE.

404. L'étude du développement de l'industrie amène à faire reposer sur ses progrès incessants l'enrichissement et le bien-être de tous les collaborateurs. Certes, nous avons encore devant nous une étendue immense, et, on peut le dire, illimitée; toutefois, il n'est pas douteux que ces progrès eux-mêmes doivent conduire sinon à un état stationnaire d'une manière absolue, du moins à un état où la rapidité des progrès pourra diminuer. D'ailleurs le nombre des chefs d'industrie, des personnes qui posséderont des parts de propriété des établissements producteurs de richesses, sera toujours moindre que celui du simple journalier, et, surtout, il y aura toujours un grand nombre d'infirmes, d'incapables, de gens sans conduite, en un mot, de mineurs qui ont besoin que de bonnes influences viennent les guider, que des secours remédient aux souffrances qui sont l'apanage de l'espèce humaine.

Nous devons donc passer en revue ce qui a été fait de plus utile dans la voie de concours aux moins forts, dans le sentiment de bienveillance dont l'esprit de famille est le type, et déduire de cette étude ce qu'il y a de mieux encore à faire dans l'avenir.

405. Nous passerons d'abord en revue ce qui a été fait avec succès dans de grandes manufactures, pour donner à la population de beaucoup d'entre elles l'excellent esprit qui fait que l'ordre règne au milieu d'agglomérations considérables; puis, nous examinerons comment par les forces de l'association, le même bien pourrait être réalisé pour les ouvriers plus nombreux qui travaillent dans les petits ateliers, le grand nombre permettant par l'association, d'obtenir les mêmes résultats que dans les établissements isolés les plus importants.

406. Grandes manufactures. — Ayant une valeur qui se compte souvent par millions, occupant de nombreux ouvriers, les grandes manufactures sont intéressantes à étudier au point de vue des relations du patron et des ouvriers; les conditions du travail exigeant évidemment une direction ferme, faisant régner un ordre parfait.

Ce pouvoir plus grand chez les chefs des grandes usines entraîne une plus grande responsabilité; on peut dire que celle-ci a été, en général, pleinement justifiée. On a mis avec raison en lumière, à l'Exposition de 1867, les créations réalisées dans beaucoup de grands établissements pour aider les ouvriers dans les circonstances difficiles, pour les encourager à l'ordre et à l'économie, pour leur faciliter les moyens d'augmenter leur bien-être. Passons en revue ces diverses fondations pour montrer la voie du bon accord, entre patrons et ouvriers, aussi profitable aux uns qu'aux autres.

407. *Éducation des enfants et apprentissage.*—La plupart des grandes manufactures ont organisé des salles d'asile et des écoles. Nous placerons au premier rang les écoles du Creuzot. La direction de cette belle usine, une des gloires de notre industrie, avait exposé, en 1867 et 1878, à côté de gigantesques constructions mécaniques, les devoirs des élèves de l'école primaire, les dessins de géométrie et de machines des jeunes gens de l'école d'apprentissage. Ils faisaient bien comprendre comment on formait une population d'habiles ajusteurs, de bons mécaniciens, dans cette usine modèle, au profit commun des ouvriers et de l'établissement.

A la grande cristallerie de Baccarat, les apprentis fort nombreux, qui aident les verriers dans leur travail, doivent suivre des classes du soir aussi longtemps qu'ils n'ont pas été reconnus, dans un examen régulier, suffisamment pourvus des connaissances élémentaires. Des cours de dessin et un ouvroir sont annexés à ces classes. Ce sont là quelques-unes des formes sous lesquelles le regretté M. Godard-Desmarest contribuait puissamment au bonheur et à la moralité d'une excellente population ouvrière, qui le payait en respect et en affection.

408. *Caisses de secours, caisses de retraite.* — Des institutions de cette nature se rencontrent dans la plupart des grands établissements et, grâce au concours bienveillant et intelligent de la direction, ont reçu

d'admirables développements. Prenons pour exemple les usines de zinc de la Vieille-Montagne.

« Les ouvriers, représentés par des délégués élus tous les ans dans chaque atelier, se sont successivement imposé une retenue de 1, puis de 2, puis de 3 pour 100 sur le montant de leurs salaires. La compagnie stimule ces efforts en apportant à la caisse un contingent égal à la moitié du chiffre des cotisations et s'associe à l'administration en y réservant une place à ses chefs d'ateliers. Dans chaque commission, c'est au directeur de l'établissement que revient la présidence. La caisse, grâce à ce concours de ressources, a pu, depuis vingt ans, étendre graduellement ses opérations, donner gratuitement les soins médicaux et pharmaceutiques aux ouvriers, allouer des indemnités aux malades, des pensions viagères aux infirmes, accorder des secours plus ou moins prolongés aux veuves, aux enfants, aux parents des ouvriers décédés au service de la société, enfin attribuer des subventions temporaires aux familles sur lesquelles pèsent des charges exceptionnelles.

« Ces allocations diverses sont appuyées sur un fonds de réserve qui s'accroît dans une progression rapide et a déjà atteint la somme de 600,000 francs. »

Nous retrouverions de semblables institutions et de semblables résultats dans toutes nos grandes usines, Saint-Gobain, Baccarat, Le Creuzot, etc. Cela est bien connu et nous n'avons pas à insister.

409. *Magasins à prix réduit*, ou *Sociétés coopératives de consommation*. — L'agglomération de nom-

breux ouvriers sur un même point peut permettre de les faire jouir de réductions importantes sur le prix des objets de consommation journalière, que le commerce de détail fait souvent payer 25 ou 30 pour 100 plus cher que le commerce en gros. Nous prendrons pour exemple ce qui a été réalisé par MM. Japy, les grands fabricants d'horlogerie et de quincaillerie de Beaucourt, dont les admirables établissements comptent 5,500 ouvriers.

Nous lisons dans le rapport du jury :

« La réduction pour l'ouvrier du prix des objets de consommation a été une préoccupation ancienne de MM. Japy. Ils l'ont résolue avec un remarquable succès.

« Dès l'année 1845, une boulangerie et une meunerie économiques étaient organisées et fournissaient du pain avec une réduction de prix importante. En 1854, on y annexa un vaste magasin d'épiceries et de comestibles, qui fournit, avec une économie de 25 à 50 pour 100, l'épicerie, les denrées de toute sorte, et même les vêtements, la houille et le bois de chauffage.

« Les ventes se font à crédit sur le carnet de l'ouvrier, et le payement s'effectue par voie de retenue sur son salaire, à la fin de chaque mois. »

Le chemin de fer d'Orléans, et bien d'autres entreprises qui emploient sur un même point un nombreux personnel, lui ont procuré de la même manière des économies importantes.

410. *Maisons ouvrières.* — L'incitation la plus

puissante à l'économie a été, sans contredit, l'aide prêtée à l'ouvrier qui a toujours un loyer à payer, pour acquérir, au moyen d'une augmentation modérée de celui-ci, une maison où la ménagère peut faire régner l'ordre et la propreté, un petit jardin où l'ouvrier peut cultiver quelques fleurs, quelques légumes pendant ses loisirs, et où s'ébattent les enfants. C'est le moyen de pousser à l'économie qui réussit le plus constamment et qui excite le plus d'efforts couronnés de succès.

La ville si industrieuse de Mulhouse a donné l'exemple de cet important progrès, et ses nombreuses constructions ont servi de modèle. Dans le grand nombre de centres industriels où l'on a construit des maisons ouvrières, on a varié, avec les circonstances et les matériaux du pays, le mode de construction à bon marché, et aussi le mode d'amortissement offert aux acquéreurs.

C'est le plus souvent par un loyer mensuel, à chaque paye, qu'ils s'acquittent du prix d'achat qui est toujours voisin de 2,000 francs. Quelquefois on demande une partie du prix à l'origine, ce qui diminue beaucoup les annuités. Ainsi, à Beaucourt, une maison coûtant 2,000 francs devient la propriété de l'ouvrier qui, donnant en entrant 500 francs, paye pendant onze ans une somme de 16 fr. 55 par mois. Sans versement au début, le payement mensuel doit être de 21 fr. 55.

Nous n'en dirons pas plus sur ces institutions que ne pourraient d'ailleurs fonder les chefs de fabriques d'importance secondaire des grandes villes.

Voyons comment le bien pourrait encore s'accomplir pour celle-ci, à l'aide de l'association.

411. PETITS ATELIERS.—Malgré le développement et l'importance croissante de l'industrie manufacturière, la partie de l'industrie interdite par sa nature aux machines, celle qui s'occupe de la mise en œuvre des produits manufacturés, pour laquelle l'intervention de l'habileté personnelle, du gout, est nécessaire, qui ne saurait être concentrée dans de grands établissements, sera toujours la plus considérable et occupera le plus grand nombre d'ouvriers et de patrons. Si l'on ajoute à cela que beaucoup de manufactures restent de proportions modestes, on en conclura forcément que ce que nous venons de dire sur ce qu'ont fait beaucoup de chefs des établissements hors ligne de la très grande industrie, n'est pas la solution complète du problème de l'établissement d'institutions propres à faire règner l'accord dans le plus grand nombre d'ateliers.

Pour donner idée de la division des ateliers industriels en France, je donnerai pour Paris les nombres suivants, empruntés à l'enquête faite par la chambre de Commerce en 1860; le nombre des ateliers étant de 101,170 (ouvriers en chambre compris), 62,199 ne comptaient que le patron seul ou assisté d'un seul ouvrier; 31,480, de 2 à 10 ouvriers, 7,492 seulement occupaient plus de dix ouvriers.

Revenons donc aux institutions applicables à l'industrie dans le cas le plus général, lorsqu'elle s'exerce dans un grand nombre d'ateliers, en général médiocrement ou peu importants, toujours trop peu pour créer individuellement des institutions analogues à celles dont nous venons de parler.

Auparavant disons quelques mots des anciennes institutions qui étaient utiles aux ouvriers.

412. *Apprentissage.* — Nous rapporterons d'abord sur les défauts de l'industrie actuelle, au point de vue technique, l'opinion d'un maître que l'on ne pourra pas accuser d'opinions rétrogrades, du savant architecte Viollet-Leduc.

« Les corps de métiers avaient l'inconvénient de maintenir la main-d'œuvre à un prix élevé, de composer une sorte de coalition permanente, exclusive, jalouse, et toujours en situation de faire la loi à l'acheteur; mais ces corps conservaient les traditions, repoussaient les incapacités ou les bras inhabiles. La main-d'œuvre, n'ayant pas de concurrence ruineuse à craindre, tenait à la bonne renommée qui faisait sa richesse et lui assurait le travail de chaque jour.

« Les industries affranchies de toute entrave par les principes de 1789 se sont bientôt livrées à une concurrence effrénée, à ce point que plusieurs ont cessé d'inspirer toute confiance et ont vu cesser les demandes peu à peu, surtout à l'étranger, à cause de l'infériorité de la fabrication. Nos chefs d'industrie sont très capables, nos ouvriers sont pleins d'intelligence; mais, dans le cours ordinaire des choses, maîtres et ouvriers se contentent *d'à peu près*. S'il s'agit d'une exposition industrielle, de paraître devant les autres nations, la plupart de nos fabricants pourront se trouver au premier rang, envoyer des produits incomparables sous le rapport du goût et de l'exécution; mais s'il s'agit de multiplier ces produits à l'infini, d'en exporter des milliers, ils seront la plupart défectueux, négligés, incomplets.

« Ce malheureux défaut, qui tient à notre caractère, nous a fermé des débouchés sur toute la surface du globe; tandis que nos voisins les Anglais, inférieurs à nous sur bien des points, s'emparent des marchés par l'égalité de leurs produits. L'organisation des jurandes et maîtrises apportait un frein à cette déplorable habitude de fabriquer, d'autant moins bien, qu'on fabrique davantage. Nous avons tous éprouvé que l'on ne peut prendre aujourd'hui dans le commerce les objets qui demandent une exécution régulière et soignée, et que si nous voulons, par exemple, de bonnes serrures, il faut les faire faire exprès; que si nous avons un appartement à meubler, nous devons commander chaque meuble, et veiller à ce que son exécution soit irréprochable... »

413. *Secours.* — Les anciennes corporations réunissaient des ressources pour le soulagement des souffrances des ouvriers. On peut voir dans A. Monteil, comment, après avoir étudié, dans ses patientes recherches sur l'ancienne France, les confréries annexes des corporations, forme de groupement des corps de métiers pour les démonstrations religieuses, liées intimement aux institutions de bienfaisance, il montre combien c'était une lourde charge que la responsabilité

qui incombait aux patrons, dans ce passage de son écrit sur le MALHEUR DES GENS DE MÉTIERS (quinzième siècle) :

« Malheur des maîtres ! Qu'arrive-t-il, messires, « lorsqu'il y a trop d'ouvriers et pas assez de travail ? « Vous le savez, une partie tombe dans la misère ; « nos statuts nous imposent alors le devoir de secou-« rir nos confrères ; la misère amène la maladie : « nous devons accroître nos secours envers eux ; la « maladie, la mort : nous devons les faire enterrer. « Ils laissent des veuves, des orphelins, des orphe-« lines : c'est à nous à les nourrir ; les orphelins « grandissent : c'est à nous à les élever, à les ensei-« gner ; les orphelines grandissent, c'est à nous à les « doter, à les marier. »

C'était l'église, autour de laquelle s'organisaient les confréries dans une société profondément religieuse, qui bénissait les bannières et intervenait dans toutes les fêtes du corps de métier, qui prélevait une espèce de taxe des pauvres qui sortait de la caisse de chaque confrérie. Cette caisse, souvent désignée sous le nom de *charité du métier*, était alimentée par des retenues faites sur le salaire, les deniers à Dieu payés lors des transactions, et par les amendes. La taxe était permanente, et lorsqu'elle ne pouvait suffire aux nécessités, les corporations étaient autorisées à imposer sur chacun des confrères, mais toujours du consentement de la majorité, une prestation extraordinaire, recouvrable, comme pour les impôts royaux, par voie de contrainte.

Ces taxes entraient aussi, pour une grande part, dans l'AUMONE GÉNÉRALE, dans la fondation de nombreux hôpitaux et hospices destinés aux classes laborieuses des villes industrielles.

En un mot, les institutions qui accompagnèrent la substitution du salaire et de la liberté au servage, tendaient à corriger les effets de l'isolement du travailleur émancipé dans les cas les plus pénibles, et il n'y a pas eu seulement des avantages à supprimer toutes relations familiales, en détruisant brutalement ce que les membres de nos assemblées, ignorants de la vie industrielle, ne comprenaient pas. La charité a toujours une grande place à tenir dans ce monde, qu'on lui laisse son nom ou qu'on l'appelle fraternité.

414. *Des chambres syndicales.* — La nécessité de s'entendre sur des questions d'intérêt professionnel, de faire face à des dangers pressants, contraint fréquemment les personnes exerçant une même profession à se réunir, à nommer des délégués, des commissaires chargés de suivre certaines négociations d'intérêt général. La répétition de semblables nécessités a fini par rendre stables dans certaines industries ces organisations temporaires, et depuis bien longtemps déjà les *chambres du bâtiment* dites de la Sainte-Chapelle, reste des anciennes corporations, dont le domicile est près du Palais de Justice dans le bel immeuble qu'elles se sont construit, fonctionnent à Paris. Elles comprennent les diverses chambres spéciales à chacun des corps d'état qui concourent à l'érection d'un bâtiment (carriers, entrepreneurs de

maçonnerie, de plomberie, de pavage, de serrurerie, etc.), et ont rendu de grands services.

Plus récemment de nombreux corps d'état ont fondé, sur des bases analogues, des chambres syndicales qui sont devenues aussitôt des rouages essentiels du mécanisme professionnel.

Je citerai, parmi les plus importantes, la *Chambre syndicale des tissus* qui compte un grand nombre d'adhérents, notamment parmi les nombreux fabricants qui ont leurs dépôts à Paris ; la *Chambre syndicale des bronzes,* formée de la totalité des fabricants, contraints à en faire partie, s'ils n'en eussent eu envie, par la nécessité de faire face à la coalition incessante des ouvriers de la profession ; la *Chambre syndicale de la bijouterie;* le *Cercle de la librairie et de l'imprimerie* qui constitue une véritable chambre syndicale, avec un centre de réunion destiné à faire régner la confraternité entre les membres d'industries voisines; la *Chambre des imprimeurs;* la *Chambre syndicale de la céramique,* etc., etc.

Ces Chambres vont se multipliant chaque jour, et à Paris on en compte au moins quarante à cinquante fort sérieuses. Il n'est plus de corps d'état qui ne puisse aujourd'hui profiter de cette forme de groupement, pour employer la force de l'association et réunir les efforts de tous, lorsqu'il s'élève une question d'intérêt général.

En dehors de Paris et surtout dans les contrées livrées à une même industrie, les chambres de commerce sont absolument des institutions semblables.

Les chambres de commerce de Saint-Malo, de Rochefort, de Granville, de Dunkerque, etc., sont des chambres syndicales d'armateurs; celles de Lyon, de Roubaix, de Reims, etc., des chambres syndicales de fabricants de soieries, de filateurs. On peut donc dire que cette organisation comprend aujourd'hui presque toute l'industrie.

Que sont ces chambres syndicales nées dans les diverses industries de l'absolue nécessité pour chacun de ne pas rester isolé dans les questions d'intérêt général?

Ce sont des *corporations libres*, nullement obligatoires, des corporations ne pouvant gêner la liberté de personne, par suite auxquelles ne s'appliquent pas les reproches faits par Turgot aux anciennes corporations, et qui peuvent reprendre les traditions de celles-ci pour faire renaître leurs créations utiles, analogues à celles que nous avons vues apparaître dans la grande industrie, rétablir les bonnes influences, la famille industrielle. On y était arrivé jadis par une organisation qui a duré quatre ou cinq siècles; la force des choses y ramène d'une manière irrésistible.

415. Nous croyons que les personnes qui ont vu de près des chambres syndicales ou quelques associations analogues, ont reconnu qu'elles constituaient un organisme extrêmement utile.

Praticiens choisis par leurs confrères, les membres du conseil des chambres syndicales sont des gens de valeur, connaissant bien les questions professionnelles, ayant une influence personnelle sur nombre d'ouvriers du corps d'état qu'ils font ou ont fait travailler. Personne ne connaît mieux qu'eux les besoins et les désirs de leurs collaborateurs, leurs qualités et leurs défauts; personne n'est mieux placé pour faire régner la paix dans leurs relations mutuelles, traiter avec les ouvriers les plus hostiles au patronage, sur le ton d'égalité qui est celui de leurs relations de chaque jour, leur être utiles sans blesser leur fierté, enfin empêcher les grèves par des concessions raisonnables, quand cela est possible.

416. Une condition essentielle pour que les chambres syndicales puissent rendre les services qu'on doit en attendre, est de reconnaître, comme établissements d'utilité publique, celles qui ont fait preuve de vitalité. Les revenus qu'elles pourraient réunir et capitaliser par des sacrifices des patrons, par des recettes spéciales, par les legs que peuvent leur laisser en mourant des industriels enrichis, par bienveillance pour leurs anciens collaborateurs et pour contribuer au succès d'une industrie à laquelle ils ont consacré toute leur vie, comme l'ont fait Crozatier, Breuzin et autres, ne peuvent fournir des ressources croissantes qu'autant que cette nouvelle mainmorte[1] pourra être constituée solidement, afin de permettre d'utiles fondations et ayant pour but d'alléger bien des souffrances, de créer des caisses de secours et de retraite avec ou

1. La mainmorte qui apparaissait autrefois sous forme de propriété communale, comme on le voit en Suisse, de couvents, d'hospices, de fonds des corporations, etc., était le patrimoine du pauvre, de l'infirme. Il a été confisqué en France depuis la Révolution, et il importe de le reconstituer pour soulager les misères qui sont la

sans l'aide de l'État, mais avec le concours des ouvriers participants. Il n'est pas besoin d'être très familiarisé avec la vie des ateliers pour sentir que c'est ainsi que peut se reconstituer la famille industrielle, que c'est dans cette direction que se trouve la solution de la question ouvrière, autant qu'elle peut être résolue, c'est-à-dire non pas de fournir le moyen de faire des rentes à tout le monde, mais de bien multiplier les institutions qui perfectionnent, soutiennent, secourent intelligemment le travailleur, le font échapper à l'isolement qui le rend hostile à une société qu'il trouve dure à son égard.

417. Les chambres syndicales sont encore bien nouvelles pour que les institutions qu'elles ont pu fonder soient en bien grand nombre ; mais celles-ci sont suffisantes pour démontrer qu'une semblable association pourra réaliser toutes celles dont la grande industrie a doté ses ouvriers, consolider des coutumes protectrices propres à chaque industrie, qui naissent spontanément de la nature du travail et des habitudes des ouvriers qui l'exercent, et réagir ainsi puissamment contre les mauvais sentiments d'envie qui sont la plaie de notre époque.

Nous citerons en premier lieu l'école de dessin et de moulage fondée par la chambre syndicale de la bijouterie, qui, soutenue par une allocation de la chambre, recevant pour ses lauréats de très beaux

honte d'une société riche. Le baron Taylor a su économiser en 50 ans, cent mille livres de rente pour donner des pensions aux vieux acteurs, par des représentations, des bals, par des sacrifices qui ont peu coûté aux donateurs.

prix, surveillée par les plus habiles fabricants, deviendra une pépinière d'excellents ouvriers, pour une industrie où les premiers sont de véritables artistes. La chambre des bronzes a créé une institution analogue.

Un genre de services très apprécié que rendent toutes les chambres syndicales de Paris, est d'aider puissamment la justice consulaire, en faisant des rapports sur les contestations de leur spécialité, entendant les parties et les conciliant très souvent, par suite de la difficulté pour les plaideurs de repousser l'arbitrage de leurs pairs, trop expérimentés pour que le bon droit ne soit bientôt reconnu.

418. Toutes les chambres syndicales, croyons-nous, dépensent certaines sommes en fonds de secours; mais nous ne savons pas si, dans quelques-unes, il en est résulté une fondation de caisse de secours en cas de maladie, de caisse de retraite; à cet effet une cotisation des participants est tout à fait nécessaire, pour leur donner l'excellent caractère de caisse d'assurance contre les accidents.

Au Cercle de la librairie, c'est par une cotisation annuelle de chaque membre, peu considérable pour chacun, sans capital spécialement accumulé, que nous faisons face à tous les besoins des veuves, des blessés de la librairie, aidés déjà par le legs d'une petite rente, souvenir d'un ancien confrère.

419. Sans entrer dans plus de détails, je crois avoir établi que la généralisation et la légalisation des chambres syndicales de patrons, n'ayant nul

droit exclusif, nulle possibilité d'empiéter sur la volonté de personne, est éminemment désirable à tous les points de vue; que leur concours est indispensable pour rétablir l'ordre dans les relations des divers collaborateurs des ateliers industriels, y faire régner la justice, reconstituer la famille industrielle, faire régner l'esprit de concorde entre personnes livrées aux mêmes travaux.

La direction, l'influence rendue aux chefs d'industrie les plus estimés, est un des résultats les plus heureux qu'on puisse espérer de l'association, grand mot dont on a tant fait abus. Elle n'a servi à rien pour le bien général, elle a fait beaucoup de mal, tant qu'elle s'est exercée par en bas pour enrégimenter, sous la bannière des partis politiques, les moins capables, les moins laborieux, les moins moraux. Elle sera, au contraire, féconde et utile, quand elle viendra réunir les hommes placés en tête des industries, pour imprimer une bonne direction aux efforts de tous; fonder sous l'influence des meilleurs, les coutumes, les institutions les plus souhaitables.

CHAPITRE XXXVII

DE L'INFLUENCE DE LA SCIENCE SUR LE DÉVELOPPEMENT DE L'INDUSTRIE.

420. A chaque page de ce livre, consacré surtout à l'invention, se trouve indiquée une vérité incontestable, je veux parler de l'union intime qui existe entre les sciences et l'industrie. Elle n'a jamais été mieux formulée que dans le passage suivant de l'ouvrage d'Ampère, sur la classification des sciences. « On distingue « ordinairement, dit-il, les arts et les sciences. Cette « distinction est fondée sur ce que dans les sciences « l'homme *connaît* seulement, et que dans les arts il « connaît et exécute ; mais si le physicien connaît les « propriétés de l'or, telles que sa fusibilité, sa mal- « léabilité, etc. ; il faut que l'orfèvre, de son côté, « connaisse les moyens à employer pour le fondre, « le battre en feuilles ou le tirer en fils, etc. ; et dans « les deux cas, il y a également *connaissance*.

« Sous le rapport de la connaissance, tout art, « comme toute science, est un groupe des mêmes « vérités, démontrées par la raison, reconnues par « l'observation, que réunit un caractère commun ;

« caractère qui consiste, soit en ce que ces vérités se « rapportent à des objets de même nature, soit en ce « que les objets qu'on y étudie y sont considérés au « même point de vue. »

Rien de plus précis et de plus vrai que les paroles d'Ampère, les arts et les sciences ne diffèrent que par l'action et se confondent, quant au travail intellectuel. *Science* d'où *prévoyance*, *prévoyance* d'où *action*, telle est la formule exacte de la relation générale de la science et de l'art.

421. Bien des exemples démontrent que les progrès de l'industrie sont liés intimement à ceux des sciences les plus élevées ; rappelons un cas souvent cité de l'utile application de spéculations abstraites.

Quand Platon et les géomètres de son école étudiaient les propriétés des courbes que l'on obtient en coupant un cône par un plan, on ne prévoyait pas que, deux mille ans plus tard, Képler découvrirait l'identité de l'ellipse, une de ces courbes, avec les orbites décrites par les planètes autour du soleil, ni que Newton en déduirait la loi de l'attraction universelle, et donnerait les preuves les plus certaines de la liaison qui existe entre l'expression de cette loi et les mouvements géométriques des astres. Or, la théorie de Newton, en permettant de soumettre au calcul, longtemps avant l'époque où ils doivent se produire, les phénomènes astronomiques les plus complexes, a fourni à la géographie et à la navigation les moyens d'observation les plus sûrs et les plus exacts. Tellement que Condorcet a pu dire avec raison : « Le

« matelot qu'une savante observation de la longi-« tude préserve du naufrage, doit la vie à une « théorie conçue deux mille ans auparavant par des « hommes de génie, qui n'avaient en vue que des « spéculations géométriques. »

Ces hautes conceptions, aussi bien que les résultats déduits de l'expérience, exigent des raisonnements qui sont du domaine des sciences abstraites. J'ai montré que la division du travail n'est pas moins applicable aux opérations de l'esprit qu'aux efforts corporels, aux opérations purement matérielles; et de là découle une conséquence générale. Pour mieux assurer le succès des efforts que peut faire une nation dans le but de faire progresser son industrie, il faut que ces efforts résultent de l'action combinée des hommes les plus savants en théorie, et des hommes les plus habiles en pratique, chacun d'eux travaillant dans la partie spéciale à laquelle sa capacité naturelle ou ses habitudes acquises l'ont rendu éminemment propre.

Il importe au plus haut point que le savant reste savant, sans se préoccuper d'aucune manière des applications possibles de ses découvertes. Il s'agit pour lui d'étudier la nature dans ses secrets intimes, de découvrir, mesurer, calculer les forces qu'elle met en œuvre, sans se préoccuper nullement des applications profitables qu'on en pourra faire; elles viendront toujours en leur temps. Pour que cela soit possible, il faut avant tout que l'existence du savant soit assurée, que les moyens de travail nécessaires pour arracher ses secrets à la nature, que des appareils souvent coûteux, des laboratoires bien outillés soient mis à sa disposition. Ce n'est pas seulement la gloire d'une grande nation de récompenser dignement les savants qui l'illustrent, c'est encore une bonne spéculation de sa part, en fournissant une base solide aux plus fructueux progrès de son industrie.

Laissant de côté le devoir des hommes politiques de doter convenablement les laboratoires des savants, de leur assurer les ressources convenables pour le rang qu'ils doivent occuper en tête de la société, nous nous limiterons à la partie des sciences qui trouve dans l'industrie ses applications les plus directes.

422. La philosophie naturelle qui comprend toutes les sciences physiques, toutes celles qui traitent des phénomènes de la nature, est, on peut le dire, moderne sous sa forme actuelle. Pendant tout le moyen âge et jusqu'au mouvement de rénovation, de confiance en soi de l'esprit humain qui s'est manifesté lors de la Réforme, à cette époque si fertile en grands efforts intellectuels, le monde était considéré comme se maintenant par l'effet du hasard pour les uns, par l'intervention incessante de la volonté divine pour les autres. Ce ne fut guère qu'à partir de cette époque, que l'on cessa de se soumettre au joug de la doctrine scolastique, les travaux de Galilée réveillant la notion de lois naturelles. Les éminents philosophes du dix-septième siècle, Descartes et Leibnitz notamment, démontrèrent que le monde se maintenait par le jeu de forces obéissant à des lois parfaitement détermi-

nées. Bien peu d'esprits s'étaient, dans quelques directions, élevés dans l'antiquité à cette notion de loi. Ce n'est que depuis qu'elle est devenue prédominante, que s'est construit l'immense édifice des sciences de la nature, qui ont permis le développement de la civilisation moderne, au point de vue matériel. Le nombre, l'étendue de ces sciences, dont plusieurs, la chimie notamment, sont entièrement nouvelles, a prouvé toute la vérité de cet important principe.

Ce sont les travaux des génies du dix-septième siècle, qui ont créé la méthode expérimentale, donné les lois de la mécanique céleste, démontré la pesanteur de l'air, etc., en un mot, fourni la base d'un progrès scientifique considérable, qui après s'être développé encore pendant le dix-huitième siècle, s'est manifesté dans l'industrie, vers la fin de ce même siècle, par la création en Angleterre du système manufacturier, et de l'art de la construction des machines qui est né en même temps que la plus importante de toutes, la machine à vapeur. Les développements de l'industrie moderne sont donc bien récents, et cependant le mouvement a été si rapide que dans plusieurs directions, elle paraît déjà se rapprocher beaucoup de son état définitif, dans quelques fabrications où l'on voit les chefs les plus éminents des ateliers justement célèbres, pratiquer grâce aux progrès accomplis simultanément dans les sciences pures et appliquées, l'*industrie scientifique*. Que l'on étudie une machine sortant des ateliers de Withworth, le plus célèbre constructeur de l'Angleterre, machine exécutée elle-même à l'aide de machines-outils propres au travail des métaux; imaginées pour la plupart par lui, et l'on reconnaîtra une exécution qui ne peut s'appeler que scientifique, c'est-à-dire, une précision absolue dans les dimensions, des formes déterminées conformément aux règles de la théorie, etc.

Il en est ainsi de fabrications diverses produites mécaniquement avec une précision parfaite, et souvent avec un bon marché qui fait du produit obtenu une création après laquelle il y a peu à chercher dans la même voie.

Rapprocher une fabrication industrielle de la science, qui comprend les lois dont elle est une application directe, tel est le but vers lequel tendent les progrès des manufactures.

423. Pendant qu'il en est ainsi pour quelques industries relativement anciennes, tout progrès nouveau dans la science engendre une industrie nouvelle, souvent très importante, comme nous en avons vu tant d'exemples, au grand bénéfice du pays où elle a été réalisée pour la première fois. Plus nous nous éloignons de nos premières connaissances, plus nous voyons agrandir le domaine de l'intelligence humaine, plus elle paraît acquérir de forces pour reculer ses limites. Loin de devoir présumer l'épuisement possible du champ si fécond des découvertes scientifiques, sa puissance continue dans sa marche, nous porte à chaque pas nouveau sur un point de plus en plus élevé, d'où nous pouvons mesurer de l'œil

l'espace déjà parcouru, et plus nous avançons, plus la distance déjà gagnée par nos efforts diminue à nos yeux en comparaison de l'espace immense que développe devant nous, l'agrandissement bien autrement rapide de l'horizon scientifique. C'est ce qui faisait dire à Thomas Young, illustre à jamais par ses travaux d'optique physique, frappé, malgré tout son savoir, du contraste écrasant qu'il apercevait entre ce que l'homme sait et ce qu'il ignore : Quand j'étais enfant, je me croyais un homme ; maintenant que je suis un homme, je vois que je ne suis qu'un enfant !

424. Mais si c'est là une vérité bien constatée, et par les faibles notions que nous pouvons avoir sur les propriétés chimiques ou physiques des corps qui nous environnent, et par nos relations immédiates avec les éléments impalpables, la lumière, l'électricité, la chaleur, dont les combinaisons se modifient ou se transforment mystérieusement, rappelons-nous qu'une autre science, une science plus élevée encore et plus illimitée, grandit en même temps ; que cette science, qui a soupesé dans sa main puissante les masses les plus considérables que contient l'univers, en a réduit la course irrégulière à des lois immuables et nous a donné, dans son langage concis, des expressions générales qui sont à la fois l'histoire du passé et la prophétie de l'avenir. C'est elle qui prépare aujourd'hui de nouvelles chaînes pour les atomes les plus déliés qu'ait créés la nature, et déjà elle a presque soumis à ses lois le fluide éthéré, et englobé dans un système plein d'harmonie tous les brillants et compliqués phénomènes de la lumière. Cette science, c'est celle du calcul, dont la nécessité continuelle se fait de plus en plus sentir à chaque pas de l'humanité, et qui, en définitive, devra diriger en souveraine toutes les applications de la science aux arts et à l'industrie.

425. Peut-être en contemplant cet agrandissement continuel du vaste champ des connaissances humaines, un doute s'élèvera dans l'esprit : on peut craindre que le faible bras de l'homme manque un jour de la force physique nécessaire pour utiliser ces connaissances variées ; mais l'expérience du passé a gravé en caractères ineffaçables cette maxime éternelle : *Le savoir est la force.* Non seulement le savoir donne à ses disciples le droit énergique de commander aux facultés intellectuelles de leurs semblables, mais il est lui-même un créateur de force physique. La découverte de la force expansive de la vapeur, sa condensation et la doctrine du calorique latent, ont ajouté déjà des millions de bras à la population des pays civilisés. Mais la source d'où découle cette force immense n'est pas intarissable, et les houillères du monde entier peuvent s'épuiser à la fin. Alors, le perfectionnement des moyens de transmission fera mieux utiliser les forces hydrauliques, les manifestations actuelles de la chaleur solaire, la puissance des marées par exemple. Deux fois dans l'espace de vingt-quatre heures, les marées soulèvent d'énormes masses d'eau qu'on pourrait utiliser à mettre des machines en mouvement. Mais supposons même qu'il faille encore de la chaleur pour produire de la force dans un temps où l'épui-

sement de nos mines rendrait coûteux l'emploi du charbon de terre, d'autres méthodes auront été inventées pour produire cette chaleur.

Ainsi dans certains pays il existe des sources d'eau chaude qui n'ont pas changé de température depuis des siècles. En Islande ces sources de chaleur sont très abondantes, et leur rapprochement d'énormes glaciers semble indiquer la destinée future de cette île. Au moyen de ces dépôts de glace, l'Islandais pourra, un jour, liquéfier les gaz avec une dépense de force mécanique moindre que tout autre peuple, et il trouvera dans ses volcans la force nécessaire pour opérer leur condensation. Peut-être, dans un temps éloigné, *le travail* deviendra-t-il la marchandise de l'Islande et des autres pays volcaniques qui en seront les entrepôts ; et la vente de ce travail leur procurera, au moyen d'un nouvel objet d'échange, les jouissances de plus heureux climats.

426. Peut-être, pour une philosophie plus forte et plus hardie dans ses conséquences, ces prévisions de l'avenir sembleront trop froidement liées à l'histoire du passé. Quand le temps aura révélé les progrès futurs de l'espèce humaine, ces lois générales, esquissées maintenant d'une manière obscure, paraîtront dans tout leur jour, et, loin de redouter des limites étroites, peut-être serait-il plus vrai de dire que l'esprit humain agrandit son empire sur le monde physique dans une progression toujours croissante, et comme poussé par une force accélératrice qui le presse à chaque instant.

Aujourd'hui même ces vents emprisonnés que le premier poète confie à son héros pour assurer la paisible navigation de sa fragile nacelle, obéissent à un appel plus certain, et les maîtres désordonnés du poète deviennent les esclaves obéissants de l'homme civilisé. La vapeur obéit à sa volonté.

427. De quelque côté que nous examinions les triomphes et les conquêtes de l'homme sur la création soumise à son pouvoir, nous découvrons de nouveaux sujets d'admiration. Mais si la science a donné l'existence de la réalité aux fictions du poète; bien comprise elle donne à la philosophie un secours d'une tout autre importance. En dévoilant à ses yeux ces vivantes merveilles qui abondent à la fois, et dans la sphère du plus petit atome, et dans le système des plus grandes masses de matière mise en mouvement, la science a fourni à la philosophie des preuves irrésistibles de l'existence d'une idée primitive, incommensurable dans son étendue. Entouré de toutes ces formes d'existences animées ou inanimées, le soleil de la science a déjà pénétré les replis extérieurs de la robe majestueuse de la nature. Mais si l'on demandait au philosophe de choisir parmi tous ces êtres, témoins irrécusables de l'habileté du pouvoir créateur, celui de tous qui en est le chef-d'œuvre, et d'indiquer parmi toutes les qualités de cette créature unique, quel est le plus parfait de ses attributs, l'humble adorateur de la vérité se recueillera en lui-même ; il se rappellera ces forces variées qui ont soumis à sa race le monde extérieur, et ces autres

forces d'un ordre plus élevé qui lui ont permis de soumettre à sa propre volonté cette faculté d'ordre supérieur qui l'aide à entrevoir la Divinité, et alors il prononcera que cette créature demandée est l'homme ; que la plus belle création de la nature, c'est la raison humaine.

428. Par suite de l'imperfection de notre nature, les progrès scientifiques et industriels n'ont malheureusement pas produit que du bien, et peut-être pourrait-on contester, à notre époque, qu'ils aient contribué au développement moral de l'humanité autant qu'on pouvait l'espérer.

Dans beaucoup de cerveaux assez mal équilibrés, l'éclat de l'industrie a produit l'effet d'une transformation de l'homme, et il semble que la vie doive être tout autre sur la terre, depuis que l'on a des machines à vapeur et des locomotives ; non pas seulement, ce qui est bien certain, la vie matérielle, l'abondance des objets manufacturés, la rapidité des transports, mais aussi, les notions morales, la loi de dévouement que les siècles ont admirée dans le christianisme ; tout cela doit être changé et mis au rebut, parce que nous avons la télégraphie électrique !

La rapide création de la richesse n'a rien changé à la loi morale, ni transformé l'idéal de l'humanité. La beauté, la vertu n'ont rien à faire avec les sciences physiques. C'est en appelant sur cette erreur l'attention du lecteur, que nous terminerons ce livre, à l'imitation d'un des plus grands savants du siècle, de Poncelet, qui, à la fin d'un long travail sur l'histoire des inventions de machines, admirant les ressources accumulées par le génie de l'homme pour la facile création de tout genre d'utilités, saisi d'admiration pour la richesse du matériel de la civilisation moderne toujours progressive, ne peut s'empêcher de la comparer à celle des sciences philosophiques, qui est si loin de posséder ce caractère et formule cette profonde conclusion : « C'est dans le perfectionnement, « l'accroissement graduel, lent, mais incessant et, « pour ainsi dire, indéfini des découvertes, des idées « chimiques, physiques, mécaniques, géométriques « ou mathématiques appliquées ou non à la satisfac- « tion de nos besoins, que réside la perfectibilité de « la race humaine, plus encore que dans le prétendu « progrès des idées morales, philosophiques et artis- « tiques, dont l'antiquité nous a légué des exemples « ou des modèles non encore surpassés de nos jours. « En un mot, nous égalons à peine les anciens dans « les productions qui se rattachent à l'esprit et au « jugement, au goût et à l'imagination ; mais nous « les surpassons de beaucoup en ce qui touche à la « multiplication, à la vulgarisation et à la reproduc- « tion rapide, économique, des objets de consomma- « tion ou de jouissances matérielles, artistiques et « intellectuelles. »

FIN.

TABLE DES MATIÈRES

CHAPITRE V.

CHAPITRE VI.

CHAPITRE VII.

CHAPITRE VIII.

CHAPITRE IX.

CHAPITRE X.

CHAPITRE XI.

CHAPITRE XII.

CHAPITRE XIII.

CHAPITRE XIV.

SECONDE PARTIE

ÉCONOMIE DES MANUFACTURES

CHAPITRE XV.

CHAPITRE XVI.

CHAPITRE XVII.

CHAPITRE XVIII.

CHAPITRE XIX.

CHAPITRE XX.

CHAPITRE XXI.

CHAPITRE XXII.

CHAPITRE XXIII.

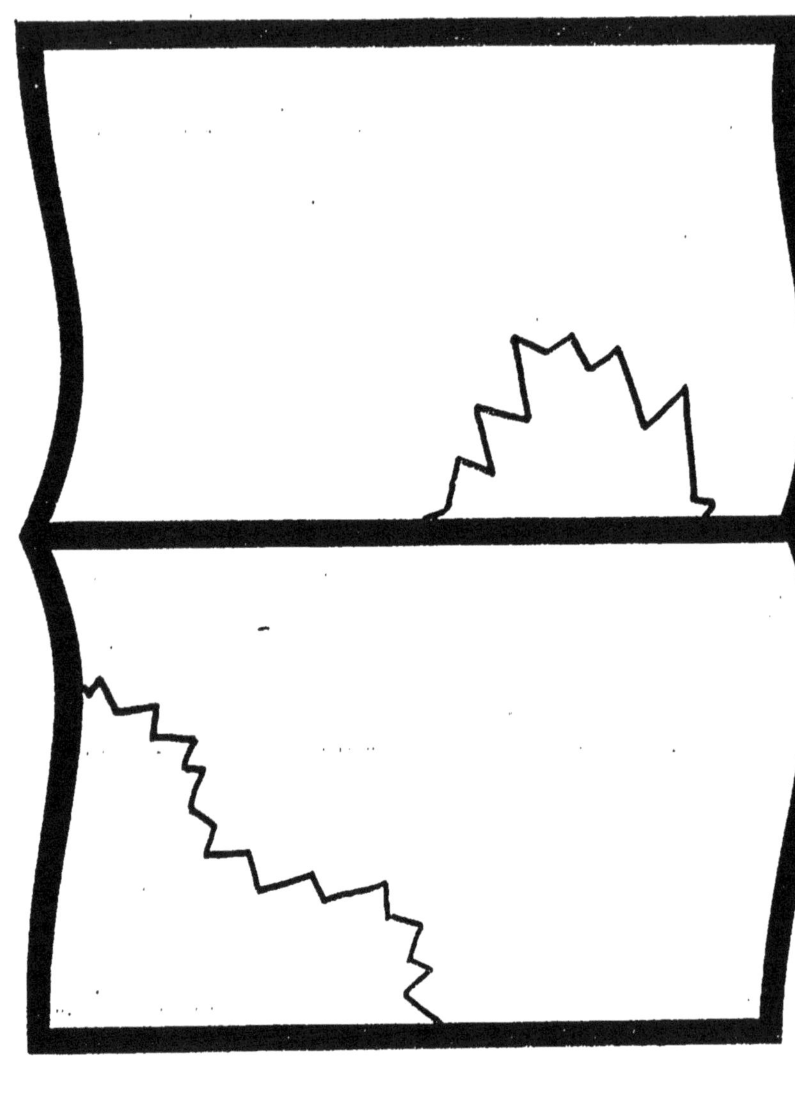

CHAPITRE XXIV.

CHAPITRE XXV.

CHAPITRE XXVI.

CHAPITRE XXVII.

CHAPITRE XXVIII.

CHAPITRE XXIX.

CHAPITRE XXX.

CHAPITRE XXXI.

CHAPITRE XXXII.

CHAPITRE XXXIII.

CHAPITRE XXXIV.

CHAPITRE XXXV.

CHAP[illegible] XXXVI.

[illegible] XXXVII.

FIN DE LA TABLE DES MATIÈRES.

Paris. — Imp. E. Capiomont et V. Renault, rue des Poitevins, 6.

www.ingramcontent.com/pod-product-compliance
Ingram Content Group UK Ltd.
Pitfield, Milton Keynes, MK11 3LW, UK
UKHW022322190726
13856UKWH00001B/155